飞机安全性与适航技术丛书

民用航空器评审要求与方法

孙有朝　李彬蕙　王　强　胡宇群　李龙彪　编著

科学出版社

北京

内 容 简 介

本书内容主要分为三大部分。第一部分介绍 FAA、EASA 与 CAAC 的 AEG 评审体系，包括组织体系、管理体系、评审体系等；第二部分针对 CAAC AEG 运行符合性评审中的典型评审项目，如驾驶员资格规范、维修人员资格规范、主最低设备清单、计划维修要求、运行和持续适航文件、驾驶舱观察员座椅、飞行机组机上休息设施、电子飞行包、应急撤离演示等，具体分析、阐述相应评审项目的内容和要求；第三部分介绍 AEG 评审符合性验证方法、流程以及 AEG 验证计划的制定方法。

本书可供 AEG 相关专业技术人员、航空与民航类高等院校本科生、研究生和相关专业教师阅读与参考。

图书在版编目（CIP）数据

民用航空器评审要求与方法 / 孙有朝等编著. —北京：科学出版社，2023.10

（飞机安全性与适航技术丛书）

ISBN 978-7-03-076467-6

Ⅰ. ①民… Ⅱ. ①孙… Ⅲ. ①民用飞机–评定 Ⅳ. ①V271

中国国家版本馆 CIP 数据核字（2023）第 186109 号

责任编辑：姚庆爽 李 娜 / 责任校对：崔向琳
责任印制：赵 博 / 封面设计：陈 敬

科学出版社 出版

北京东黄城根北街 16 号
邮政编码：100717
http://www.sciencep.com

北京凌奇印刷有限责任公司印刷

科学出版社发行 各地新华书店经销

*

2023 年 10 月第 一 版 开本：720×1000 1/16
2025 年 1 月第三次印刷 印张：17 1/4
字数：348 000

定价：140.00 元

（如有印装质量问题，我社负责调换）

序

我国自主研发的 ARJ21-700 飞机 2002 年由国务院批准项目立项,于 2014 年 12 月 30 日取得了我国民用喷气客机型号的首张适航合格证。这标志着我国首款按照国际标准自主研制的喷气支线客机通过了中国民用航空局的适航审定,具备了可接受的安全水平。经过 ARJ21-700 飞机研制与适航验证的 12 年历程,我国初步形成了符合国际标准的适航验证审定程序、机制和体系,成为保障我国航空工业持续发展的重要动力。

2006 年初,发展大飞机作为国家决策被写进《国家中长期科技发展规划纲要(2006—2020 年)》和《中华人民共和国国民经济和社会发展第十一个五年规划纲要》。2007 年 2 月,经国务院常务会议批准,大型飞机研制重大科技专项正式立项。2011 年 1 月,我国首架第四代重型隐形战机歼-20 工程验证机实现首飞。2013 年 1 月,我国大型运输机运-20 首飞成功,运-20 的研制兼顾了大型运输机的多任务能力和民用飞机的适航安全性要求。2015 年 11 月,我国按照最新国际适航标准研制的大型客机 C919 首架机下线,并在 2022 年 9 月 29 日获得适航证。中俄合研的 CR929 宽体客机总体布局已经确定,预计 2023 年实现首飞。2018 年 1 月 24 日,我国的鲲龙 600(AG600)飞机完成了第二次陆上试飞。随着我国越来越多的军民用飞机被研发并投入运行,飞机的安全性与适航技术的要求也越来越高。

民用航空运输是公认事故率较低的、安全的交通运输方式,但自飞机诞生至今,导致重大伤亡的致命飞行事故仍然屡有发生。因此,在飞机设计过程中,飞机设计人员必须考虑飞机安全性的要求,使安全性成为民用飞机的一种基本特性。适航是确保民用飞机安全性的基本要求,是其获得商业成功、走向国际市场的法定前提和重要保证。保证飞机飞行安全的适航标准是民用航空产品必须满足的最低安全要求。民机发展、适航先行已成为民用航空产品开发的基本要求。美国为提高军用飞机安全性,首先将民用适航性要求引入军用飞机研制过程中,从而大大提高了军用飞机的安全性水平。目前,军用飞机的适航性审查已经成为欧美国家提高军用飞机安全性水平的重要手段。

在飞机型号的研制与发展过程中,不仅需要有先进的航空工业基础,更需要有完备的安全性与适航技术体系作为支撑。在我国由航空大国迈向航空强国的道路上,无论是在工程技术领域还是在项目管理领域,都需要将适航作为相应规范指南的基本要求。

为了加快我国航空器安全性与适航体系的建设，推动其在飞机型号研制中的全面实施，同时也为了促进安全性与适航紧缺人才的培养，在相关基金的资助下，南京航空航天大学可靠性与适航技术研究中心编写了"飞机安全性与适航技术丛书"。

"飞机安全性与适航技术丛书"从我国飞机型号研制的需求出发，在认真研究国内外飞机安全性与适航研究最新进展的基础上，充分结合了我国飞机型号研制与适航管理的经验。"飞机安全性与适航技术丛书"内容涵盖了飞机复杂系统安全性、可靠性、适航技术、人为因素等多个方面，主要论述基本概念、理论模型、技术方法与实践经验，具有系统性、实用性和前瞻性，有助于读者全面、系统地了解飞机安全性与适航技术体系。

"飞机安全性与适航技术丛书"是一套理论研究与工程应用并重的丛书，不仅可以为广大飞机工程设计和项目管理人员提供指导和参考，也可作为飞机设计相关专业本科生、研究生的教学参考书。我们相信，"飞机安全性与适航技术丛书"的出版，能够对我国飞机安全性和适航验证等领域的技术发展起到积极的作用。

前　言

自 20 世纪 80 年代开始,我国的适航工作逐步展开,并经历了一系列的坎坷与困难。2003 年以来,我国民用航空产品型号的井喷式发展,特别是大型客机项目的开展,对我国航空工业的适航工作提出了紧迫需求和严峻挑战。2008 年 5 月 12 日,《人民日报》发表题为《让中国的大飞机翱翔蓝天》的署名文章,明确指出:要大大加强适航意识,适航审定部门要按照国际和国内的适航标准,从飞机的初始设计到整机组装生产实行全过程的质量监控。

2017 年 10 月召开的民航适航审定工作座谈会提出了未来中国民航适航事业的核心任务"补齐适航短板,提升适航审定能力"。业内专家认为,这也正是中国民航适航事业的目标与远方。

民航强国是建设交通强国的重要组成部分。为实现民航强国梦,中国民用航空局提出了"一二三三四"新时期民航总体工作思路,制定了"1 + 10 + N"的全面深化民航改革措施。加强适航审定能力建设正是亟须补齐的四个短板之一,也是进一步深化民航改革的重点工作之一。航空器评审组(AEG)是初始适航和持续适航连接的桥梁和纽带,航空器投入运营前必须完成评审的工作,这对于保证飞行安全和提高经济效益具有重要意义。

目前,国内外有关航空器评审工作的资料相对较少,期望本书的出版能缓解这一局面。本书共 4 章。第 1 章介绍 FAA、EASA 和 CAAC 的 AEG 发展历史,并简述 AEG 评审工作的主要内容。第 2 章着重介绍 FAA、EASA 和 CAAC 的 AEG 评审体系,从 AEG 工作任务、AEG 组织体系、AEG 评审人员、AEG 评审规范和评审流程等方面进行详细阐述,并对比分析 FAA、EASA 和 CAAC 的 AEG 评审体系、政策和规章,对完善国内 AEG 评审技术和国产飞机走出国门有一定的指导意义。第 3 章按 AEG 评审的具体项目梳理汇总相关的规章条款和指导材料,确定 CAAC 局方、AEG 主要工作项目的相关适航符合性要求。这些相关材料可以在 AEG 实际评审过程中作为符合性判据的参考。第 4 章提出 AEG 评审项目通用的一套符合性验证方法和程序。相较于型号合格证阶段的适航符合性验证方法,AEG 符合性验证方法加入了书面验证,并对维修相关要求提出了整机、非整机地面操作试验,可供实际评审参考。此外,第 4 章针对 AEG 评审全部工作的安排和计划,提出一套切实可行的系统工程编制方法和流程。

感谢国家自然科学基金委员会、工信部民用飞机专项科研项目、国防基础科研计划、民航飞机机载系统适航工程技术研究中心等对课题组民用航空器评审领域相关项目给予的资助。感谢中国商飞公司张越梅研究员对全书进行了全面审阅，并提出了宝贵意见。南京航空航天大学可靠性与适航技术研究中心张夏、王宗鹏、郭云东、鲍俊平、李卿卿、毕苏艺、倪明、张鑫、曹晓威、仇志凡、朱荟群等研究生，参与了相关课题研究与部分素材整理工作。同时，本书在编写过程中参考了诸多文献，在此致以诚挚的谢意。本书可供 AEG 相关专业技术人员参考和使用，也可供航空、民航类高等院校本科生、研究生和相关专业教师阅读和参考。由于作者水平有限，本书难免存在不妥之处，恳请读者批评指正。

2023 年 4 月 30 日

目　　录

第1章 绪 论

为了保证新型号民用航空器能够正常投入运行，保障民用航空器运营人使用航空器的运行符合性和持续安全，民用航空器不仅需要获得型号合格证(type certificate，TC)，还需要通过运行所在国民航管理机构的航空器运行前评审，也就是人们通常所说的航空器评审组(Aircraft Evaluation Group，AEG)的评审[1-3]。一般情况下，航空器评审工作是与型号合格审查工作同时展开的，与适航工作紧密相连。我国航空器评审的主管部门为中国民用航空局飞行标准司航空器评审处，并在上海航空器适航审定中心和沈阳航空器适航审定中心设立了航空器评审室来负责航空器的具体审查工作。

航空器评审工作的组织机构由政府部门、支持单位和执行机构共同组成。

国内负责航空器评审工作的政府部门是中国民用航空局飞行标准司，具体由主管副司长及其所负责的航空器评审处组成。

国内负责航空器评审工作的支持单位是中国民用航空局安全技术中心，具体由总飞行师及其所负责的航空器评审室组成。

国内航空器评审工作的执行机构通常是地区管理局的航空器适航审定中心，具体由主管副主任及其所负责的航空器评审室组成。

中国民用航空局飞行标准司航空器评审机构的职责主要包括制定航空器评审工作有关的政策、标准和程序，组织航空器评审工作项目的受理和审查，批准颁发航空器评审相关报告文件等。

中国民用航空局安全技术中心航空器评审机构的职责主要包括协助飞行标准司航空器评审处制定与航空器评审工作有关的政策、标准和程序，参与具体型号航空器的评审工作等。

地区管理局航空器适航审定中心航空器评审机构的职责主要包括按授权(具体见工作程序)开展或参与具体型号航空器的评审工作。

1.1 航空器评审发展历史

航空器评审这一概念源于20世纪70年代，是为了适应民用航空器制造业和运输业的发展、保障航空器持续运行的安全性和经济性[4]。航空器评审工作始于民用航空器的型号设计阶段，贯穿于民用航空器的全寿命周期[5,6]。

美国联邦航空局(Federal Aviation Administration, FAA)早在 1971 年就在飞行标准部门确立了 AEG 职能,分别在西雅图、长滩、波士顿、沃斯堡和堪萨斯设立了五个航空器评审专门机构。FAA 的航空器评审机构不仅在地理位置上与 FAA 的航空器审定办公室(Aircraft Certification Office, ACO)相对应,同时在型号审定过程中与相应的 ACO 紧密合作。与 ACO 为确定审定基础(G-1)所颁发的问题纪要(issue paper, IP)相似,FAA 的航空器评审机构通过颁发运行类(O-1 至 O-8)和维修类(M-1 至 M-3)的 IP 来参与 TC 审定进程。FAA 的航空器评审工作由型号项目启动,作为颁发型号合格证/补充型号合格证的输入条件之一,在航空器投入运行前必须完成。FAA 的 AEG 主要职能包括飞行标准化委员会(Flight Standard Board, FSB)评审(包括运行手册、运行符合性清单)、飞行运行评审委员会(Flight Operation Evaluation Board, FOEB)评审、维修审查委员会(Maintenance Review Board, MRB)评审、持续适航文件(instructions for continued airworthiness, ICA)评审以及其他评审(如驾驶舱观察员座椅、机组睡眠区、电子飞行包(electronic flight bag, EFB)等)。

FAA 通过内部工作程序要求申请人应当在 TC 取证阶段重视并完成相应的航空器评审工作。如果在颁发 TC 时仍有部分航空器评审工作未能完成,FAA 要在 TC 数据单上单独标明运行限制。例如,国产某型飞机早在 1995 年 3 月就取得了 FAA 的 TC,但是一直未能通过 FAA 的航空器评审。FAA 在其 TC 数据单上标明了进口限制,使得该飞机至今未能销往美国市场。

与 FAA 不同,欧洲航空安全局(European Aviation Safety Agency, EASA)没有专门设置航空器评审机构,但是 EASA 把航空器评审的主要职能分解到了各个相关部门,部分职能甚至还得到了加强。

EASA 的航空器评审工作最初沿袭联合航空当局(Joint Aviation Authorities, JAA)的工作体系,它按照 EASA 运行评审委员会(Operations Evaluation Board, OEB)的临时程序展开,并由 EASA 审定司代表欧盟成员负责管理该流程。该委员会包括了 OEB 和 MRB。EASA 的 OEB/MRB 的主要职能范围涉及驾驶员型别等级训练、授权维修人员的机型训练、客舱机组训练、主最低设备清单(master minimum equipment list, MMEL)、模拟训练设备数据包、维修审查委员会报告(Maintenance Review Board report, MRBR)以及其他方面(如 EFB、平视显示器(heads up display, HUD)等)的评估工作。EASA 在 2008 年明确了运行适用数据(operational suitability data, OSD)概念。欧盟委员会 2014 年 1 月 27 日发布了 EU NO 69/2014 文件,旨在用 OSD 代替原有的 OEB 的工作,以确保运营人能够获取并使用有关航空器安全操作的数据。

中国民用航空局(Civil Aviation Administration of China, CAAC)的航空器评审工作最早始于 1992 年与美国 FAA 合作的 Y-12 飞机型号合格证影子审查。这也是 CAAC 第一次接触到国际上的航空器评审工作。此后的航空器评审相关工作由审定部门结合型号审定开展，主要集中在 MRB 和 ICA 方面，缺少飞行标准监察员、运营人的参与。2003 年，为支持和促进国产民用航空制造业的发展，当时的民航总局明确了由飞行标准司负责航空器型号审定中的航空器评审工作，参与美国 FAA 对 B-787 飞机的航空器评审，并开启了国产 ARJ 21-700 飞机的航空器评审工作。此时，航空器评审工作组织机构和人员由飞行标准司运输飞行标准处和持续适航维修处组成，中国民用航空局安全技术中心提供技术支持，地区管理局的飞行标准监察员参与。

2006 年，CAAC 发布了 AC-121/135-67(维修审查委员会和维修审查委员会报告)和 AC-121/135-49(民用航空器主最低设备清单、最低设备清单的制定和批准)。2007 年，CAAC 在飞行标准司成立了专门的航空器评审处，并在航空安全技术中心、上海航空器适航审定中心和沈阳航空器适航审定中心成立了相应的支持机构。至此，初步形成我国的航空器评审管理体系框架。

2008 年，飞行标准司航空器评审处人员到位，开始全面组织制定航空器评审工作标准和程序，包括运输类飞机和小型航空器 AEG 的全部评审职能。

1.2　航空器评审工作概述

航空器的评审工作作为中国民用航空局、航空器制造厂家、运营人之间的重要纽带，承载着重要职责。航天器评审工作需要在遵循法规文件的前提下统一航空器评审的标准。对 AEG 评审工作而言，首先需要对申请方在民用航空器最初设计阶段和初始制造阶段，有一个整体的掌控，其中涉及适航审定、持续适航、运行审定、运行监察、设计制造以及使用维修等方面的控制。这几个方面构成了一个从航空器制造到安全运行的闭环(图 1-1)，缺一不可、相辅相成，航空器评审工作贯穿于这一闭环之中。

航空器评审工作作为飞行标准司的一项职能，是中国民用航空局一项重要的技术管理工作，对于保证飞行安全和提高经济效益都具有重要意义，其主要工作涉及如下方面。

(1) 运行符合性清单评审。为判断民用飞机型号设计对运行规章的符合性，航空器评审将利用型号合格审定的结论，对运行规章中适用条款的符合性进行评审和确认。如果相应验证工作已结合型号合格审定完成，且结果得到局方批准或认可，则航空器评审可直接引用其结论，但若型号合格审定中尚未包括相应验证工作，则民用飞机制造厂家需安排单独验证工作，对运行符合性进行验证。

(2) 确定主最低设备清单。为满足运行规章中有关最低设备清单(minimum equipment list，MEL)以及带有失效仪表和设备运行的要求，航空器评审中的飞行运行评审委员会将根据相应的程序和规定，结合型号设计，辅以必要的验证试验、试飞，最终确定飞机运行时允许失效仪表和设备的清单，即主最低设备清单。

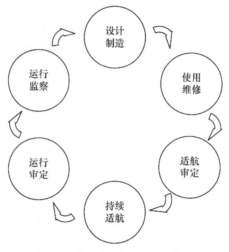

图 1-1　航空器制造和运行简图

(3) 确定计划维修要求。航空器评审中的维修审查委员会负责指导民用飞机制造厂家结合型号设计特点开展全机维修指导组(Maintenance Steering Group，MSG)第三专门委员会(MSG-3)分析，确定维修任务和维修间隔，从而制定维修审查委员会报告，为客户制订维修方案、申请运行合格审定等提供依据。

(4) 确定型别等级。民用航空规章规定，特定航空器必须由具有相应型别等级的驾驶员担任机长。新型运输类民用飞机驾驶员所需型别等级及资质获取，由航空器评审中的飞行标准化委员会进行评审和确定。

(5) 运行和持续适航文件评审。为了使民用飞机持续保持经局方批准的型号设计及适航状态，根据适航规章要求，民用飞机制造厂家必须在交付首架飞机前向客户提供一整套经局方批准或认可的持续适航文件。根据当前航空器评审工作的进展，绝大部分运行和持续适航文件需由 AEG 负责评审。此类运行和持续适航文件的批准或认可结论，将作为客户化手册制定、运行合格审定申请的必要依据。

(6) 其他项目评审。除上述项目评审外，航空器评审还将对驾驶舱观察员座椅、机组操作程序、机组睡眠区、电子飞行包、平视显示器等项目进行评审。AEG 也需要与型号合格审定方面协调，进行最小飞行机组评估，参与飞机飞行手册(aircraft flight manual，AFM)中正常、非正常及应急程序的评审。

此外，AEG 还参与适航审定部门对最小机组的确定、飞行手册评估、重要改装的评审，以及为航空器适航指令(airworthiness directives，AD)颁发和事故调查提供支援。

因此，一方面，AEG 是中国民用航空局飞行标准部门与适航审定部门在航空器初始型号审定和后续持续适航管理的联系桥梁；另一方面，AEG 要为飞行标准部门日常管理航空器飞行机组资格、签派放行、运行和维修要求等，提供基础依据和技术支持。

通过 AEG 在型号审定过程中的评审，民用航空器制造厂家能够了解可能影响其设计的运行要求，确保其把可运行的民用航空器交付给用户。同时，AEG 的持续工作还有助于民用航空器制造厂家积累使用经验和对产品的持续改进。

第2章 FAA、EASA、CAAC 的航空器评审体系

航空器评审是航空器投入运行前必须要完成的复杂而又重要的工作。航空器评审是一个涉及 AEG 工作任务、组织成员、管理方法的综合体系，各国民航局需要根据本国 AEG 工作发展状况和自身国情来建立自身的航空器评审体系。目前，美国的 FAA 和欧盟的 EASA 均已建立了较为完善的航空器评审体系。研究 FAA 和 EASA 的航空器评审体系，对照我国 CAAC 现有的航空器评审体系，梳理各国航空器评审体系的特点，可为我国 AEG 工作与国际接轨奠定良好的基础[7]。

2.1 FAA 的航空器评审体系

FAA 的 AEG 是 FAA 航空安全监察员(aviation safety inspector，ASI)系统的技术资源。AEG 的组成人员通常是 FAA 飞行标准司(Flight Standards Service，AFS)内运行领域和工程领域的技术专家，也是运行和适航(如维修和航空电子)领域的监察员。FAA 的 AEG 也是航空器在初始合格审定及其整个服役周期中，与航空器审定司审定办公室的联络机构。FAA 的 AEG 组成及角色如图 2-1 所示。

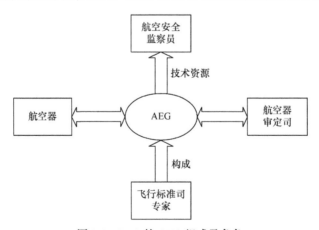

图 2-1 FAA 的 AEG 组成及角色

2.1.1 背景

FAA 设置 AEG 是为了给 FAA 的航空器审定司在管理航空器审定项目上提供

支持,同时 AEG 也为监督航空器在整个使用寿命期内的持续适航和运行提供支持。

现行版 FAA Order 8000.51C 发布于 2017 年,取代了 2010 年发布的 FAA Order 8000.51B。FAA Order 8000.51C 源自 1982 年确立的 FAA 航空器审定体系基础。Order 8000.51 为 FAA 的航空器审定司提供了相关航空器评审工作的指导。为了能更好地贯彻审定部门的想法,FAA 认为有必要重新调整以往由地区飞行标准部门(Regional Flight Standards Division,RFSD)、航空运输部门(Air Transportation Division,AFS-200)和 FAA 总部的航空维修部门(Aircraft Maintenance Division,AFS-300)履行的某些职能。

FAA 各个地区飞行标准部门内部同时拥有 FOEB、FSB 和 MRB,各自履行自己的合格审定职能。来自有新航空器投入服役的运营人所在地区的委员会成员,向地区飞行标准部门提供支持。

FAA 的航空器审定司(Aircraft Certification Service,AIR)下设运输类飞机审定处、发动机和螺旋桨审定处、小飞机审定处以及旋翼飞机审定处。

地区飞行标准部门通过其航空器评审机构向审定处提供所有技术服务。现行版本的 FAA FS 1100.1B 阐明了 AEG 的任务和职能,规定了成立和管理飞行运行评审委员会与维修审查委员会的职责。

在 FAA Order 8900.1 的现行版本中,包含了涉及飞行运行评审委员会和维修审查委员会各项航空器评审工作的现行有效文件及相关指南,补充了涉及航空器评审体系的其他指南。这些委员会的工作涵盖所有在美国注册的航空器,以及由美国航空运营人运行的、外国制造的、审定合格的航空器。

应当注意的是,发动机和螺旋桨审定处较特殊,因为该审定处审定的产品是和其他审定处审定的航空器组合在一起的。在 FAA Order 8900.1 中,航空器的参考材料亦会视情况包括发动机和螺旋桨的相关资料。

2.1.2　FAA 的航空器评审工作任务

FAA 的航空器评审专家都是有资质的 FAA 飞行标准司航空安全监察员,是各自领域内的技术专家。FAA 的 AEG 航空安全监察员在航空器审定期间以及航空器整个使用寿命期内,与 FAA 的飞行标准司、航空器审定司以及工业界人员一起工作。FAA 的 AEG 视情况开展如下方面的评审工作:

(1) 航空器、发动机或螺旋桨以及相关系统的运行和维修适用性评估;

(2) 飞行机组人员型别等级要求(由 FSB 负责);

(3) 签派的最低设备要求(由 FOEB 负责);

(4) 持续适航(由 MRB 和 MTB 负责);

(5) 持续适航文件;

(6) 适航指令、符合性替代方法和强制持续适航信息。

2.1.3 FAA 的航空器评审组织体系

2.1.3.1 FAA 局方航空器评审机构组成

FAA 的飞行标准司内设固定的航空器评审机构，由飞行标准司总部 AFS-30/AEG 经理进行业务管理。AEG 经理直接向 AFS-1/飞行标准司司长报告工作。全系统共设立 5 个 AEG,分别在西雅图(主管 FAR 25 部运输类飞机)、长滩(主管 FAR 25 部运输类飞机)、堪萨斯(主管 FAR 23 部飞机)、沃斯堡(主管旋翼机)、波士顿(主管发动机、螺旋桨)。这样的配置和 FAA 适航司的适航审定中心布局完全一致。主管同一类航空器或航空设备的 AEG 和适航中心位于同一地点,以便于协调工作。目前,航空器评审机构总的固定工作人员有九十余人,其中约 50%为运行监察员,其余为适航监察员。在各 AEG 中,以西雅图 AEG 人数最多,主管大飞机的 AEG 工作人员占总数的 50%以上。

FAA 的 AEG 基本组织架构如图 2-2 所示。

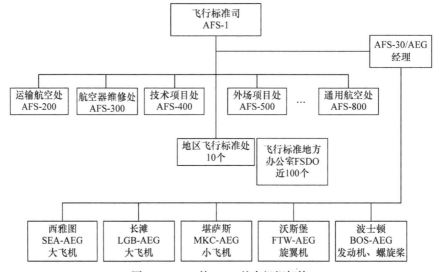

图 2-2　FAA 的 AEG 基本组织架构

位于堪萨斯的 AEG 简称 MKC-AEG。这个 AEG 负责按 FAR 23 部审定的飞机(包括通勤类飞机和 SFAR 41 部飞机)、部分按 FAR 25 部审定的小飞机、滑翔机和飞艇。

位于沃斯堡的 AEG 简称 FTW-AEG,其负责按 FAR 27 和 FAR 29 部审定的旋翼飞机和垂直起降飞机。

位于波士顿的 AEG 简称 BOS-AEG,其负责按 FAR 33 和 35 部审定的航空器发动机和螺旋桨。

位于西雅图的 AEG 简称 SEA-AEG，其负责按 FAR 25 部审定的飞机，如波音(Boeing)和空客(Airbus)系列飞机。

位于长滩的 AEG 简称 LGB-AEG，其负责按 FAR 25 部审定的飞机，如庞巴迪(Bombardier)和湾流(Gulfstream)系列的 FAR 25 部飞机。

FAA 的 AGE 通过 FOEB、FSB 和 MRB 提供许多技术服务。MRB 的会员被限制为适航和航空电子方面的航空安全监察员。管理这些委员会的文件和指南都包括在 FAA Order 8900.1 的第 8 册第 2 章内。这些委员会的工作涵盖所有在美国注册的航空器，以及由美国航空运营人运行的、外国制造的、被审定合格的航空器。外国制造航空器的 FAA 合格审定由负责特定航空器的 AEG 负责处理。

2.1.3.2　FAA AEG 监察员的主要职责

AEG 的航空安全监察员承担多种职责，包括适航维修方面的监察、航空电子方面的监察、运行方面的监察、事故或事故征候调查方面的监察。

1. 适航维修监察员

FAA AEG 中的适航维修监察员主要有以下职责。

(1) 作为委员会成员，参加型号合格审定委员会(Type Certification Board，TCB)，对航空器制造厂家所生产航空产品的维修进行决策。

(2) 担任 FOEB 的维修代表。

(3) 担任 MRB 主席。

(4) 充当指定航空器和动力装置与可靠性实现和维修要求评估相关维修信息的会聚中心，维修要求具体包括如下方面：

① 服务困难报告(service difficulty report，SDR)/故障和缺陷报告。

② 紧急服务通告(emergency service bulletin，ESB)。

(A) 美国国家运输安全委员会(National Transportation Safety Board，NTSB)和 FAA 安全建议。

(B) FAA 总部、地区和现场技术支持。

(C) 运营人安全警报(safety alerts for operators，SAFO)。

(D) 适航指令。

(E) 符合性替代方法(alternate methods of compliance，AMOC)。

(F) 强制性持续适航信息(mandatory continuing airworthiness information，MCAI)。

(G) 事故和事故征候报告。

(H) 大修间隔时间(time between overhaul，TBO)升级。

(I) 维修规范数据。

(J) 双发飞机延伸航程运行(extended twin-engine operations，ETOPS)。

(5) AD 制定过程中提供 AEG 的扩展服务范围。

(6) 在被指定航空器/动力装置的事故和事故征候调查、分析和改正措施执行方面，提供专家咨询支持。

(7) 完成航空器维修性评估，判定持续适航文件的可接受性。

(8) 作为机构管理团队(organization management team，OMT)成员，管理机构委任权限(organization designation authority，ODA)的授权，在批准 ODA 手册方面提供支持。AEG 代表审查持续适航文件，为 ACO 年度技术监察提供支持。

(9) 评估运行适用性和维修要求的一致性。

(10) 作为 AFS 与航空器/发动机合格审定办公室的联络人，提供技术支持。

(11) 评估特殊运行特征的航空器及其系统和制造商建议程序。

(12) 通过抽样和拆卸，验证产品制造商的维修程序，确保产品满足已建立的标准。

(13) 评估确定新产品和改进产品持续适航文件的可接受性，协调评估外国管理机构所提供的持续适航文件。

(14) 批准维修指导委员会第三专门委员会(MSG-3)对任务优化/演进分析的更改。

(15) 担任主要维修监察委员会的资源专家。

(16) 参加国际维修审查委员会政策委员会(International Maintenance Review Board Policy Board，IMRBPB)和 FAA MRB 政策委员会。

(17) 参与航空立法咨询委员会(Aviation Rulemaking Advisory Committee，ARAC)和老龄运输系统立法咨询委员会(Aging Transport Systems Rulemaking Advisory Committee，ATSRAC)的研究。

(18) 从事新技术(软件、结构健康监测、复合材料、电子飞行包等技术)使用的评估规划。

(19) 监督管理 IMRBPB 的问题纪要(关于原始设备制造厂家/型号合格证持有人的演变/优化指南)。

(20) 根据需要，评估 FAA 咨询通告、Order 建议稿。

2. 航空电子监察员

FAA AEG 中的航空电子监察员主要有以下职责：

(1) 作为委员会成员参与 TCB，对航空器制造厂家所生产航空器的维修进行决策。

(2) 担任 FOEB 的航空电子监察员代表。

(3) 充当指定航空器和动力装置与可靠性实现和维修要求评估相关的维修信息的会聚中心，维修要求包括如下方面。

① 使用困难报告。

② 紧急服务通告。

③ 国家交通运输安全委员会和 FAA 安全建议。

④ FAA 总部、地区和现场技术支持。

⑤ 运营人安全警报。

⑥ 适航指令。

⑦ 符合性替代方法。

⑧ 强制性持续适航信息。

⑨ 事故和事故征候报告。

(4) AD 制定过程中提供 AEG 的扩展服务范围。

(5) 在被指定航空器/动力装置的事故和事故征候调查、分析和改正措施执行方面，提供专家咨询支持。

(6) 完成航空器维修性评估，判定持续适航文件的可接受性。

(7) 作为机构管理团队成员，管理监督机构委任权限的授权，在批准 ODA 手册方面提供支持，AEG 代表审查持续适航文件，为 ACO 年度技术监察提供支持。

(8) 作为 AFS 与航空器审定办公室的联络人，提供技术支持。

(9) 评估特殊运行特征的航空器/动力装置系统和制造商建议程序。

(10) 评估确定新产品和改进产品持续适航文件的可接受性，协调评估外国管理机构所提供的持续适航文件。

(11) 通过抽样和拆卸，验证产品制造商的维修程序，确保产品满足已建立的标准。

(12) 担任主要航空电子监察员委员会咨询小组的资源专家。

(13) 根据需要，评估 FAA 咨询通告、Order 建议稿。

3. 运行监察员

FAA AEG 中的运行监察员主要有如下职责：

(1) 作为委员会成员参与 TCB，通过评估在航空器设计和型号合格审定过程中能够或将被满足的运行适用性要求，对航空器系统和构型做出决策。

(2) 评估和确定最小飞行机组成员的培训、检查和用于形成航空器 FSB 报告的现行要求。

(3) 参与飞行机组补充数量的判定和航空器新/普通/相同型别等级的评估。

(4) 为特殊飞行特性建立专用培训要求。

(5) 建立飞行员型别等级需求和要求。

(6) 开发和修订主最低设备清单。

(7) 提供 AD 和 SDR 使用指南。

(8) 审查和评审航空器飞行手册和航空器补充飞行手册(airplane flight manual supplement，AFMS)。

(9) 担任指定航空器 FSB 和 FOEB 主席。

(10) 指导 AFS 运行监察员的初始飞行检查、航空器制造商的初始飞行骨干、初始运营人的飞行员和航空器型号的 FAA 工程试飞员。

(11) 对航空器模拟机设计、认可和批准所用数据包的评估，与国家模拟机鉴定组(National Simulator Team，NST)进行协调。

(12) 视需要，评估 FAA 咨询通告、Order 的建议稿。

4. 事故或事故征候调查监察员

当涉及被指定 AEG 的航空器发生事故或事故征候调查时，进行调查的飞行标准地区办公室(Flight Standards District Offices，FSDO)需要利用 AEG 监察员的经验，支持调查或制定改正措施。这些 AEG 监察员是被 FAA 指定给这些航空器型号的，能够提出运行安全问题，如机组程序、飞行操作、维修以及有限范围内的人为因素等方面。

2.1.4　FAA 的航空器评审

FAA 的航空器评审由三个委员会(FOEB、FSB 和 MRB)来具体完成。

2.1.4.1　飞行运行评审委员会

1. FAA FOEB 的职责

FOEB 通过所指定航空器的 AEG 建立，主要任务是制定和修订 MMEL。FOEB 也负有与航空器审定办公室、航空器和发动机制造厂家、运营人和非官方团体，如美国航空运输协会(Air Transport Association of America，ATA)、支线航空公司协会(Regional Airline Association，RAA)、航空公司驾驶员协会(Air Line Pilot Association，ALPA)等进行协调的职责。在航空器审定之前为制定 MMEL，FOEB 负责协调 ACO 和航空器制造厂家。在批准前，FOEB 也负责由 AEG 主管向航空运输处(AFS-200)发送评审和协调的会议纪要副本、MMEL 建议稿和所有后续修订。

2. FAA FOEB 的组成

FAA FOEB 通常有一名来自 AEG 的主席、若干名飞行标准地区办公室的航空安全监察员和 ACO 的工程人员。

FOEB 主席是 AEG 里的运行专家，由航空器型号项目组的运行或者维修专业人员担任。

FOEB 成员通常从下列专家中挑选：

(1) 运行监察员。

(2) 工程代表(通常是试飞员)。

(3) 指派给航空器 MRB 的维修监察员。

(4) 指派给航空器 MRB 的航空电子监察员。

(5) 指派给动力装置 MRB 的维修监察员。

(6) 来自飞行标准司总部的代表(如果可行)。

3. FAA FOEB 成员的职责

FOEB 主席的主要职责是规划委员会职能,作为委员会成员准备会议议程,也要准备每次会议的会议纪要。

FOEB 成员的主要职责是审查文件、贡献各自的专业技术,对非官方个体的评论和问题做出响应。FOEB 成员根据 FOEB 主席要求,参加所有会议。

当受到 FOEB 主席邀请时,其他非官方参与人员(主要是制造厂家、运营人、销售商和其他团体如 ATA、ALPA 和 RAA 的代表),可以参加 FOEB 会议并提供信息,FOEB 主席也可以邀请其他 FAA 人员参会。

4. 主最低设备清单的编制

FAA 根据 FAA Order 8900.1 第 4 册第 4 章第 2 节所规定的流程制定 MMEL,批准 FAR 91 运营人的最低设备清单。在这一过程中,FOEB 对初始 MMEL 的制定和 MMEL 的修订,负有如下职责:

(1) 与非官方团体的会议。MMEL 通过 FOEB、非官方团体和其他 FAA 参加人员的会议进行制定。在这些会议上,所有参会人员都有机会对具体事项进行评论,采用建议的主最低设备清单(proposed master minimum equipment list, PMMEL)作为工作单。会议中的这些具体事项可以被批准、否决,也可以作为未完成事项,等待进一步的数据或理由。

(2) MMEL 批准和分发。FOEB 主席将建议版 MMEL 发送给 AFS-200 等待批准,获批后向飞行标准司和公众发布。

(3) MMEL 修订。运营人可以发起对 MMEL 的修订请求。MMEL 的修订请求可以通过指派给运营人的合适的飞行标准主任监察员(可以是主任运行监察员(principal operation inspector, POI)、主任维修监察员(principal maintainance inspector, PMI)或主任航空电子监察员(principal avionics inspector, PAI)),会同运行和维修程序(O 和 M 程序),以及证明所请求更改的工程数据一并提交。飞行标准主任监察员配合 FOEB,通过负责的 AEG 确保 MMEL 修订建议以正确的格式被提交,并且建议包括所要求的全部信息(可以参见 FAA Order 8900.1 第 4 册第 4 章第 2 节的 MEL 修订流程)。

这些影响飞行安全的修订将立即被 FOEB 考虑,外国运营人以及诸如 ATA、ALPA 这样的机构可以将提交给制造商的修订建议直接提交给 FOEB 主席。

5. FOEB 成员的指南

FOEB 成员的指南包括 FAA FOEB 工作的内容、必要条件和协调、参考文件、工作表格和辅助工具、审查流程、任务结果、后续工作等。

1) 概述

(1) FOEB 的目的和构成。

FOEB 用于制定建议版 MMEL，也可以修订现有的 MMEL。

FOEB 主席是来自负责特定航空器的 AEG 里的运行专家，由 AEG 主管指派，往往是评估所讨论航空器的飞行标准化委员会的主席。FOEB 主席规划委员会职能、制定会议议程、记录会议纪要、汇编和准备最终报告以及解决委员会中发生的任何技术缺陷。

① FOEB 主席向 AFS-200 主管或视情况向 AFS-800 主管提供日程安排和定期进展报告。

② 通过会议议程的准备，FOEB 主席制定讨论议题及其支撑依据。在解决分歧时，FOEB 主席拥有最终决定权。

③ FOEB 主席安排与工业用户和制造厂家的会议，收集关于建议版 MMEL 事项的额外信息。

④ 航空器审定之后，FOEB 主席组织 FOEB 会议，审查对 MMEL 的修订案。

FOEB 成员可以由运行监察员、最熟悉航空器的试飞员、指派给航空器 MRB 的维修专家和航空电子专家、AFS-200 或 AFS-800 的代表担任。

FOEB 顾问可以包括有资质的航空器运行监察员、维修或航空电子监察员、航空器审定人员或制造厂家代表。

(2) FOEB 的工作方法。

AEG 建立 FOEB，并任命 FOEB 主席，由 FOEB 主席任命委员会成员。FOEB 主席准备提供新航空器或现有航空器 MMEL 项目的会议议程。对于 MMEL 的简单补充或修订，会议可以通过电话或其他非正式方式组织。对于新航空器的 MMEL 或 MMEL 的重大修订，其流程会比较复杂。下面是 FAA 的 AEG 批准一个新 MMEL 或正式通过一个 MMEL 重大修订的典型程序。

首先，召开一个 FOEB 闭门会议，讨论各个 MMEL 条目的价值，基于委员会成员的技术专长，从委员会成员处收集信息。在这个会议上，对每一项议程确立 FOEB 的立场。根据 FOEB 主席的酌量，非 FAA 的顾问可以参加会议并提供技术信息。

然后，举办公开会议，收集来自制造厂家和工业界的信息与输入。会议期间，公开 FOEB 对每一项 MMEL 条目的立场。鼓励讨论，任何新的或矛盾的信息将在随后的 FOEB 闭门会议上讨论。如果没有收集到新的信息，则问题可以在该次会议上解决。

最后，召开最终的 FOEB 闭门会议，书面提交每个未解决的条目。由 FOEB 主席将委员会的决定提交给 AFS-200 和 AFS-800 批准。

(3) FOEB 成员任务样例。

每个 FOEB 成员审查 FOEB 主席提供的文件以及飞机飞行手册。每个监察员基于个人的知识和经验，贡献自己的技术专长，以技术上可靠的方式对工业界的评论和问题进行回答，所有成员作为顾问参加会议。

(4) FAA/工业界会议。

召开 FOEB 公开会议的目的在于获取与尚未在 FOEB 闭门会议上考虑的建议版 MMEL 相关的任何信息，公开 FOEB 的立场以及协商分歧。在 FOEB 公开会议前，FOEB 成员审查所有相关文件和飞机飞行手册，确保它们的技术知识是当前的。会议期间，FOEB 成员应当：

① 根据 FOEB 主席要求，准备好提出意见(或在会议外私下与 FOEB 主席商谈)。

② 做记录，补充正式的会议纪要。

③ 自行斟酌向非 FAA 人员透露 FOEB 闭门会议上得到的任何信息。

④ 既不批评，也不比较制造厂家。

⑤ 禁止为证明 FAA 立场而争论。

(5) FOEB 结论的分发。

FOEB 公开会议的详细会议纪要应当包括所有的争议和讨论。FOEB 主席向 AEG 主管提交建议版 MMEL 或修订版 MMEL，以供审查和批准同意。AEG 向 AFS-200 提交 MMEL 供部门主管签署。获批准后，MMEL 或修订版 MMEL 通过飞行标准信息管理系统(flight standards information management system，FSIMS)向地区办公室分发。

2) 必要条件和协调的要求

(1) 必要条件。

FOEB 的工作要求熟悉 FAA 政策，了解所讨论航空器的系统和运行要求，以及了解作为航空安全监察员行使的职责。

(2) 协调。

FOEB 工作需要与相关 AEG、AFS-200、AFS-800、型号合格审定委员会、航空器制造厂家或 FSB 进行协调配合。

3) FOEB 工作的参考文件、工作表格和辅助工具

(1) FOEB 工作的主要参考文件如下：

① Title 14 of the Code of Federal Regulations (14 CFR) parts 1，61，91，121，125，and 135。

② FAA FS 1100.1B，FAA Organization-Policies and Standards (Change 1)。

③ FAA Order 8100.5B，Aircraft Certification Service-Mission，Vision，Organizational Structure and Functions。

(2) FOEB 工作的相关工作表格如下：

① FAA Form 8430-21，Operating Certificate。

② FAA Form 8430-7，Minimum Equipment List。

③ FOEB 工作暂无相关的工作辅助工具。

4) 审查流程

(1) 审查会议议程和每个议程项目。

审查会议议程和每个议程项目时需要关注如下几点：

① 考虑确保豁免和下列内容不发生抵触的要求。

(A) 适用的规章。

(B) 型号合格审定要求。

(C) AFM 中的限制、非正常或紧急程序、正常程序、飞机性能。

(D) FAA 政策指南。

(E) 适航指令。

(F) 试飞工程师的建议。

② 在给出建议前考虑下列因素：

(A) 规章或政策要求。

(B) 风险(豁免是否会降低安全标准)。

(C) 功能转移(其他部件或系统是否将承担不工作设备的功能)。

(D) 下一步最关键的失效故障(如果所依靠的系统失效，将会怎样影响其他设备，存在什么样的备份系统)。

(E) 延程运行(该系统是否是延程运行所需要的)。

③ 如果可行，对比建议版 MMEL 和现行版 MMEL。

(2) 参加闭门会议。

通过整合技术审查结果，准备 FAA 闭门会议，充分了解并能够就各项议程给 FOEB 主席提供意见。FOEB 成员的意见应包括关于是否豁免的意见以及支持该意见的理由。

(3) 参加公开会议。

公开会议主要注意如下方面的工作：

① 通过审查 FOEB 对来自 FAA 闭门会议的每个 MMEL 会议议程的立场，准备公开会议。准备并携带技术材料，如相关的 FAR 规章、AFM、现行版 MMEL 等。公开回应议事日程更改或补充的计划和预期。

② 进行会议记录，以向 FOEB 主席提供对 MMEL 议程的书面确认意见。

③ 如果 FOEB 主席要求，则记录会议进程。保留这些会议记录，直到 MMEL 被批准或否决。

(4) 再次召开 FAA 闭门会议讨论未完成事项。

举行此会议是为了解决公开会议后尚未完成的事项。该会议可参考闭门会议要求。

5) 任务结果

任务完成产生如下的一个或多个结果:

(1) 议程文件不被批准。

(2) 更改监察员建议的议程项目。

6) 后续工作

若后续 MMEL 修订或 MMEL 获批后可能出现问题,监察员可以参加 FOEB 的再次集会。

2.1.4.2　飞行标准化委员会

本小节内容主要涉及 FAA 飞行标准化委员会的目的、构成和职责等方面的资料信息,也包括作为 FSB 成员的监察员所需的相关指导性材料。

1. FSB 的成立

通常由 AEG 决定何时成立 FSB。FSB 一般是为大型涡轮喷气飞机和涡轮螺旋桨航空器、SFAR 41 部飞机、FAR 23 部的通勤类飞机而成立的。通常不为 FAR 23 部和 FAR 27 部航空器成立 FSB,除非它们是具有独特设计、飞行或操作特征的航空器。

2. FSB 的构成

FSB 通常由来自 AEG 的 FSB 主席、若干飞行标准运行监察员、华盛顿总部代表和各类技术顾问组成。

(1) FSB 主席。FSB 主席通常是指定给航空器审定项目的航空器评审运行专家。

(2) 飞行标准运行监察员。FSB 成员通常是即将参与航空器初始运行批准的飞行标准运行监察员。

(3) 华盛顿总部代表。如合适,FSB 成员可以包括一名来自航空运输处(AFS-200)、飞行技术和程序处(AFS-400)或通用航空和商业处(AFS-800)的代表,该代表帮助确保 FAA 的政策能够被 FSB 考虑。

(4) FSB 技术顾问。由主席酌量,可以邀请 AEG 其他委员会的技术顾问参加会议。

3. FSB 的职责

FSB 的主要职责是确定飞行员型别等级,制定最低培训的建议,确保初始飞行机组成员的资质能力符合 FAA 咨询通告 AC-120-53B 要求。这些信息资料用一个提交给 AFS-200 协调的报告发布。该报告获批准后,作为主任运行监察员用来批准运营人培训、检查和通用程序的指南。通过航空安全分析系统(aviation safety analysis system，ASAS)数据库的 MMEL 子系统，该报告被分发给现场办公室。

FSB 的具体职责如下：

(1) 确定飞行员型别等级。对通常处在合格审定试飞的新航空器，FSB 为其确定飞行员型别等级的要求。FSB 也评估相应后继航空器的差异，以确定是否需要新的飞行员型别等级。

(2) 制定培训目标。FSB 制定正常、紧急程序和操作的培训目标，审查设施要求。

(3) 培训的建议。FSB 发布在批准运营人培训程序时主任运行监察员所使用的建议。在制定培训目标和程序方面，FSB 要考虑航空器的特殊要求，如电传操作飞行控制系统和空客 A-320 的侧置驾驶杆。

(4) 初始培训/检查。FSB 成员通常指导制造厂家飞行员和 FAA 运行监察员的初始培训和检查。

(5) 审查现有培训程序。当需要时，FSB 可以审查现有航空器的培训程序，评估培训是否有效。

(6) 事故。如果发生事故，则可以就培训或机组成员资格能力问题，咨询涉事航空器的 FSB 成员。

4. FSB 主席和成员的职责

FSB 主席和成员负有如下职责：

(1) FSB 主席。FSB 主席被要求参加型号合格审定前的 FSB 会议，负责合格审定过程中的会议时间安排。

(2) FSB 成员。FSB 成员参加预定的会议，参与制定 FSB 报告。

5. FSB 报告

经 AFS-200 同意后，FSB 报告被 AEG 办公室主管批准。FSB 报告被输入 ASAS 数据库，可以被 FAA 现场办公室使用。FSB 报告应包括建议的最低培训要求，供运行监察员评估运营人培训程序时使用。

(1) FSB 报告的考虑因素。FSB 报告考虑诸多方面的因素，包括非官方团体的意见、试飞评估和运行经验。

(2) 最终决定和结果。FSB 可以举行公开会议，邀请非官方团体参加，之后 FSB 将做出最终决定和发布相关的建议。

(3) FSB 报告的内容。FSB 报告应包括下列内容：

① 型别等级的分派。

② 最低培训、检查和现行要求的建议。

③ 任何专用培训要求。

FSB 报告仅包含建议的最低培训要求，培训程序批准的指南可参考 AC-120-53B Guidance for Conducting and Use of Flight Standardization Board Evaluations；Order 8900.1 Flight Standards Information Management System Document Information 第 3

册中的相关内容。

6. 后继航空器的培训要求

在确定后继航空器需要不同培训要求方面，FSB 要求修订来自制造厂家的培训程序，基于诸如设计、运行或程序差异等因素，评审航空器基本型号及其衍生型号之间的差异。FSB 也需要考虑影响飞行控制台自动化和航空器系统的技术进步。此外，FSB 可以搜集和审查背景资料，如原始培训程序和航空器运行历史，包括事故或事故征候。如果 FSB 确定后继航空器需要附加培训，运营人通常应修改航空器基本型号的培训程序，制定航空器衍生型号的差异培训程序。

7. 飞行模拟器或训练装置的使用

当航空器安装新设备时，飞行模拟器或训练装置需要升级，以反映正确的构型。配合国家模拟器鉴定组的 FSB 应确定训练装置是否能充分满足规章和培训要求。

8. FSB 成员指南

FSB 成员指南的内容包括 FAA FSB 工作的内容、必要条件和协调、参考文件、工作表格和辅助工具、审查流程、任务结果，并对今后的工作做出指示。

1) 目的

本部分内容意在为担任 FSB 成员的监察员提供参考指南。

2) 概述

(1) FSB 的作用和职责。

FSB 的作用和职责范围千差万别，以下是典型的 FSB 职责。

① FSB 确定新航空器和改进航空器的型别等级要求。

② 对于按 FAR 121 部和 FAR 135 部工作的航空器机组成员，FSB 为其培训、合格审定、熟练性检查和现行程序制定要求。这些要求包括 FSB 所评审航空器运行需要的全部程序和操作的使用说明。FSB 也鉴别任何必须在运营人培训程序中强调的航空器特性，并负责该航空器航空运营人培训程序的批准，发布指南。FSB 报告为培训、熟练性检查和现行程序确定最低标准。

③ FSB 成员可以在评估期间获得新航空器的型别等级。一旦获得型别等级，FSB 成员便可以管理实际试验或对制造厂家飞行员、航空承运人飞行员或 FAA 人员的飞行检查。

(2) FSB 成员身份。

FSB 通常被限制为五个成员。如果合适，这些成员可以是来自地区办公室的运行监察员或者是来自航空运输部门(AFS-200)或通用航空与商业部门(AFS-800)的代表，这些成员中的任何人都可以担任候补主席。

① FSB 主席。FSB 主席由地区 AEG 主管任命，是指派给航空器审定项目的 AEG 运行专家。

FSB 主席通常组织安排 FSB 会议。任何 FSB 成员可以要求进行会议。在合适的职责领域，AFS-200 或 AFS-800 也可以指导 FSB 会议。

FSB 主席组织和协调初次会议，启动评估流程。由于评估流程的复杂性，应该在航空器计划投入使用的日期之前，召开初次会议。会议时间安排方面，应当为航空器投入使用之前培训程序的编制留出充足的时间。

② FSB 成员。FSB 成员应是航空器基本型号的专家(如果适用)。监察员应来自具备合格审定职能的、计划使用被评审航空器的运营人所在的地区。如果适用，AFS-200 或 AFS-800 的监察员可以作为 FSB 成员。

③ FSB 技术顾问。FSB 主席可以邀请 FSB 技术顾问参加 FSB 会议，FSB 技术顾问可以包括 FOEB 成员或 FAA 学院的飞行教员。

(3) 型别等级的制定。

在航空器型别等级被公布后，型别等级将会被签署在执飞该航空器的飞行员合格证上。该型别等级指定给具体品牌和型号的航空器，但可以延伸到包括不改变操作或飞行品质的改进型号上。

只有 FSB 可以确定是否需要为基本型航空器特征的变动制定一个新的型别等级。

FSB 鉴别基本型航空器和被评审航空器之间的重要差异，确定这些差异与飞行机组的学识、技能和其他影响飞行安全的因素是怎样的关系。然后，FSB 建立一个新的型别等级，或确定基本型航空器的等级可以用于新的或改进型航空器。

(4) 培训要求的制定。

FSB 为新的或改进型航空器建立 FAR 121 部和 FAR 135 部培训程序的培训要求。这些要求可以包括地面和飞行培训的要求，在制定这些要求时，FSB 应当考虑所有适用的信息资源，包括工业界和特殊利益团体关于培训程序的意见。

① FSB 评估新的或改进型航空器，鉴别培训要求。这项工作通过比较基本型航空器和新的或改进型航空器的方式完成，如设计、程序、运行、自动化和系统等因素都在评估工作的考虑范围内。

② 为鉴别培训要求，FSB 成员驾驶被评审航空器，审查相关资料，如技术数据、飞机飞行手册、制造商的飞行机组运行手册、设备运行手册和相关的任何以往 FSB 报告。培训程序也根据新的或改进型航空器的飞行和运行特性而确定。

(5) 任务样例。

FSB 的作用和工作范围不同，不可能涵盖一个成员需要完成的全部任务，但大部分 FSB 成员都有一些共同的任务。FSB 成员通常被要求提供基于个人经验的深刻见解，以顾问身份向主席提供建议。其他标准 FSB 成员的任务包括以下六个方面：

① 确定新的航空器和改进型航空器的型别等级要求。

② 帮助制定 FAR 135 部培训要求和培训程序。

③ 参与飞行员型别等级的确定和管理指导初始飞行员型别等级的飞行检查。

④ 评估制造厂家或其他培训提供者制定的地面和飞行训练程序。

⑤ 向 FSB 主席提交供 FSB 报告使用的书面建议和评估。

⑥ 为所评审航空器后续发生事故或事故征候后的调查提供帮助。

(6) 地区飞行标准部门的职责。

根据请求，地区飞行标准部门主管应提供来自本地区或 FSDO 的有资质的监察员在 FSB 中任职。

(7) FSDO 的职责。

飞行标准地区办公室/合格证持有人地区办公室(Certificate-Holding District Office，CHDO)在 FSB 提交决定后批准培训程序。在授予批准书前，主任运行监察员必须确保运营人和航空承运人的培训程序符合 FSB 报告的要求，FSB 报告通常规定培训最少时间和具体程序。尽管如此，主任运行监察员仍然应考虑基本型航空器培训程序和被提议修订的充分性，以确定 FSB 的安全建议是否被满足。

① 在培训程序被批准或熟练性检查完成之前，监察员应查阅航空安全分析系统中关于他们所负责航空器的 FSB 报告。

② FSDO/CHDO 需确保所指定的委任飞行员考试员(designated pilot examiners，DPE)已被告知 FSB 的所有相关要求。

(8) FSB 结论的适用性。

FSB 报告准备好之后，经 AFS-800 协调，由 AFS-200 批准。FAA 现场办公室可以通过飞行标准信息管理系统中 Publications 菜单栏下的"MMEL & AEG Guidance Documents"标题查阅 FSB 报告。

3) 必要条件和协调的要求

(1) 必要条件。

FSB 的成员资格要求了解熟悉规章要求和 FAA 政策，以及作为航空安全监察员的资质要求。

(2) 协调。

FSB 的工作需要和相关 AEG、AFS-200、AFS-800、航空器审定办公室、制造厂家、地区飞行标准部门、运营人或 CHDO 进行协调配合。

4) 参考文件、工作表格和辅助工具

(1) FSB 的工作主要有如下参考文件：

① Title 14 CFR parts 1，61，91，121，125，and 135。

② Order 8100.5B，Aircraft Certification Service Mission，Vision，Organizational Structure and Functions。

③ Order 8430.21，Flight Standards Division，Aircraft Certification Division，and Aircraft Evaluation Group Responsibilities。

④ Order 1100.1B，FAA Organization-Policies and Standards (Change 1)。

⑤ The Appropriate Practical Test Standards。

(2) FSB 的工作主要有下列工作表格：

① Form 8710-1，Airman Certificate and/or Rating Application。

② Form 8060-4，Temporary Airman Certificate。

(3) FSB 的工作暂无相关的工作辅助工具。

5) 审查流程

审查流程包括 FAA　FSB 审查会议的议程和流程。

(1) 参加技术会议。

按照 FSB 主席的通知，参加出席指定的技术会议。审查有关被评审航空器的所有适用信息，这些信息包括 AFM、FSB 文件和其他信息。

(2) 组织管理运行评估。

对任何设备或可以要求补充培训、熟练性或现行要求的操作，组织管理对其进行运行评估，被评估项目的样例如下：

① 交通警戒与防撞系统(traffic collision alerting system，TCAS)。

② 自动着陆。

③ 平视显示器。

④ 风切变。

⑤ 无襟翼近进。

⑥ 异常飞行特性。

⑦ MMEL 条目。

⑧ 操作特性。

⑨ 机组工作负荷。

⑩ 应急撤离。

(3) 参加培训。

如果被指派，则参加制造厂家的用于获得技术知识、技能和能力的培训班，从而能够完成 FSB 的决断，向 FSB 主席报告培训班的培训强度和弱点。

(4) 评审航空器的运行适用性和符合性。

确定航空器是否符合 FAR 91 部和 FAR 135 部的运行要求。FSB 主席为此提供一份检查单。

① 依照 FSB 主席的要求，组织管理航空器的地面检查。鉴别任何不符合规章之处。

② 通过进行 FAR 61 部所要求的操作，组织飞行评估。

③ 鉴别被发现的任何问题，记录自己的观察资料，向 FSB 主席提交包含建议的报告。

(5) 对编制培训要求的支持。

FSB 成员鉴别与基本型航空器存在差异的、其飞行机组必须接受培训的新航空器或改进型航空器的特征。如果适用，FSB 成员也审查原始培训程序。与基本型航空器进行比较，确定设计、程序、任务、运行、飞行操作台自动化、航空器系统和检查单程序的差异。培训要求的编制，包括如下方面：

① 机组所需的、未在实际测试标准中规定的，以及在 FAA Order 8900.1 第 3 册第 19 章中规定的任何知识和技能。

② 要求机组证明技能和知识所需要的专用条件(用于模拟机、训练装置、航空器等)。

③ 如果现有实际测试标准不能保证所要求的技能和知识能够被掌握，FSB 可以要求额外标准。

(6) 参与确定型别等级要求。

使用 FSB 主席提供的文件，记录评审和所做的新航空器或改进型航空器与基本型航空器之间的对照。

① 鉴别基本型航空器和被评审航空器之间的所有重要差异。

② 确定这些航空器之间的差异如何与飞行机组知识、技能和其他飞行安全因素相关。

③ 确定新航空器或者改进型航空器是否需要一个新的型别等级或是分享共同的型别等级。

④ 确定是否需要额外的测试。

(7) 组织管理初始飞行员型别等级检查。

在 FSB 主席的带领下，组织管理制造厂家或 FAA 成员的型别等级飞行检查，具体可参见 FAA Order 8900.1 第 5 册第 2 章第 19 节，进行飞行员型别等级的合格审定。

(8) 参加重新召集的 FSB 会议。

各成员在 FSB 被重新召集时，参加会议并根据 FSB 主席的指派重新评审以往的任务。

6) FSB 任务的结果

FSB 任务的完成产生下列一个或多个结果。

(1) 提交给 FSB 主席的监察员调查结果、结论和建议。

(2) FSB 报告。

7) 后续工作

后续包括如下工作。

(1) 在另一 FSB 任职。

(2) 在出现事故征候、事故或反复出现问题时，FSB 可以被重新召集，重新评估他们原来的决定。

2.1.4.3　维修审查委员会

本节内容包括 FAA MRB 的职责、构成、监管机构的参与以及工作流程，着重介绍维修审查委员会报告任务分配间隔的优化和实施的政策。

1. 概述

在航空器型号审定中，运输类航空器最低维修/检查任务分配要求的制定，需要通过有工业界和监管机构参与的编制、审查和批准流程。

维修审查委员会报告包括对特定运输类航空器和在翼发动机(on-wing engine)维修程序的初始最低预定维修/检查要求，但不制定规章要求的非在翼发动机(off-wing engine)维修程序。

FAA 咨询通告 AC 121-22C《维修审查委员会、维修型别委员会和 OEM/TCH 建议维修程序》，为编制、批准和修订 MRBR 提供指南。

2. MRB 的职责

通过 MRB 主席，MRB 履行如下职责：

(1) 建立要求。

为运输类航空器、发动机、螺旋桨和辅助动力装置(auxiliary power units，APU)建立 FAA 最低维修和检查要求。

(2) 确定初始维修任务分配间隔。

初始维修任务分配间隔基于相关数据和航空器的设计而确定。

(3) 确保数据收集系统到位。

FAA 确保原始设备制造商(original equipment manufacturer，OEM)/型号合格证持有人(type certificate holder，TCH)具有一个为证明新航空器初始维修任务分配间隔的、可以收集类似航空器或类似系统数据的已到位系统。OEM 数据收集系统应包括一个涵盖如下方面的数据交流流程/设施：

① 数据存储基础设施(电子存储、手工存储等)。

② 数据管理系统(修订控制、访问控制等)。

③ 明确定义的数据单元以利于分析对比。

④ 所要求的数据字段可用于支持统计分析和工程评审。

⑤ 基于 SPEC 2000 数据格式定义设计的数据属性。

(4) 参加会议。

参加工业指导委员会(Industry Steering Committee，ISC)会议。审查由工作组(Working Groups，WG)提交的、ISC 批准的 MSG 分析。

(5) MRBR 的批准。

经航空器维修主管部门(AFS-300)同意后批准 MRBR。制造商负责出版和分发初始版和修订版 MRB 报告以及相关支撑文件。

3. MRB 的构成

MRB 包括一名来自合适 AEG 的主席。MRB 主席邀请来自地区的有资质航空安全监察员作为 FAA 工作组成员/顾问参加 MRB。MRB 主席是面向 ISC 的 FAA 代表。

4. MRB 的流程

MRB 的流程包括如下主要方面。

1) 政策程序手册

航空器制造厂家提供建议的政策和程序手册(policy and procedure manual，PPH)，以供 ISC 进一步发展、审查和同意。OEM/TCH 也是 ISC 的联合主席。OEM 提供 PPH 草案，ISC 进一步完善和同意。建议的 PPH 内容包括有关如何组织管理 MRB/ISC 的必要的培训标准和规则，以及检查间隔、分析流程、监管机构参与等方面的依据。

2) 获得认可

随着 ISC 对 PPH 的同意，PPH 将被提交给 MRB 主席进行认可。在收到并审查后，MRB 主席依据管理要求拟写认可函，附之以 MRB 主席签字，该认可函将被转寄给 ISC 主席。在开始任何和全部工作组工作之前，ISC 将获得 FAA 对 PPH 的认可。

更多内容和指南可参考 FAA 的 AC 121-22C。

5. 监管机构的参与

本部分内容包括监管机构参与的条件和情况，以及监管机构的职责和义务。

1) 概述

监管机构的参与有如下两种情况：

(1) 有其他监管机构参与的美国制造航空器。

(2) 有 FAA 和其他监管机构参与的外国制造航空器。

2) 参与条件

参与条件包括如下几方面：

(1) 制造厂家所属国家的监管机构通常提供 MRB 主席和 MRB 成员。

(2) 在任何 MRB 工作开始之前，主管的监管机构必须具备 FAA 与每个参与的监管机构之间的确认函。FAA 在确认函中将包含如下条目：

① 其他监管机构在 MRB 流程中的参与程度。

② 主管监管机构将是 MRBR 及其修订的主要认可机构，在报告中声明其他监管机构对 MRBR 及其任何修订的确认认可。

(3) 对于美国 OEM/TCH，FAA 将指定 MRB 主席，外国监管机构可以被邀请参加，在 MRB 和 ISC 主席之间确定。

(4) 除非在确认函中明确声明，否则这些 MRB 程序中包括的政策将适用。

(5) 如果其他监管机构希望对 MRBR 的结果起促进作用或施加影响，那么该监管机构的参与将是必需的。

(6) MRB 成员/顾问赞同工作组建议不是向 ISC 提交建议的先决条件，工作组会议纪要将记录 MRB 成员/顾问之间缺乏一致性的意见。

3) 职责和义务

MRB 成员与其他监管机构的职责和义务如下：

(1) MRB 成员。

① 参加工作组会议并向工作组成员提供指导。

② 参加由 MRB 主席召集的 MRB 会议。

③ 向 MRB 主席提供定期的、涵盖工作组活动评审的进展报告，其中包括争议或潜在问题领域的通告。工作组顾问可以包括来自工程/设计合格审定部门的监管人员。当只有一名 MRB 顾问被指派给工作组时，MRB 顾问将充当 MRB 成员。

(2) 其他监管机构。

① 参加 FAA 和监管机构确认函中所提及的 MRB 和/或工作组活动。

② 经 ISC 主席邀请和 MRB 主席同意，参加 ISC 会议。

③ 在汇编 MRBR 建议之前，通过 MRB 主席向 ISC 主席鉴别将被包括在 MRBR 附录中的任何国家监管机构的差异。

④ 以在确认函中和 PPH 中列提纲的方式，接受对 MRBR 的认可。

⑤ 在预定的下次 ISC 会议前，审查工作组会议纪要，并向 MRB 主席提供对争议或潜在问题领域的评审或通告。

6. MRBR 任务分配间隔的优化和实施的政策

本部分对 MRBR 任务分配间隔的优化进行详细阐述，包括其相关文件和政策声明。

1) 概述

从 2008 年 2 月 28 日起，由来自 AEG 和 IMRBPB 人员组成的工作组，已经在加利福尼亚州长滩会面。这个工作组的存在是为了讨论与 OEM/TCH 任务演变/优化相关的流程缺陷。

2008 年 3 月 31 日，问题纪要 44 的工作组在加拿大渥太华召开会议，讨论和汇集在 2008 年 5 月国际政策委员会(International Policy Board, IPB)上提交的文件。工作组达成一致意见并在国际政策委员会网站上公布了一份最终版的副本。2008 年 4 月 IMRBPB 会议对该文件予以认可。

2) 相关文件(现行版)

本部分的相关文件主要包括下列文件：

(1) AC 121-22C，Maintenance Review Boards，Maintenance Type Boards，and OEM/TCH Recommended Maintenance Procedures。

(2) Issue Paper 44，Evolution/Optimization Guidelines。

3) 政策声明

(1) OEM/TCH 数据收集系统。OEM/TCH 应当具备已到位的数据系统。该系统能够收集运营人在完成任务期间产生的、送交 OEM/TCH 的数据。这些数据以标准化格式进入 OEM/TCH 的数据收集系统。OEM 数据收集系统应具备包括如下方面的数据通信流程/设施：

① 数据存储基础设施(电子存储、手工存储等)。

② 数据管理系统(修订控制、访问控制等)。

(2) MRBR/TCH 使用的标准化格式。MRBR 任务演变/优化必须基于全球范围有代表性的、横贯航空器运行环境和机龄组别的样本。OEM/TCH 必须利用标准化格式的在役数据(美国航空协会(Airlines for America，A4A)，前身为美国航空运输协会)的 SPEC 2000 数字格式或等效格式，确保数据质量和数据完整。

OEM 必须表明运营人数据的收集或转换采用 SPEC 2000 格式或等效格式。如果满足下列要求，等效格式可以被接受：

① 当提交数据时，所有运营人使用一个标准格式，以保证数据的完整。

② 数据应是电子格式。

③ 数据元素具有明确定义以利于分析比较。

④ 所需数据字段适用于统计分析和工程评审。

⑤ 数据属性的设计基于 SPEC 2000 定义。

⑥ 运营人必须将他们用于收集在役数据的格式/模板整合进 PPH。

OEM/TCH 必须具备到位可用的数据质量系统，该系统应能够：

① 验证输入数据，保证数据格式/内容符合标准。

② 生成质量控制和审计报告并视需要采取纠正措施。

③ 原始数据应当在整个流程中保持不被更改。

④ 按需要可以访问。

OEM/TCH 收集和使用的涉及演变/优化的数据，必须包括如下信息：

① 完成任务的数量。

② 应用任务间隔的结果。

③ 部件数据(采购的结果、无故障发现的清除和失效)，如可用。

④ OEM/TCH 应正确记录和评审航空器的使用(飞行小时数、循环、日历日。

⑤ 计划外维修结果，如果适用。

⑥ 预定维修结果：

(A) 无结果产生的例行维修任务。

(B) 有结果产生的例行维修任务。

(C) 不相关的重要结果(如适用)。

(D) 四位数字的 A4A 代码(如适用)。

(E) 航空器序列号。

在可能的情况下，OEM/TCH 应当正确记录连续任务检查数据，以评审与 MRBR 任务相关的航空器系统、部件或结构单元。这个要求可以用于较低间隔的任务。

① 评审涉及维修指导委员会第三专门委员会(MSG-3)意图的计划和计划外维修结果在役数据。

② 将计划维修结果和在役结果与合适的 MRBR 任务关联(如适用)。

③ 审查计划外维修结果，以及产生在飞行员报告和维修报告中获取的纠正措施(如适用)。

④ 运营人应正确记录非相关维修任务期间产生的、重要的、非常规的详细书面说明。

MRB 优化应基于逐个任务的方式进行。OEM 必须发展一个被 FAA 认可的统计分析方法。

需要注意：间隔时间、任务和程序，如适航限制(airworthiness limitations，AL)和审定维修要求(certification maintenance requirements，CMR)，是型号合格审定要求，不可以被优化或删除，可参考 FAA 咨询通告 AC 25.1309-1A 的当前版本。

① 风险管理(risk management，RM)应是间隔时间演变/优化的基础。RM 是对鉴别、分析、评估、处理和监控风险任务的管理政策、程序和措施的系统应用。

② MRBR 任务间隔时间的优化，尤其在 MSG-3 分析中鉴别的、反映航空器系统和部件危险程度的依据原则，分析中解释说明故障影响类别(failure effect categories，FEC)。

③ 基于在役经验可以提升 MRB 任务间隔时间。此外，当在役数据支持任务间隔时间减少时，逐步降低任务间隔时间。如果确定是无效果的任务或任务相关的失效模式由于有效的设计规定而从未产生，也可以删除这个任务。

④ 有意地删除、添加或更改任务，需要新的/修订的/改正的 MSG-3 分析。

⑤ 潜在失效结果的任务间隔时间(如寻找退化的任务)应落在潜在失效可发觉的时间点和退化进入功能失效的时间点之间。评估连续任务的完成情况，以表明在新的初始间隔时间之前，失效没有出现。

OEM 统计方法必须能够确定可提供 95%置信水平的正确数据量。

① 在一个数据驱动的统计决策过程中，置信水平是确定数据样本大小的基础。

② 置信水平涉及整个机队性能位于样本机队性能规定范围内的可能性。置信水平通常用百分数表示，例如，95%置信水平意味着机队参数落在置信区间内的

概率是 0.95。

③ 对一个给定的置信水平,数据规模可以根据机队规模和在役数据的改变而变化。

④ 作为 MRB 任务演变基础的在役数据,必须从较老航空器和结合更多当前生产标准与改进的较新航空器的一个代表性样本收集,分析报告将概括说明机队机龄。

⑤ 地理或运行环境说明(如合适),在涵盖统计的重要运行环境的代表性样本上收集的在役数据,可作为 MRB 任务间隔时间调整的基础。

⑥ 自投入使用起,待积累足够使用经验后,再考虑 MRB 任务间隔时间的调整。其后的任务间隔时间调整,可以在上一次任务间隔时间调整、积累更多使用经验后加以考虑。上述两种情况,依据这些指南中规定的置信水平,仔细考虑数据充分性。

⑦ OEM/TCH 必须开发和实现一个统计分析系统,对基于一个接一个任务的演变/优化应用具有 95%置信水平,提供证明理由。OEM/TCH 可以提出免责条款,适航当局可以根据情况进行酌量批准。

⑧ OEM/TCH 必须收集足够的数据来支持预期的置信水平。然而,工程判断仍然是评估的一个组成部分。

运营人和管理人的反馈必须是被记录在案、评审和分析过的。

① OEM/TCH 必须开发和实施一个审查和验证 PPH 中所定义 MRBR 修订程序的内部质量规程。

② OEM/TCH 将开发和实施一个内部程序,验证 MRBR 修订任务和/或源于演变的任务间隔时间,或者表明已经存在能够达到同样目的的等效书面内部程序。

③ OEM/TCH 申请人必须书面告知 FAA 其开始一个演变/优化程序的目的。这将以官方函件的形式或 PPH 所定义的其他通信媒体形式进行。

④ FAA 将以书面形式答复 OEM/TCH 其参与对一个给定机队或模型演变/优化应用的目的。

当 OEM/TCH、MRB 和 ISC 希望继续进行关于 MRBR 程序的演变/优化时,必须使用本节的指南作为 PPH 程序的基础。

① OEM/TCH 必须进一步明确 PPH 中的细节和程序说明。对所有 ISC/MRB 的 PPH,对 FAA 证明和接受的所有模型,每个 OEM/TCH 可以采用相同的演变/优化程序。PPH 是一个日常使用的文件;在 ISC 接受或 OEM 提交之后,必须在 60 天内给予答复。在适用的情况下,MRB/ISC 必须协调配合和批准 PPH 修订本。

② OEM/TCH 必须在 PPH 内包含本部分内容所涉及的政策要求和标准指标。

③ OEM/TCH 必须进一步明确组织管理演变/优化应用所需的细节和程序操作,必须和 MRB/ISC 协调该项计划,并由 MRB/ISC 批准。

④ 在支持演变/优化的文件通过应用方式被整合进 PPH 时，应声明现行文件号和修订号。

2.1.4.4 适航指令流程中的 AEG 延伸

1. 简介

本节内容包括 AD 流程中 AEG 工作的目的、概述以及具体工作内容。

1) 目的

AEG 延伸程序是向合适的合格证持有人所在地区办公室提供技术信息。AEG 延伸计划是飞行标准司、航空器审定司、原始设备制造厂家/设计批准持有人(design approval holder，DAH)和运营人之间的一个关键的交流和协调工具。这些技术信息和交流将帮助 CHDO 对运营人的 AD 管理流程进行支持。

2) 概述

AEG 是 AFS 负责确定新审定和改进型航空器运行适用性的机构。在飞行员资格证明、飞行机组培训、最低设备清单和持续适航要求方面，AEG 担任了一个关键性的角色。AEG 通过对起草 AD 的航空安全工程师(aviation safety engineer，ASE)提供咨询、协调和支持，在审查和确定 AD 的运行适用性方面起着重要的作用。AEG 在 AD 的流程中被指派的职责包括以下 4 个方面。

(1) 对 AD 的编制过程提供运行/维修方面的观点。

(2) 对 FAA 合格审定管理办公室(Certificate Management Offices，CMO)提供技术咨询。

(3) 担任 AFS 与航空器审定办公室之间的联络人。

(4) 在分发服务指令和其他形式的警报方面(如所有的运营人快报和维修警报)，充当 OEM/DAH 和 CMO 之间的调解人。

2008 年 9 月 2 日，一个独立审查小组(Independent Review Team，IRT)，在被交通运输部长 Peters 任命后，公布了题为 "Managing Risks in Civil Aviation: A Review of the FAA's Approach to Safety" 的报告。这个报告评估并建议改善 FAA 的安全文化及其航空安全系统。

违规事件和来自 FAA 审计所导致的结果，使得 FAA 成立了一个 AD 符合性审查小组。该审查小组完成了两份题为 "Airworthiness Directives Process Review" 的报告(分别在 2009 年 6 月 3 日和 7 月 8 日公布)。该报告审查了产生和执行 AD 以及保证符合性的程序，包括若干结果和建议。其中的建议之一涉及在编制和执行 AD 方面要求 AEG 更多地参与。该符合性审查小组亦发现，FAA 现场办公室既不与 AEG 就 AD 问题进行交流沟通，也不在 AD 符合性问题出现时与 ACO 沟通。

为了着手处理这些结果和防止将来 FAA 与运营人之间的分歧，FAA 制定了有关 AEG 及其在 AD 流程中职责的指南。

2. AEG 延伸

AEG 延伸的内容包括 AEG 延伸的确定、AEG 的职责、AEG 延伸计划要点及其贯彻、AEG 延伸与 AEG 政策和程序的整合。

1) AEG 延伸的确定

当一个产品(如航空器、发动机、螺旋桨或装置)存在不安全状态，并可能在其他相同型号设计的产品上存在或暴露时，需要编制 AD。ASE 根据现行版 FAA-IR-M-8040.1 REV C(适航指令手册)，生成一个要求有 AEG 协调配合的 AD 工作单。此时，AEG 将进行一个分析，并确定是否需要 AEG 延伸。

2) AEG 的职责

在 AD 编制阶段，AEG 对 ACO 和/或主管领导及航空安全监察员之间的协调起到关键作用。每个团队都投入到适航问题的监控、不安全状态的鉴别和有效纠正措施的制定与实施上，以维护广大乘客的信任。

3) AEG 延伸计划要点

当 AEG 延伸计划能够针对具体需求定制时，它至少应包含如下要点：

(1) 延伸分析。确定是否需要延伸，如需延伸，则确定哪些运营人受影响。

(2) 研究。联系 CHDO 收集服务通告(service bulletin，SB)信息和实现 SB 以引用方式编入 AD。

(3) 合作。与受影响的 CHDO 协作，确保对 AD 的理解，并且回答来自现场的任何问题。

(4) 响应。AEG 向 ACO 提供关于延伸导致的任何运行适用性问题的反馈信息。

4) AEG 延伸计划要点的贯彻

在编制 FAA-IR-M-8040.1 第 6 章概述的 AD 期间，AEG 实施了一个延伸计划。AEG 延伸应在 SB 和 AD 编制工作中尽可能早出现，以确保对运行适用性相关的任何反馈信息的处理不会影响 AD 的及时发布。以下概述在 AD 编制流程中 AEG 延伸计划的四个要点应何时发生。

(1) 延伸分析。在 AD 工作单起草阶段，AEG 确定是否需要延伸(参考 FAA-IR-M-8040.1 第 6 章第 2 段)，如图 2-3 所示，如果存在下列条件之一，可以需要延伸：

① AD 的要求不易理解且没有可用的支持政策/指南。

② 对 AD 的满足需要新的/新奇的会妨碍对 AD 遵从的概念(如新的检查技术或新的维修程序)。

③ AD 的目的、范围或内容基于随可以预见的技术更改而失效的假设(例如，在无损检测(non-destructive testing，NDT)或新材料领域的新发明方法)。

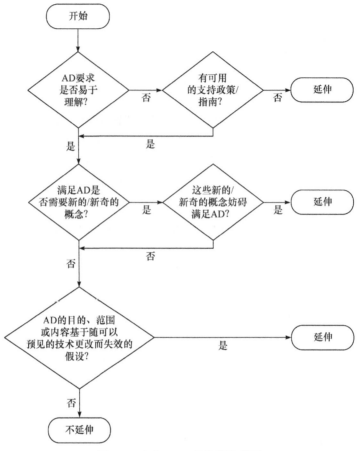

图 2-3　决定 AEG 延伸的流程图

(2) 研究。当 AD 被起草(参考 FAA-IR-M-8040.1 第 6 章第 3 段)时，AEG 确定受影响的 CHDO，将为 AD 收集相关 SB 信息，确定它将如何影响 AD 的实施。

(3) 合作。当 AD 处于审查和协调阶段时(参考 FAA-IR-M-8040.1 第 6 章第 5 段)，AEG 与受影响的 CHDO 交流沟通和协作，确保 AD 的要求和引用的 SB 能够被理解，如果需要，可提供进一步的指导。AEG 应确定在提交 AD 要求方面是否需要来自 ACO 的帮助。

(4) 响应。AEG 对 ACO 提供关于延伸程序导致的运行适用性问题的反馈信息。AEG 应注意在 AD 签署前反馈信息(参考 FAA-IR-M-8040.1 第 6 章第 7 段)。

5) AEG 延伸与 AEG 政策和程序的整合

AEG 应开发一个定义其政策和程序的流程，以整合 AEG 延伸流程以及与受影响的 CHDO、ACO 沟通交流。这个流程应处理：

(1) 如何起动延伸。

(2) 哪个 AEG 团队提供延伸。

(3) 延伸将处理什么技术问题。

(4) 在延伸期间信息如何沟通交流与协调。

2.2　EASA 的航空器评审体系

EASA 航空器的运行评审工作，最初是依照 EASA 运行评审委员会(OEB)临时程序开展的，并由 EASA 审定司代表欧盟成员负责管理该流程。2008 年，EASA 明确了运行适用数据的概念。2014 年 1 月 27 日，欧盟委员会发布了 EU NO 69/2014，旨在用基于 OSD 的评审替代原有的 OEB 评审，确保运营人能够获取并使用对于航空器安全操作的相关数据。OSD 最初由航空器型号研制方提供，主要包括飞行员培训分级最低训练大纲、模拟器验证支撑数据、维修人员最低训练大纲、机组训练数据和主最低设备清单。研制方需要向 EASA 提供 OSD 才能通过航空器适航审定，在 EASA 批准 OSD 之后，运营人和培训机构必须使用这一数据对相关人员进行培训和制定主最低设备清单。

2.2.1　OSD 形成

EASA 的航空器评审包括航空器运营资质审查，通常这项工作可以和新航空器的适航合格审定并行。航空器运营资质审查的目的是对航空器相关的机组成员(驾驶舱和客舱)、维修认证人员的培训和资质证明的所有要素进行评审。评审内容涉及为满足运行规则(包括特别强调正常、非正常和应急程序的运行适用性)所需的全部要素以及其他所有运行文件。

2014 年 1 月 27 日，欧盟委员会发布了委员会规章 EU NO 69/2014，将规章 EU NO 216/2008 中第 5 条适航要求作为运行适用性的评估要素，纳入型号审定过程中，同时在规章 EU NO 748/2012 的基础上增加了新的审定要求，即第 7a 条运行适用数据，并对原规章第 3 条型号审定和相关适航审定的持续有效性、附录 I(FAR 21 部)的内容进行了相应修改，删除了用于过渡的第 5 条有关会员国注册飞机的持续运行的要求，正式将 OSD 作为型号合格审定的一部分。

EU NO 69/2014 所要求的新增第 7a 条，其条款内容之间的主要逻辑关系如图 2-4 所示。该条款中包括了如下规定：

(1) 2014 年 2 月 17 日前发行的型号合格证持有人在 2014 年 2 月 17 日之后向欧盟运营人交付的新飞机应按照附件 I(FAR 21 部)要求，除维修认证人员训练最低大纲和模拟器验证支撑数据外，在 2015 年 12 月 18 日或投入运营前(以较早者为准)执行 OSD。

(2) 2014 年 2 月 17 日前未发行的型号合格证申请人应按照附件 I(FAR 21 部)
要求，除维修认证人员训练最低大纲和模拟器验证支撑数据外，在 2015 年 12 月
18 日或投入运营前(以较早者为准)执行 OSD。

(3) 在 EU NO 69/2014 生效前经 JAA 或 EASA 批准的 OEB 报告和 MMEL 被
认为构成 OSD，相关型号合格证持有人应在 2014 年 6 月 18 日前向 EASA 提交
OSD 中的强制性数据和非强制性数据的划分。

(4) 包含 OSD 的型号合格证持有人在 2015 年 12 月 18 日前要求获得其设计
部门批准的关于运行适用性方面的设计内容或替代方案。

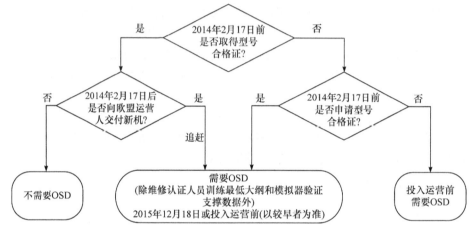

图 2-4　EU NO 69/2014 中第 7a 条条款内容的主要逻辑关系

2.2.2　OSD 审定规范和基础要求

欧盟委员会规章 EU NO 69/2014 附件中的修订条目(3)表明，EASA 应发布
OSD 审定规范，并作为验证相关产品、零部件满足 EC NO 216/2008 附录 I(适航
要求)、III(飞行员要求)、IV(空中运行要求)符合性的标准方法。

欧盟委员会规章 EU NO 69/2014 附件中的修订条目(6)要求 OSD 审定基础应
包括如下方面：

(1) OSD 评审说明或其他证明满足 EC NO 216/2008 附录 I、III、IV 的相关基
本要求的有效方式。

(2) 具有非常规设计特征，或非常规用途，或具有与在役产品类似特征的特
殊审定条件。

EC NO 216/2008 目前已被更新的 EU 2018/1139 替代。

2.2.3　OSD 有效性

欧盟委员会规章 EU NO 69/2014 附件中的修订条目(15)规定，FAR 21 部第

21.A.62 条增加了关于 OSD 有效性的要求：TC 或 STC 持有人在训练组织或运营人使用 OSD 前，需按照 OSD 审定基础要求准备一套完整的 OSD 文件；任何关于 OSD 的修改都必须通知运营人。

2.2.4　OSD 内容

根据欧盟委员会规章 EU NO 69/2014 附件中的修订条目(2)规定，FAR 21 部第 21.A.15 条增加了飞机型号合格证或限制型号合格证的申请人应提交(或在初次申请后补充)OSD 的申请要求，包括下列内容。

(1) 飞行员型别等级最低训练大纲，主要有：

① 运营人差异要求(operators differences requirements，ODR)表。

② 主差异要求(master differences requirements，MDR)表。

③ 执照签注。

④ 型别等级培训课程。

⑤ 熟练或差异培训。

⑥ 检查规范。

⑦ 通用规范。

(2) 航空模拟器验证支撑数据。

(3) 维修人员型别等级培训最低训练大纲，主要有：

① 航空器型别等级。

② 维修人员型别等级培训最低训练大纲。

(4) 客舱机组训练数据，主要有：

① 新型号和多型号航空器差异数据。

② 客舱机组培训课程。

(5) 主最低设备清单。

(6) 其他型号相关的运行适用性要素，如：

① 电子飞行包。

② 增强视景系统(enhanced vision system，EVS)。

③ 运行符合性检查单(Part-CAT Subpart D：仪器、数据和设备)。

为满足以上要求，OSD 应包括下列主要数据单元：

(1) 飞行机组数据(flight crew data，FCD)。

(2) 模拟机数据(simulator data，SIMD)。

(3) 客舱成员数据(cabin crew data，CCD)。

(4) 维修人员资质数据(maintenance certifying staff data，MCSD)。

(5) 主最低设备清单。

2.2.5 OSD 评审人员

EASA 组织结构图如图 2-5 所示。最高层为执行理事会，下属 4 个办公室，分别为战略和安全管理办公室、审定办公室、飞行标准办公室和资源支持办公室。其中，审定办公室又分为大型飞机、通用航空及遥控飞机、旋翼机等 7 个部门(图 2-6)，除以上部门外，另设有分管技术的审定办公室副总监，负责 OSD、飞行与人为因素、机械系统等 8 个方面的工作(图 2-7)。

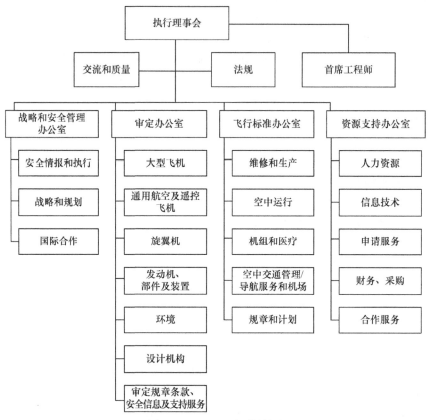

图 2-5 EASA 组织结构图

可以看出，OSD 工作应由审定办公室分管技术的副总监领导，并由专门负责 OSD 评审的首席专家工作组完成。一个完整和典型的 OSD 评审工作组要求由运行、飞行机组执照颁发(flight crew licensing，FCL)、MMEL、客舱机组、模拟机、设计/合格审定、维修等方面的专家组成。

1. OSD 评审主席

OSD 评审主席应由审定办公室中专门负责 OSD 的首席专家担任。

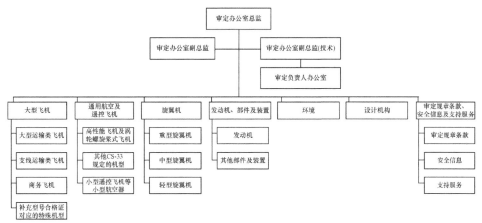

图 2-6　EASA 审定办公室组织结构图

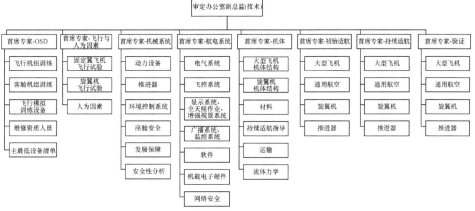

图 2-7　EASA 审定办公室技术副总监分管项目结构图

OSD 主席应满足下列标准：

(1) 在所涉及航空器类别的评审方面具有经验。

(2) 具有管理背景。

(3) 理解相关规章并能熟练应用。

2. OSD 评审工作组成员

OSD 评审工作组成员由 OSD 主席和审定办公室共同商议决定，在完成组员的选择工作后，EASA 将通知制造厂家 OSD 小组的构成情况。

只要航空器在服役，OSD 小组应当保持与 TC 申请人(持有人)的联系，以便及时获取可能的设计更改、设备更改或在役事件信息。

3. 观察员

在制造厂家接受的条件下，下述的其他人员可以作为观察员被邀请参加 OSD 的评审工作。

(1) 出于协调方面的考虑，OSD 评审组认为合适的来自第三方国家主管当局的人员。

(2) 出于对各评审任务有利的考虑，可以邀请 OSD 评审组认为合适且经 EASA 同意的来自利益相关方的人员。

2.2.6　OSD 评审指南

OSD 评审数据主要包括飞行机组数据、模拟机数据、客舱成员数据、维修人员资质数据以及主最低设备清单 5 个方面。

2.2.6.1　飞行机组数据

飞行机组数据包括评审的范围、适用性、飞行员分级训练和操作培训要求、ODR 表、MDR 表、评估过程以及申请人应准备的材料等。

1. 范围

飞行机组数据的审定包括以下两部分：

(1) 飞行员资格审定和型别等级要求。

(2) 飞机型号相关的飞行员训练、检查和通用要求。

飞行机组数据评审涉及以下几方面。

(1) 候选飞机的具体特点。

(2) 制造厂家关于飞机的设计变更、相关设备、程序或操作的任何建议。

(3) 有关民用航空机组、空中操作规程及 FAR 21 部的技术要求和行政程序。

(4) 飞行员入选条件。

(5) 按照 ODR 表进行候选飞机与基本型飞机的异同点分析。

2. 适用性

飞行机组数据评审依照 TC 申请人要求及对 TC 申请人的要求来确定 OSD，OSD 按照民用航空机组和空中操作规程的要求分为强制性要素和非强制性(推荐)要素，主要包括：

(1) 飞行员资格等级划分和执照签注。

(2) 具体某一飞机的飞行员等级训练和操作培训要求。

(3) 监管下的航线飞行(line flying under supervision，LFUS)。

(4) 差异水平评定——ODR 表和 MDR 表。

(5) 近期操作各型号飞机的经验。

(6) 一种或多种型号飞机的训练、检查和近期操作经验。

(7) 不同等级的总体要求。

(8) 不同等级的训练、检查和通用要求。

(9) 评估流程介绍。

以上要素可按图 2-8 进行分组。

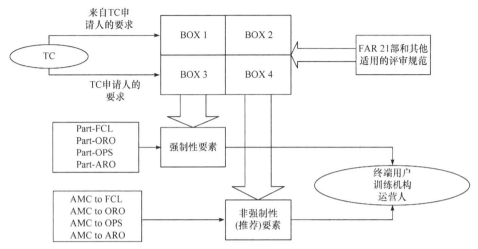

图 2-8　飞行机组数据强制性与非强制性要素分类

图 2-8 中，BOX 1 代表来自 TC 持有人的要求，终端用户(包括培训机构和运营人)必须遵循；BOX 2 代表来自 TC 持有人的要求，推荐终端用户遵循；BOX 3 代表对于 TC 持有人的要求，终端用户必须遵循；BOX 4 代表对于 TC 持有人的要求，推荐终端用户遵循。

按照 FAR 21 部的要求，BOX 1 和 BOX 2 组合构成了飞行员培训分级最低训练大纲。

表 2-1 所示的分组，是图 2-8 中飞行机组数据评审要素分组的一个具体实例。

表 2-1　飞行机组数据评审要素分组举例

BOX 1	BOX 2
(1) 飞行员资格等级划分和执照签注。 (2) 具体某一飞机的飞行员等级训练和操作培训要求(不包含训练记录)。 (3) 差异水平评定——MDR 表。 (4) 不同等级的总体要求。 (5) 不同等级的训练、检查和通用要求。 (6) 评估流程介绍。 (7) 初始型别等级的重点培训领域： ① 差异训练。 ② 基于一般类型的型别等级训练。 ③ 针对特定操作、程序或设备的训练	(1) 具体某一飞机的飞行员等级训练和操作培训要求。 (2) 不同等级的训练、检查和通用要求。 (3) 评估流程介绍
BOX 3	BOX 4
(1) 具体某一飞机的飞行员等级训练和操作培训要求(不包含训练记录)。	(1) 具体某一飞机的飞行员分级训练和操作培训要求(不包含重点培训领域)。

续表

BOX 3	BOX 4
(2) 在一种或多种型号飞机上操作的前提条件或近期经历要求。 (3) 差异水平评定——ODR 表和 MDR 表。 (4) 不同等级的总体要求。 (5) 不同等级的训练、检查和通用要求。 (6) 评估流程介绍	(2) 监管下的航线飞行。 (3) 在一种或多种型号飞机上操作的前提条件或近期经历要求。 (4) 差异水平评定——ODR 表和 MDR 表。 (5) 不同等级的总体要求。 (6) 不同等级的训练、检查和通用要求。 (7) 评估流程介绍。 (8) 训练记录： ① 差异训练。 ② 基于一般类型的型别等级训练。 ③ 针对特定操作、程序或设备的训练

注：训练记录通常是指以简短的表格形式对训练计划的简要描述，显示每天或各训练阶段完成的训练科目、模块、程序、演习或其他计划要素，包括差异训练、基于一般类型的型别等级训练和针对特定操作、程序或设备的训练等内容。

3. 飞行员分级训练和操作培训要求

飞行机组数据评审对飞行员分级训练和操作培训有以下要求：

(1) 为操作特定飞机而进行必要的理论和实践技能的训练。

(2) 依据民用航空机组和空中操作规程，以及 FAR 21 部制定的具体的训练要求。

(3) 制定训练的前提是受训飞行员已经达到满足训练所需的前提条件。

(4) 按照图 2-9 中描述的评估过程和评估描述确定具体的训练要求。

(5) 具体的训练要求取决于飞机型号，包括任何设计变更、相关设备、程序或操作，同时包含：

① 与特定型号飞机相关的重点训练领域,包括确定所有与型号相关的特定知识和技能。

② 飞行员满足入门级最低要求的前提条件。

③ 训练记录。

(6) 训练记录包含使用的培训方法和设备。

4. ODR 表

飞行机组数据评审对 ODR 表有以下要求：

(1) ODR 表用于评估基本型飞机和候选飞机之间的差异性和相似性，以进行型别等级评估，确定飞行员等级训练大纲的内容。

(2) ODR 表用一般特征、系统和机动来表征基本型飞机和候选飞机之间的差异性，并提出适当的差异等级。

(3) 可将 ODR 表进行扩展以实现多种型号飞机之间的比较。

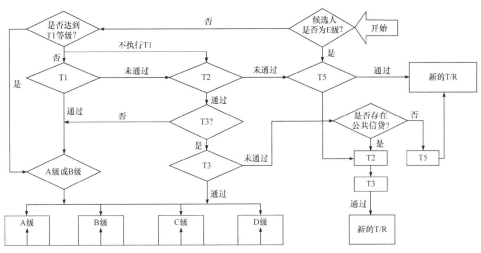

图 2-9　飞行机组数据评审的过程

ODR 表的编制内容如表 2-2 所示。

表 2-2　ODR 表的编制内容

项目	对比要素
ODR 1 一般特征	一般尺寸和飞机设计(转子的数量和类型、翼展或类别)
	驾驶舱设计
	座舱布局
	发动机(数量、型号和位置)
	限制(飞行包线)
ODR 2 系统	使用航空运输协会 100 索引,该索引建立了系统和子系统类别,并针对主要架构、功能和操作要素(包括系统控制面板上的控制和指示)对每个索引项进行分析
ODR 3 机动	驾驶舱尺寸(大小、遮光角及飞行员眼高)
	控制的差异(设计、形状、位置和功能)
	正常或异常情况下的附加或改变功能(飞行控制)
	正常和异常结构的操纵品质(包括惯性)
	飞机在特定机动中的表现
	飞机失效后的状态
	管理(如电子集中式飞机监控、发动机指示和机组警告系统、助航选择和自动检查单)

5. MDR 表

根据申请人的提议,EASA 依据飞行机组数据审定规章对基本型飞机和候选飞机间的任一评估项建立 MDR 表。MDR 表根据最小差异级别制定，如表 2-3 所示。

表 2-3　MDR 表

飞机型号		基本型飞机		
		飞机 1	飞机 2	飞机 3
候选飞机	飞机 1	—	A/A/A	C/B/B
	飞机 2	A/A/A	n/a	D/B/B
	飞机 3	C/B/B	D/B/B	n/a

参考 ODR 表中的对比要素，差异水平 A～E 用于表征基础型号飞机和候选飞机之间的差异程度，并用于评估候选飞机的飞行员型别等级、制定最低训练大纲、操作评估和各型号飞机及多型号飞机的操作评分(credit for operations)。从 A～E，差异程度呈比例增加，对应的飞行员训练、检查和通用的差异也相应增加。当差异不存在，或存在但不影响飞行安全，或存在但不影响知识、技能和能力时，差异水平不适用于飞行员资格评价；当差异存在时，依据飞机的设计特征、系统和机动相关的差异程度划分差异水平，E 级通常表示两种不同类型的飞机。差异水平 A～E 对飞行员训练、检查和通用的相应要求如表 2-4 所示。

表 2-4　差异水平对飞行员训练、检查和通用的相应要求

差异水平	训练	检查	通用
A	可以进行自我指导	不需要进行与差异相关的检查	不需要单独跟踪
B	适用于具有系统或程序差异的飞机，可以通过辅助指导解决差异	需要进行任务或系统检查	通过飞行员自我审查实现
C	只能通过系统训练设备解决差异	需要使用合适的合格设备进行检查	通过制定系统或程序实现
D	只能通过可执行飞行操纵的设备解决知识、技能或能力的差异	培训后需要进行部分熟练检查	综合使用相关系统和程序实时执行飞机控制任务
E	需要完成相同或类似机型的完整型号等级训练课程	培训后需进行完整的熟练检查	单独飞行时需要遵守 Part-FCL 的经验要求和操作要求

6. 评估过程

飞行机组数据评审的过程如图 2-9 所示。飞行机组数据共有 T1～T6 六项标准评估方案，称为 T6 评估，用于制定 MDR 表、训练课程、确定型别等级要求等。

具体选择其中某一项或多项评估方案的依据是申请人的要求、候选飞机的差异水平以及用于确定 MDR 表的上一项评估结果。

当申请人根据候选飞机的相似性提出飞行员差异训练、检查和通用要求时，将采用 T1、T2 和 T3 评估，以确定候选飞机与基本型飞机的差异水平，差异水平决定适用于候选飞机的飞行员最低训练、检查和通用要求，评估结果决定该飞机为新型飞机还是衍生型飞机。

T4 用于根据候选飞机与基本型飞机间的系统、程序和机动差异确定飞机的通用要求。

当申请人提出候选飞机为新型飞机时，采用 T5 评估，T5 的评估结果决定了飞行员型别等级最低训练、检查和通用要求。

T6 用于评估不同类型飞机的一般起降评分(证明不同飞机在起飞、爬升、进近和着陆阶段具有相同的操纵和飞行特性的程序或过程。)

T6 评估前需要准备的工作涉及如下几个方面：

(1) 根据需要制定培训方案、差异方案和必要的辅助资料。

(2) 提出 MDR 表和 ODR 表示例。

(3) 申请人提议哪些评估和标准适用，可组合评估。

(4) 申请人提议需要哪些飞机、不同型飞机、仿真设备或分析方法来支持评估。

(5) 申请人提议测试程序、预定计划和对可能结果的详细解释。

飞行机组数据评估相关过程的定义和说明如下。

(1) T1 评估：功能等效。

T1 评估由申请人提出，经 EASA 确认后进行，目的是判定 A 级或 B 级的培训是否合适。评估可以在训练设备、全动飞行模拟机(full flight simulator，FFS)或飞机上完成，且评估对象只是受基础型飞机差异影响的熟练检查部分。评估通过后可以判定 A 级或 B 级训练的等级，失败则通常需要进行 T2 和 T3 评估。

(2) T2 评估：操纵品质比较。

T2 评估由申请人提出，经 EASA 确认后进行，目的是通过特定的飞行机动来评估飞机的操纵品质，确定 A、B、C 或 D 级训练是否合适。评估通过后允许判定 A、B、C 或 D 级训练，且可以通过 T3 来评估系统、培训和检查的差异，若不需要进行 T3 评估，则可以判定 A 级或 B 级；评估失败，表明基础型飞机和候选飞机在飞行关键阶段(如起飞或降落)的操纵品质存在重大差异或大量不太重要但影响显著的差异，结果判定为 E 级。

(3) T3 评估：评估差异并验证差异训练或检查要求。

T3 评估由 EASA 指定的有基础型飞机训练/飞行经验的飞行员接受候选飞机差异培训后进行。T3 评估通过后允许判定 A、B、C 或 D 级训练，且验证差异训练或检查要求；T3 评估失败，表明训练不充分，需要进行修改，结果判定为 E 级。

(4) T4 评估：通用需求。

T4 评估由申请人提出，经 EASA 确认后进行，目的是验证提出的通用需求是否符合适用要求，达到相应的安全水平。T4 评估可作为初始评估或评估过程或后续评估过程的一部分。

(5) T5 评估：初始或过渡训练程序验证。

T5 评估由申请人提出，经 EASA 确认后进行，目的是验证 E 级(新型别等级)的培训课程。T5 评估通过，表明申请人提出的培训计划满足相关要求；T5 评估失败，表明需要对培训计划进行相应修改。

(6) T6 评估：一般起降评分。

T6 评估由 EASA 指定的没有候选飞机训练/飞行经验的飞行员进行，目的是进行基础型飞机和候选飞机起降经验要求评分。T6 评估通过，表明申请人提出的培训计划满足相关要求，可以保持一定的安全水平；T6 评估失败，表明需要对培训计划进行相应修改。

T1～T6 评估的目的和结果如表 2-5 所示。

表 2-5　T1～T6 评估的目的和结果

评估	评估目的	结果
T1	功能对等	判定为 A/B 级
T2	操纵品质比较	通过则判定为 A/B/C/D 级；失败则判定为 E 级并要求进行 T5 或 T2＋T3 共同性评分
T3	评估差异并验证差异培训或检查要求	通过则判定为 A/B/C/D 级；失败则判定为 E 级并要求进行 T5 或 T2＋T3 共同性评分
T4	修改通用需求	—
T5	制定对新型号或 E 级飞机的培训或检查要求	判定为 E 级
T6	进行一般起降评分	设置近期经历要求

7. 申请人应准备的材料

由飞行机组数据评审的要求可知，在进行航空器评审前，申请人需准备的有关飞行机组数据的文件材料有：

(1) 候选飞机具体特点的介绍材料。

(2) 候选飞机与基本型飞机的 ODR 表。

(3) 候选飞机与基本型飞机的 MDR 表。

(4) 飞行员型别等级训练大纲和培训课程(包括受训人要求、重点培训领域和训练记录)。

(5) 检查要求。

(6) 通用要求。

2.2.6.2　模拟机数据

模拟机数据内容包括评审的范围、适用性、数据分类、验证源数据范围以及申请人应准备的材料。

1. 范围

模拟机数据评审涉及的数据包括：

(1) 与飞行员型别等级训练相关的全动飞行模拟机资格的验证源数据，或全动飞行模拟机临时资格(包括申请人要求的其他功能)的临时验证源数据。

(2) 与飞行员型别等级训练相关的直升机全动飞行模拟机资格的验证源数据，或直升机全动飞行模拟机临时资格(包括申请人要求的其他功能)的临时验证源数据。

其中，验证源数据指的是由地面和飞行测试数据组成的飞机参考数据以及工程数据，用于客观地确认飞行模拟机反映飞机静态性能特征和动态性能特征及其相关系统特性。

2. 适用性

模拟机数据评审适用于以下飞行员型别等级训练设备：

(1) B、C 或 D 级飞机全动飞行模拟机。

(2) B、C 或 D 级直升机全动飞行模拟机，或 3 级直升机飞行训练设备。

3. 数据分类

模拟机数据评审规定了应申请人要求提供的数据和对申请人要求准备的数据，并按要求分为强制性要素和非强制性(推荐)要素，如图 2-10 所示。

图 2-10 中，BOX 1 代表来自 TC 持有人的要求，终端用户(包括培训机构和运营人)必须遵循；BOX 2 代表来自 TC 持有人的要求，推荐终端用户遵循；BOX 3 代表对于 TC 持有人的要求，终端用户必须遵循；BOX 4 代表对于 TC 持有人的要求，推荐终端用户遵循。

4. 验证源数据范围

模拟机数据评审中的验证源数据范围，是基于飞机飞行模拟训练设备评审规章 CS-FSTD(flight simulation training devices)(A)和直升机飞行模拟训练设备评审规章 CS-FSTD(H)的全动飞行模拟机和/或飞行训练设备(flight training devices, FTD)要求而确定的，同时包括了由申请人选择的附加功能所产生的任何附加规范，主资格测试指南(main qualification test guide, MQTG)中用于验证数据的验证源数据列表(参考 AMC1 FSTD(A/H).300(b)的要求)，以及相关来源和判据，如

图 2-11 所示。

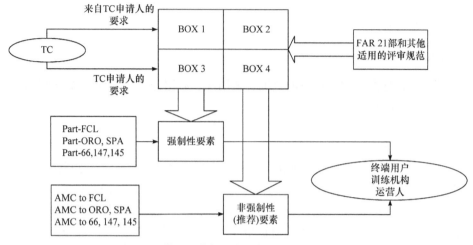

图 2-10　模拟机数据强制性与非强制性要素分类

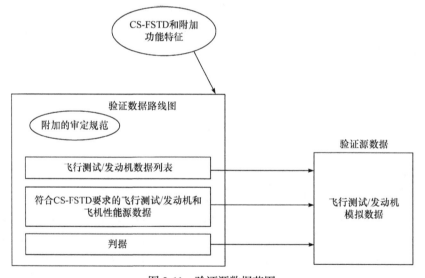

图 2-11　验证源数据范围

模拟机数据评审对于验证源数据的来源有以下要求：

(1) 对于全动飞行模拟机的初始资格验证，应使用 TC 申请人/持有人的验证飞行试验数据，当有正当理由时，可能会使用其他来源的数据。

(2) 对于全动飞行模拟机和 3 级飞行训练装置的初始资格验证，应使用直升机 TC 申请人/持有人的验证飞行试验数据，当有正当理由时，可能会使用其他来源的数据。

(3) 除飞行试验之外的数据应包括有关飞行试验信息的有效性说明。

(4) 若为新型号飞机，经飞行试验数据部分验证的 TC 申请人/持有人的工程仿真/模拟器数据，可用于支持全动飞行模拟机或飞行训练装置的临时资格验证。

5. 申请人应准备的材料

由模拟机数据评审的要求可知，在进行航空器评审前，申请人需准备的有关模拟机数据的文件材料有：

(1) 全动飞行模拟机或飞行训练设备的验证源数据。

(2) 验证源数据的有效性说明。

2.2.6.3　客舱成员数据

客舱成员数据内容包括评审的范围、适用性、数据分类、数据内容、新型号和衍生型号飞机评审、型号设计相关的专有数据以及申请人应准备的材料。

1. 范围

客舱成员数据包括：

(1) 为客舱成员提供新型号或衍生型号飞机的评审过程数据。

(2) 为客舱成员提供飞机具体的型号设计相关数据。

2. 适用性

CCD 评审适用于乘客座位数超过 19 座，或乘客座位数不超过 19 座但需要携带乘务人员或其他由申请人自愿选出的乘客座位数不超过 19 座的飞机。

3. 数据分类

CCD 评审规定了应申请人要求提供的数据和对申请人要求准备的数据，并按要求分为强制性要素和非强制性(推荐)要素，如图 2-12 所示。

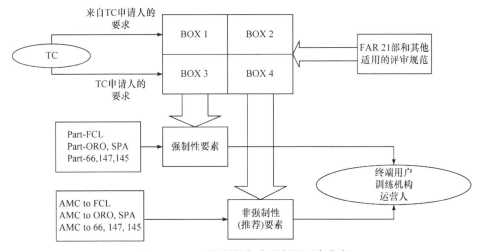

图 2-12　CCD 强制性与非强制性要素分类

图 2-12 中，BOX 1 代表来自 TC 持有人的要求，终端用户(包括培训机构和运营人)必须遵循；BOX 2 代表来自 TC 持有人的要求，推荐终端用户遵循；BOX 3 代表对于 TC 持有人的要求，终端用户必须遵循；BOX 4 代表对于 TC 持有人的要求，推荐终端用户遵循。

4. 数据内容

CCD 评审要求将相关数据进行强制性和非强制性(推荐)分组。

(1) BOX 1 的内容包括评审过程、评审要素、新型号的评审、飞机差异表、型号设计具体数据和客舱特殊区域等数据。

(2) BOX 2 的内容包括衍生型号的评审和客舱特殊区域。

(3) BOX 3 的内容包括飞机差异表和申请人选择提供的补充数据，以支持最终用户开发相关的培训计划。

(4) BOX 4 的内容包括最终用户在非强制性(推荐)基础上使用的数据，诸如可能基于 CS 25.803 要求而进行的紧急撤离演示的培训信息，包括培训方案的理论和实践模块、相关培训要素的考核方式、确保获得所需的知识和技能所需的培训时间。

5. 新型号和衍生型号飞机评审

新型号和衍生型号飞机按以下要素(可参照 CS-CCD.200(b)(1)附录 I 飞机差异表)进行型号差异识别：

(1) 飞机结构，包括单通道/双通道、窄体/宽体、单层/双层客舱。

(2) 舱门和出口，包括数量、类型、位置、操作手柄的移动方向、舱门/出口方向、动力辅助设备、协助撤离方法等。

(3) 飞机系统，包括紧急灯光系统、疏散报警信号系统、烟雾探测系统、自动灭火系统、下拉氧气系统、通话系统等。

(4) 正常和紧急操作，包括任何与正常操作或紧急操作相关的设计要素。

在确定以上型号的相关要素后，根据 CS-CCD.210 和 CS-CCD.215 的相关要求进行新型号/衍生型号飞机评审。

6. 型号设计相关的专有数据

CCD 评审要求申请人根据 CS-CCD.310 及附录 I 为客舱成员提供具体的型号设计相关数据，内容包括：

1) 飞机描述数据

飞机描述数据包括总体描述数据、驾驶舱数据和客舱数据。

总体描述数据包括：

(1) 飞机结构(单通道/双通道、窄体/宽体、单层/双层客舱)。

(2) 尺寸(长宽高、翼展)。

(3) 主要特征(发动机、起落架、燃油箱、飞行控制、最大起飞重量等)。

(4) 发动机危险区域。

(5) 一般信息(空调、加压系统、电力装置、APU、襟翼)等。

驾驶舱数据包括：

(1) 驾驶舱座椅的数量和类型(电动/手动、约束系统)。

(2) 氧气系统。

(3) 机组舱门及监控系统。

(4) 出口和逃生路线等。

客舱数据包括：

(1) 驾驶舱座椅的数量和类型。

(2) 乘务员休息室。

(3) 舱门和出口(维修门、紧急出口)。

(4) 厕所。

(5) 逃生滑梯。

(6) 厨房等。

2) 飞机系统及相关设备

飞机系统及相关设备包括如下方面：

(1) 照明系统。

(2) 旅客广播系统。

(3) 疏散报警信号系统。

(4) 旅客呼叫系统。

(5) 烟雾探测系统。

(6) 给排水系统。

(7) 防火系统。

(8) 排污系统。

(9) 氧气系统。

(10) 空调/通风/增压。

(11) 电气系统。

(12) 控制面板。

(13) 通话系统。

(14) 其他系统，如嵌入式紧急示位信标发射器。

7. 申请人应准备的材料

由 CCD 评审的要求可知，在进行航空器评审前，申请人需准备的有关 CCD 的文件材料有：

(1) 候选飞机的评定过程数据，以支持客舱成员差异性培训课程的开发。

(2) 型号设计相关的具体数据，以支持用户制定型号相关的具体培训计划。

(3) 飞机差异表，参考 CS-CCD.200(b)(1)附录 I。

(4) 申请人选择提供的补充数据，以支持最终用户开发相关的培训计划，可以包括但不限于附加设备和组件的数据，例如：

① 便携式安全和应急设备。

② 乘客座椅(安全带、座椅操作、旅客控制组件、相关的身体支撑浮动设备)。

③ 高架货舱(打开/关闭方向、重量限制)。

④ 厨房部件(蒸汽/微波炉、烘焙加热机、冷冻机、辅助冷却系统、热饮料加热系统、垃圾压缩机)。

⑤ 安装的厨房隔间/部件的布置/说明和使用。

2.2.6.4　维修人员资质数据

MCSD 内容包括评审的范围和适用性、数据分类、数据内容以及申请人应准备的材料。

1. 范围和适用性

EASA 于 2015 年 10 月 29 日发布了维修人员资质数据审定备忘录 CM-MCSD-001，提供 OSD-MCSD 审定相关的具体指导。

MCSD 评审由 TC 申请人/持有人提出并由 EASA 评估，目的是对飞机维修执照签注进行型别等级划分，并将类型级别包含在型号合格证数据清单中。下列情况需要进行维修型别分级：

(1) 申请不同 TC 的飞机。

(2) 经过重大改装安装其他型号发动机的飞机。

(3) 因安装其他型号发动机而申请补充型号合格证 STC 的飞机。

(4) 对最低训练大纲内容和/或训练时间造成明显实质性差异。

(5) 其他由申请人或 EASA 提出的建议。

2. 数据分类

MCSD 评审规定了应申请人要求提供的数据和对申请人要求准备的数据，并按要求分为强制性要素和非强制性(推荐)要素，如图 2-13 所示。

图 2-13 中，BOX 1 代表来自 TC 持有人的要求，终端用户(包括培训机构和运营人)必须遵循；BOX 2 代表来自 TC 持有人的要求，推荐终端用户遵循；BOX 3 代表对于 TC 持有人的要求，终端用户必须遵循；BOX 4 代表对于 TC 持有人的要求，推荐终端用户遵循。

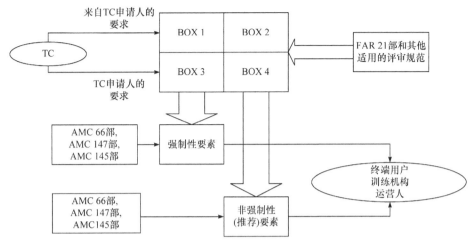

图 2-13　MCSD 强制性与非强制性要素分类

3. 数据内容

MCSD 评审要求明确维修人员资质分级最低训练大纲的具体内容(包括最低理论和实践培训),并合理分配至以上四组中,以下给出要素分类建议。

1) BOX 1

BOX 1 内容应包括:

(1) 型别等级的确定。

(2) 与维修型别等级训练相关的飞机基础结构和型号相关设计内容。

(3) 详细到 ATA 系统-子系统级别的结构信息,包括在训练中要解决的技术信息分类(如位置、描述、指示、正常操作、异常操作、MMEL 特定的维护操作(维护程序)等)。

(4) BOX 1 中详细说明的飞机结构信息应涵盖与维修型别等级训练相关的完整飞机基础结构,并预留结构配置选项(即除基础结构外的系统、子系统或设备)在 BOX 3 和 BOX 4 中处理。

(5) 重点维修区域,即申请人认为与其产品新颖性、特异性或唯一性相关的、需要维修人员注意并考虑的技术或操作特性的任何维修要素。

2) BOX 2

BOX 2 内容应包括:

(1) 特定飞机维修型别等级训练受训人的前提条件(知识、经验、资格),如之前接触的某型号飞机维修、复合材料修复和黏合等飞机维修相关要素以及适当的知识和经验。

(2) 最低训练大纲中训练要素的逻辑顺序(例如,关于 ATA-29 液压系统的训练应先于 ATA-27 飞行操纵系统的训练)。

3) BOX 3

BOX 3 内容应包括：

(1) 不同型号或相同型号不同模型间的差异性培训要素(如 AMC 66 部附录 I 所示)，且应使用 BOX 1 的标准来确定这些要素。

(2) 选装系统。

4) BOX 4

BOX 4 内容应包括：

(1) 经 BOX 2 确定的任何要素。

(2) 不同型号或相同型号不同模型间的差异性培训要素(如 AMC 66 部附录 I 所示)。

(3) 训练课程大纲，包括训练记录、全部的训练目标、考试内容和完整课程。

(4) 可能使用到的一些特定维修模拟训练装置，用于确定部分最低训练大纲要素。

(5) 型别等级训练课程教学时间(完整训练课程和/或按最低训练大纲要素分割)，若没有关于完整训练课程时长的建议，则可参考 AMC 66 部附录 III。

(6) 任何其他补充课程的概述，如发动机起动、故障检修、特殊复合材料维修等具体的基础知识培训。

4. 申请人应准备的材料

由 MCSD 评审的要求可知，在进行航空器评审前，申请人需准备的有关 MCSD 的文件材料有：

(1) 与维修型别等级训练相关的飞机基础结构和型号相关设计说明。

(2) 维修人员资质分级最低训练大纲(包括受训人要求、重点维修区域和训练记录等内容)。

2.2.6.5　主最低设备清单

主最低设备清单内容包括评审的范围、适用性、数据分类、数据内容、安全水平、申请人应准备的材料和 OSD 的评审流程。

1. 范围

主最低设备清单评审(CS-MMEL)为 TC、更改或补充 TC 申请人提供主最低设备清单，作为 FAR 21 部要求的 OSD 的一部分。

2. 适用性

MMEL 评审说明适用于复杂的电动飞机，且包含建立含 MMEL 的评审说明。

3. 数据分类

MMEL 评审规定了应申请人要求提供的数据和对申请人要求准备的数据，并按要求分为强制性和非强制性(推荐)要素，如图 2-14 所示。

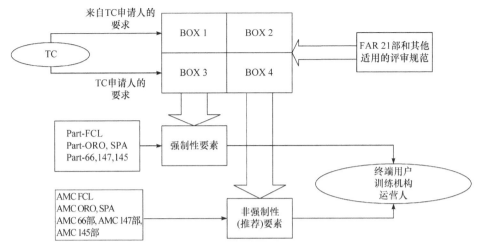

图 2-14　MMEL 强制性与非强制性要素分类

图 2-14 中，BOX 1 代表来自 TC 持有人的要求，终端用户(包括培训机构和运营人)必须遵循；BOX 2 代表来自 TC 持有人的要求，推荐终端用户遵循；BOX 3 代表对于 TC 持有人的要求，终端用户必须遵循；BOX 4 代表对于 TC 持有人的要求，推荐终端用户遵循。

4. 数据内容

MMEL 评审要求的强制性和非强制性(推荐)要素如下。

(1) BOX 1 的内容包括：

① 操作类型，MMEL 涵盖飞机型号评审的所有操作类型。

② MMEL 格式和内容，MMEL 需以 EASA 接受的格式编写，内容包括：

(A) 批准状态(批准日期和生效日期)。

(B) 序言部分(目的、限制范围、应用、并联不工作项目、校正间隔、定义和必要的说明等)。

(C) 项目清单(校正间隔目录、安装编号、所需数目、操作程序符号、维护程序符号、标识指示、任何相关的条件和限制，包括操作和维护程序的目的和周期)。

③ 为每个 MMEL 项目建立校正间隔，校正间隔分为 A、B、C、D 四类。

(2) BOX 2 的内容包括由申请人制定并验证 MMEL 中操作和维修程序的完成指令。

(3) BOX 3 的内容包括由申请人提出的非安全相关项目。

(4) BOX 4 的内容包括校正间隔延长相关内容。

5. 安全水平

制定 MMEL 的目的是使飞机保持可接受的安全水平，同时考虑以下因素：

(1) 飞机功能能力和/或安全裕度的降低。

(2) 机组人员工作量的变化和/或工作效率的降低。

(3) 在已知的降级配置的情况下，飞机及乘客在飞机起飞、持续飞行和着陆阶段安全相关的最严重的影响。

6. 申请人应准备的材料

申请人应为候选飞机的 MMEL 评审准备有关文件材料。

7. OSD 的评审流程

OSD 的评审流程如图 2-15 所示。

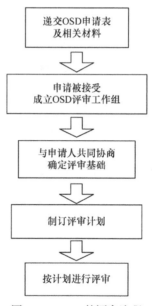

图 2-15　OSD 的评审流程

1) 递交 OSD 申请表及相关材料

对航空器进行 OSD 评审前需要 TC 申请人向 EASA 审定办公室递交 OSD 申请表。根据 OSD 评审的要求以及申请表内容，申请人在进行 OSD 申请时，需要准备以下材料：

(1) 飞行机组数据。

① 候选飞机具体特点的介绍材料。

② 熟练或差异培训。

③ 候选飞机与基本型飞机的 ODR 表。

④ 检查要求。

⑤ 候选飞机与基本型飞机的 MDR 表。

⑥ 通用要求。

⑦ 飞行员型别等级训练大纲和培训课程(包括受训人要求、重点培训领域和训练记录)。

(2) 模拟机数据。

① 全动飞行模拟机或飞行训练设备的验证源数据。

② 验证源数据的有效性说明。

(3) 客舱成员数据。

① 候选飞机的评定过程数据,以支持客舱成员差异性培训课程的开发。

② 型号设计相关的具体数据,以支持用户制订型号相关的具体培训计划。

③ 飞机差异表格。

④ 申请人选择提供的补充数据,以支持最终用户开发相关的培训计划,可以包括但不限于附加设备和组件的数据,如:便携式安全和应急设备、乘客座椅(安全带、座椅操作、旅客控制组件、相关的身体支撑浮动设备)、高架货舱(打开/关闭方向、重量限制)、厨房部件(蒸汽/微波炉、烘焙加热机、冷冻机、辅助冷却系统、热饮料加热系统、垃圾压缩机)、安装的厨房隔间/部件的布置/说明和使用等。

(4) 维修人员资质数据。

① 与维修型别等级训练相关的飞机基础结构和型号相关设计说明。

② 维修人员资质分级最低训练大纲(包括受训人要求、重点维修区域和训练记录等内容)。

(5) 主最低设备清单(如候选飞机的 MMEL)。

(6) 其他型号相关的运行适用性要素。

① 电子飞行包。

② 增强视景系统。

③ 运行符合性检查单(Part-CAT Subpart D:仪器,数据和设备)。

④ 申请人要求的其他项目材料。

2) 成立 OSD 评审工作组

在 OSD 申请被接受后,EASA 审定办公室负责 OSD 工作的首席专家负责组织成立 OSD 评审工作组,开展评审工作。

3) 确定评审基础

OSD 评审工作组依照申请人要求,结合待审航空器类型和型号设计特点等信息,与申请人共同协商确定 OSD 评审基础。

4) 制订评审计划

OSD 评审工作组基于评审基础与申请人共同协商制订 OSD 评审计划。

5) 开展评审工作

OSD 评审工作组按照评审计划开展 OSD 评审工作。

2.3　CAAC 的航空器评审体系

我国第一次接触航空器评审工作,始于 1992 年与 FAA 合作开展的 Y-12 飞机型号合格证的影子审查工作。

2003 年,中国民用航空局为加强我国航空运输业的运行安全管理,支持和促进国产航空制造业的发展,明确由飞行标准司负责航空器型号审定中的航空器评审工作。同年,飞行标准司参与了 FAA 对 B-787 飞机的航空器评审工作,并启动了国产 ARJ21 飞机的航空器评审工作。

2007 年,中国民用航空局在飞行标准司设立了专门的航空器评审处,并在上海航空器适航审定中心和沈阳航空器适航审定中心成立了相应的支持机构(航空器评审室等),初步建立了我国的航空器评审管理体系框架。

2.3.1　CAAC 的航空器评审工作任务

作为飞行标准司的一项职能,航空器评审工作是中国民用航空局的一项重要技术管理工作,对于保证飞行安全和提高经济效益都具有重要意义。AEG 的主要工作是在航空产品型号审定过程中进行以下项目的评审:

(1) 飞机、发动机、螺旋桨及系统设备的运行符合性评审。

(2) 驾驶员的型别等级和飞行机组资格要求评审。

(3) 最低放行设备要求评审。

(4) 维修要求评审。

(5) 运行和持续适航文件评审。

(6) 局方认为必要的其他评审。

此外,AEG 还参与适航审定部门对最小飞行机组的确定、飞行手册评审、重要改装的评审,以及对航空器适航指令颁发和事故调查提供支援。

2.3.2　CAAC 的航空器评审管理体系

CAAC 的航空器评审管理体系包括航空器评审机构组成、职责分工、工作方式、计算机管理工作平台以及航空器评审工作中的联络和协调五个方面。

2.3.2.1　CAAC 局方航空器评审机构组成

CAAC 的航空器评审基本组织架构如图 2-16 所示。其中,在 CAAC 飞行标准司设立了航空器评审处,在中国民用航空局航空安全技术中心设立了航空器评审室,在中国民用航空华东地区管理局的上海航空器适航审定中心设立了航空器评审室，在中国民用航空东北地区管理局的沈阳航空器适航审定中心设立了航空器评审室。

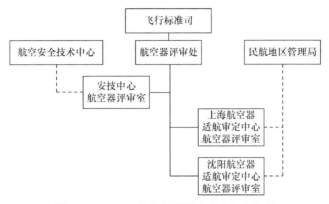

图 2-16　CAAC 的航空器评审基本组织架构

2.3.2.2　CAAC 局方航空器评审职责分工

CAAC 飞行标准司航空器评审处主要负责制定与航空器评审工作有关的政策、标准和程序，组织航空器型号项目的航空器评审，向飞行标准司申报颁发驾驶员型别等级和机组资格要求、主最低设备清单和维修审查委员会报告、认可的运行和持续适航文件清单、其他航空器运行相关要求的符合性文件。

中国民用航空局航空安全技术中心航空器评审室主要负责协助飞行标准司航空器评审处制定与航空器评审工作有关的政策、标准和程序，参与具体航空器型号项目的航空器评审。

上海航空器适航审定中心航空器评审室主要负责运输类飞机型号合格审定中的航空器评审，确定驾驶员型别等级和机组资格要求，审批主最低设备清单和维修审查委员会报告，认可运行和持续适航文件，确定其他航空器运行相关要求的符合性。

沈阳航空器适航审定中心航空器评审室主要负责非运输类飞机和旋翼机型号合格审定中的运行评审工作，确定驾驶员型别等级和机组资格要求，审批主最低设备清单和维修审查委员会报告，认可运行和持续适航文件，确定其他航空器运行相关要求的符合性。

2.3.2.3　CAAC 局方航空器评审工作方式

中国民用航空局各航空器评审机构围绕各自的职责，应用项目管理方式，针对具体型号航空器展开航空器评审工作。飞行标准司航空器评审处根据航空器型号审定项目启动航空器评审工作，并组织相应责任机构成立项目组、专业委员会实施评审。专业委员会的参与人员不限于责任机构的人员，并可聘请局方的其他专业人员参加。

在航空器的型号审定中，AEG以成立专门项目组并辅以专业委员会的方式开展工作，专业委员会包括以下三类。

(1) 飞行标准化委员会：用于运输类飞机、旋翼机和其他需要具有型别等级的非运输类飞机。

(2) 飞行运行评审委员会：用于制造人申请可以带有不工作的仪表或者设备运行的航空器。

(3) 维修审查委员会：用于运输类飞机和制造人申请按照MSG-3制定维修要求的运输类飞机之外的航空器。

航空器评审项目的工作标准以型号审定基础补充文件的方式提出，具体评审过程以项目管理的方式开展。飞行标准司作为项目发起人，对应的航空器适航审定中心作为项目的责任人(上海航空器适航审定中心主要负责运输类飞机，沈阳航空器适航审定中心则负责非运输类飞机和旋翼机)。型号合格证申请人在工作计划、责任联络人等方面提供配合，而飞行标准其他部门补充提供专业人员并给予实际运行和维修经验等方面的支持。

航空器评审各专业委员会以发布委员会报告的形式对相应的文件进行批准。FSB通过飞行标准化委员会报告(Flight Standardization Board report, FSBR)确定驾驶员型别等级和机组资格要求，FOEB通过MMEL规定最低设备放行要求，MRB通过MRBR规定初始维修要求。

对于其他项目的评审，以批准或者认可函件、单独报告的方式发布评审结论，例如，运行规章符合性的评审结论、持续适航文件的认可结论、驾驶舱观察员座椅评审结论、电子飞行包运行可行性评审报告等评审结论。评审结论由飞行标准司统一发布。

2.3.2.4 CAAC 局方航空器评审计算机管理工作平台

CAAC局方的航空器评审计算机管理工作平台(以下简称AEG工作平台)是一个综合了局方 AEG 工作的任务管理、评审记录、文件管理、业务分析、信息发布和交流的工作平台。该平台是局方 AEG 开展评审活动和发布评审结论的主要渠道(http://aeg.caac.gov.cn/aeg/site/index.htm)。AEG工作平台分为任务管理、个人事务、项目文件、业务分析和人员管理等模块，平台主页对公众开放。

CAAC 局方的 AEG 工作平台，主要用于航空器评审部门和工作人员开展评审工作，也可供航空业和局方相关部门查询各机型航空器评审报告或结论。通常这些报告和结论是航空运营人运行合格审定的基础文件。此外，AEG 工作平台还可为公众提供航空器评审有关的法规文件的查询和下载，并可通过该平台向航空器评审部门直接反馈意见和建议。

AEG 工作平台的权限登录仅针对局方的相关工作人员。登录权限的申请可通过电子邮箱 aeg@caac.gov.cn 提交。AEG 工作平台的主页无须登录即可访问。

2.3.2.5　CAAC 局方航空器评审工作中的联络和协调

CAAC 局方航空器评审工作中通常涉及与适航审定部门、地区/地方飞行标准部门、航空器型号项目申请人、国外民航当局等方面的联络和协调工作。

1. 与适航审定部门的联络和协调

与适航审定部门的联络和协调工作主要涉及初始型号审定过程中和审定后的联络和协调。

1) 初始型号审定过程中的联络和协调

与适航审定部门在初始型号审定过程中的联络和协调工作，贯穿于型号审定的全过程(参见《航空器评审组工作手册(第 4 卷)》附录 1)。联络和协调主要通过函件和会议的方式进行，具体工作包括如下几个方面：

(1) 在申请人提出申请并确认后，适航审定部门通过审定项目联络单(或者等效文件)告知飞行标准司航空器评审处，飞行标准司航空器评审处以航空器评审项目任务书的方式告知适航审定部门 AEG 的责任人和联络人。

(2) 航空器评审项目责任人参加 TCB 会议，讨论和提出相关航空器评审的项目。同时，TCB 可提供参加航空器评审工作或联络人员的名单，AEG 提供参加 AFM 和最小飞行机组评审的人员名单。

(3) AEG 各项评审工作开展过程中，AEG 和 TCB(或型号合格审查组)对应项目负责人按需要进行专项联络或会议(如确认设计审定状态、审定维修要求、适航限制项目(airworthiness limitation item，ALI)、系统安全分析结论等)。

(4) 在完成评审并形成评审结论后，AEG 以函件形式将评审结论告知 TCB。

2) 初始型号审定后的联络和协调

与适航审定部门在初始型号审定后的联络和协调工作，贯穿于航空器整个使用寿命过程。联络和协调主要采用函件和会议方式，具体联络和协调工作包括以下方面：

(1) 设计更改批准(如 STC)时涉及的航空器评审工作。

(2) 使用发现问题和缺陷的解决(如颁发适航指令)。

(3) 运行规章修订对型号设计的影响。

(4) 其他必要的联络和协调。

2. 与地区/地方飞行标准部门的联络和协调

与地区/地方飞行标准部门的联络和协调工作涉及组织地区/地方飞行标准部门的人员参加航空器评审工作、告知地区/地方飞行标准部门航空器评审的结论、与地区/地方飞行标准部门共享航空器运行信息、充当地区/地方飞行标准部门与适航审定部门的联络桥梁等。

1) 组织地区/地方飞行标准部门的人员参加航空器评审工作

CAAC 的航空器评审工作是各级飞行标准部门进行运行审定或者补充审定的基础。地区/地方飞行标准部门的人员参加航空器评审工作，可以更好地理解和应用 AEG 的有关评审结论。同时，航空器评审工作也需要具有丰富运行和维修审查经验的人员参加。因此，AEG 可以有计划地组织地区/地方飞行标准部门的人员参加具体项目的航空器评审工作。

2) 告知地区/地方飞行标准部门航空器评审的结论

具体机型项目的航空器评审结束后，AEG 以书面形式正式告知航空器评审的结论，以便于飞行标准其他部门开展相关的运行审定或者补充审定。

3) 与地区/地方飞行标准部门共享航空器运行信息

航空器评审贯穿航空器的整个使用寿命过程。在初始审定的航空器评审之后，航空器运行管理过程中所收集的信息(如可靠性数据、SDR 数据、安全信息等)是 AEG 持续评审的主要信息来源之一。这些信息是 AEG 所使用的、作为航空器制造厂家信息收集系统之外的独立信息，并且起到对航空器制造厂家信息收集系统的对比监督作用。

4) 充当地区/地方飞行标准部门与适航审定部门的联络桥梁

当地区/地方飞行标准部门在运行审定或者监察中遇到需要适航审定部门的支持时(如修理方案或改装方案的审批)，AEG 掌握适航审定责任部门信息并保持联络，因此可通过 AEG 与适航审定部门进行具体的联络。

3. 与航空器型号项目申请人的联络和协调

与航空器型号项目申请人的联络和协调工作，涉及初始型号审定过程中和审定后的联络和协调工作。

1) 初始型号审定过程中的联络和协调

具体航空器型号项目的航空器评审工作由航空器型号审定项目启动，但在启动后需要直接与航空器型号项目申请人进行联络和协调。这些联络和协调工作包括但不限于确认航空器评审的项目和标准、协调航空器评审的进度和安排、讨论和解决发现的问题和缺陷等方面。

2) 初始型号审定后的联络和协调

航空器型号项目的评审贯穿于航空器使用寿命的全过程，因此在初始型号审定后，AEG 还需要与航空器型号项目申请人进行如下事项的联络和协调：

(1) 对已完成评审项目的评审结论进行适当修订和更新。

(2) 监控、交流和分析航空器运行过程中发现的问题和缺陷，并采取适当的改正措施。

(3) 计划和协调由设计更改和其他原因引起的 AEG 补充评审项目。

4. 与国外民航当局的联络和协调

与国外民航当局的联络和协调工作，涉及进口航空器评审和国产出口航空器评审两方面的联络和协调。

1) 进口航空器评审中的联络和协调

对于申请 CAAC 型号认可审定的进口航空器，航空器评审作为型号认可审定的一部分，在参与进口航空器所在国民航当局的航空器评审活动时，或是在基于进口航空器所在国民航当局航空器评审结论进行对比评审时，可能产生与进口航空器所在国民航当局签署航空器评审相关的双边协议、技术交流、信息共享等联络和协调工作。

对进口航空器评审中与进口国民航当局的联络和协调，统一由 CAAC 飞行标准司航空器评审处负责组织和安排。

2) 国产出口航空器评审中的联络和协调

对于申请国外民航当局型号合格证的国产出口航空器，CAAC 的 AEG 需与国外民航当局合作，避免因国外民航当局重复评审给航空器制造厂家带来不必要的经济负担。由此可能产生与国外民航当局签署航空器评审有关的双边协议、技术交流、信息共享等联络和协调工作。

对国产出口航空器评审中与国外民航当局的联络和协调，统一由 CAAC 飞行标准司航空器评审处负责组织和安排。

2.3.3　CAAC 在国产航空器初始型号审定中的航空器评审

CAAC 在国产航空器初始型号审定中的航空器评审内容和程序，包括飞行标准化委员会评审程序、飞行运行评审委员会评审程序、维修审查委员会评审程序、运行和持续适航文件评审程序以及其他运行评审程序。

2.3.3.1　国产航空器初始型号审定中 AEG 评审的一般规则

国产航空器初始型号审定中航空器评审的一般规则,包括航空器型号项目组、飞行标准化委员会、飞行运行评审委员会、维修审查委员会以及项目管理要求五个方面的内容。

1. 概述

在航空器的初始型号审定中，CAAC 的 AEG 通过成立航空器型号项目组，同时辅以专业委员会的方式开展工作。专业委员会主要有飞行标准化委员会、飞行运行评审委员会和维修审查委员会。

(1) 飞行标准化委员会：针对运输类飞机、旋翼机和其他需要具有型别等级的非运输类飞机。

(2) 飞行运行评审委员会：针对制造人申请可以带有不工作的仪表/设备运行的航空器。

(3) 维修审查委员会：针对运输类飞机和制造人申请按照 MSG-3 制定维修要求的运输类飞机之外的航空器。

专业委员会采用发布委员会报告的形式对相应的文件进行批准。除上述委员会报告以外，对于其他项目的评审(如运行和持续适航文件评审)，通常采用批准或者认可函件的方式发布评审结论。

2. 航空器型号项目组

CAAC 航空器型号项目组的构成，应至少包括航空器型号项目责任部门的一名运行(飞行)专业人员和一名维修专业人员，可视情增加人员。对于特殊情况，可由其他航空器评审机构的人员参加项目组，但非航空器评审机构的人员一般不作为项目组成员。

项目组成员在航空器初始型号审定后对公众发布，并需要在航空器型号运行的全寿命过程中一直存在，因此项目组成员应保持相对稳定性。

CAAC 航空器型号项目组的任务，是全面计划和组织实施航空器型号项目的航空器评审。项目组主要成员分别作为专业委员会的主席，组织委员会评审。

3. 飞行标准化委员会

FSB 由一名主席和若干成员组成。FSB 主席由航空器型号项目组的运行(飞行)专业人员担任。FSB 的成员一般由来自责任航空器评审机构的运行(飞行)专业人员和试飞员组成，但可视需要邀请其他航空器评审机构和其他飞行标准部门的运行(飞行)监察员、技术专家(如模拟机鉴定)参加。

FSB 的主要任务是确定航空器型号所需驾驶员的型别等级及机组资格要求，包括最低训练、检查和近期经历要求，以 FSB 报告的方式向飞行标准司提出批准颁发建议，并对首批驾驶员和局方监察员进行初始检查。

FSB 主席的职责包括：

(1) 计划和组织具体的评审工作。

(2) 准备 FSB 会议计划、组织召开会议和形成会议纪要。

(3) 对制造厂家起草的飞行标准化委员会报告建议稿(Proposed Flight Standardization Board report，PFSBR)进行审核。

(4) 提出 FSBR 的批准建议，并签署批准。

(5) 与 TCB 相应项目负责人进行协调。

(6) 作为委员会成员承担具体的工作。

FSB 成员的职责包括：

(1) 作为技术专家承担具体的评审工作。

(2) 参加 FSB 会议。

(3) 对 FSB 主席进行其他必要的协助。

FSBR 的主要流程参见《航空器评审组工作手册(第 4 卷)》附录 1。

4. 飞行运行评审委员会

FOEB 由一名主席和若干成员组成。FOEB 主席由航空器型号项目组的运行或者维修专业人员担任。FOEB 的成员一般由来自责任航空器评审机构的运行专业人员、维修专业人员和试飞员组成，但可视需要邀请其他航空器评审机构和其他飞行标准部门的运行和维修监察员、技术专家参加。

FOEB 的主要任务是制定主最低设备清单，并报飞行标准司批准颁发。

FOEB 主席的职责包括：

(1) 计划和组织具体的评审工作。

(2) 准备 FOEB 会议计划、组织召开会议和形成会议纪要。

(3) 对制造厂家起草的 PMMEL 进行审核。

(4) 提出 PMMEL 的批准建议，并签署批准。

(5) 与 TCB 相应项目负责人进行协调。

(6) 作为委员会成员承担具体的工作。

FOEB 成员的职责包括：

(1) 作为技术专家承担具体的评审工作。

(2) 参加 FOEB 会议。

(3) 对 FOEB 主席进行其他必要的协助。

MMEL 的流程参见《航空器评审组工作手册(第 4 卷)》附录 1。

5. 维修审查委员会

MRB 由一名主席和若干成员组成。MRB 主席由航空器型号项目组的维修专业人员担任，MRB 成员一般由来自责任航空器评审机构的维修专业人员(包括机械、结构、电子和发动机等专业)组成，但可视需要邀请其他航空器评审机构和其他飞行标准部门的维修监察员、技术专家参加。

MRB 的主要任务是制定和修订飞机的初始检查和维修要求，并以 MRB 报告的方式上报飞行标准司批准颁发。

MRB 主席的职责包括：

(1) 计划和组织具体的评审工作。

(2) 组织 MRB 成员参加 ISC 和 WG 会议。

(3) 准备 MRB 会议计划、组织召开会议和形成会议纪要。

(4) 对制造厂家起草的建议的维修审查委员会报告(proposed Maintenance Review Board report，PMRBR)进行审核。

(5) 提出 PMRBR 的批准建议，并签署批准。

(6) 与 TCB 相应项目负责人进行协调。

(7) 作为委员会成员承担具体的工作。

MRB 成员的职责包括：

(1) 作为技术专家参加 ISC 和 WG 会议，并承担具体的评审工作。

(2) 参加 MRB 会议。

(3) 对 MRB 主席进行其他必要的协助。

MRBR 的流程参见《航空器评审组工作手册(第 4 卷)》附录 1。

6. 项目管理要求

按照航空器评审组织机构的职责分工，CAAC 飞行标准司航空器评审处是航空器型号项目航空器评审的发起人，上海航空器适航审定中心航空器评审室和沈阳航空器适航审定中心航空器评审室是具体航空器评审项目的责任部门。具体项目管理的要求如下：

(1) 飞行标准司航空器评审处从适航审定部门接到具体航空器型号的审定项目联络单(或者等效文件)后，将以航空器评审项目任务书(AEG001)通过 AEG 工作平台下达相应的航空器评审任务到上海航空器适航审定中心航空器评审室或沈阳航空器适航审定中心航空器评审室。

(2) 上海航空器适航审定中心航空器评审室或沈阳航空器适航审定中心航空器评审室在接到具体航空器评审项目任务后，组成航空器型号项目组，并根据情况组织成立必要的专业委员会，报飞行标准司签发。

项目组或三个委员会的组织成立，会涉及聘请其他部门人员的情况，这可通过飞行标准司航空器评审处来协调。

(3) 航空器型号项目组在与申请人进行必要的沟通和联络后，确认航空器评审项目，形成关于型号审定基础问题纪要。

(4) 航空器型号项目组完成项目任务计划文件(样例参见《航空器评审组工作手册(第 4 卷)》附录 3 的 AEG001a)，通过 AEG 工作平台上报飞行标准司航空器评审处。

(5) 航空器型号项目组及专业委员会按计划逐项完成相应的评审任务，并将项目任务计划文件的任何修订及时通过 AEG 工作平台上报飞行标准司航空器评审处。

(6) 飞行标准司航空器评审处按照项目任务计划文件，监督具体航空器型号项目的航空器评审工作进度和情况，并视情参与具体的评审。

(7) 航空器型号项目的航空器评审任务完成后，航空器型号项目组及委员会主席应当及时向飞行标准司航空器评审处上报评审结论文件，经审核后报飞行标准司签发。

(8) 飞行标准司以正式颁发航空器评审结论文件的方式，结束航空器型号项目的航空器评审任务，并进入持续监控阶段。

2.3.3.2　飞行标准化委员会评审程序

飞行标准化委员会评审程序包括 FSB 会议、驾驶员资格计划(pilot qualification plan, PQP)审核、型别等级和差异等级测试、模拟机鉴定的预先和初始鉴定、PFSBR 的审批、FSBR 的发布以及首批驾驶员、教员资格的获取等几个方面的内容。

1. FSB 会议

举行 FSB 会议需要涉及如下方面。

1) AEG 工作平台工作代码

AEG 工作平台暂无此项内容的工作代码。

2) 责任部门和人员

FSB 会议的责任部门和人员为航空器型号项目对应的责任部门和 FSB 主席。

3) 工作文件和表格

工作文件和表格参见《航空器评审组工作手册(第 4 卷)》附录 3 中的 AEG001a(项目任务计划文件)、AEG003(委员会会议纪要)和 AEG009(FSBR 批准函)。

4) 任务管理

FSB 会议主要包括 FSB 首次会议、中间会议和最终会议三种类型的会议。

(1) FSB 首次会议：在 FSB 正式成立之初召开，会议的主要目的是介绍和讨论制造厂家的驾驶员资格计划、FSB 工作计划及任务分工。

(2) FSB 中间会议：可能包括多次会议，会议的主要目的是讨论制造厂家提出型别等级和差异等级测试、相关的模拟机鉴定情况。另外，还可能涉及 FSB 工作计划及任务分工的变更。

(3) FSB 最终会议：在 FSB 评审工作结束前召开，会议的主要目的是讨论 FSBR 的批准结论。

FSB 主席对 FSB 会议进行管理，并完成如下工作：

(1) 按照航空器型号项目任务的要求，结合制造厂家提出的 PQP，确定 FSB 的工作及会议计划。

(2) 按照 FSB 的会议计划，对每次会议进行组织、准备，并主持会议。

(3) 会议后形成会议纪要，并完成必要的信息传递。

5) 工作程序与标准

(1) 会议通知和参加人员。

FSB 会议的通知由航空器型号项目对应的责任部门签发(必要时可报飞行标准司转发)，通知发至每一个参加人员所在单位/部门并指明具体参加人员。

FSB 首次会议和最终会议必须由 FSB 的全体成员参加，FSB 的专题会议也应尽量由 FSB 的全体人员参加，特殊情况下可仅部分相关人员参加。

当 FSB 会议需要制造厂家解释和说明具体情况或问题时，FSB 主席应当通知制造厂家的相关责任人员参加会议。

(2) 会议准备。

每次会议前，FSB 主席需要提前确定：

① 会议的议题和议程，并提供相应的会议文件。会议议程和会议文件可在签发会议通知之后提供，但至少应当在会议前 3 天提供给每一位 FSB 成员，以便于准备。

② 会议场所的适宜性。会议场所应当有便于介绍和讨论的会议设施(包括投影设备)，并能够容纳所有参会人员。

每次会议前，FSB 成员应当根据会议议题和会议文件提前准备，至少应当提前仔细阅读，准备相关的法规文件或证明数据、事例等。

③ 会议进程控制。

在每次会议过程中，FSB 主席应当按照事先计划的议程逐项进行，每项议程都应当适当安排足够的时间进行下述基本事项。

(A) 对议题的介绍说明。

(B) 对议题的讨论。

(C) 通过表决或总结形成结论(由 FSB 主席确定)。

会议中议题的介绍说明、文件修订和结论都应当以书面的形式，并充分利用投影设备，保证每位参会人员使用同一文件及版本。

当某项议题因讨论过多或难以形成结论时，FSB 主席应及时控制修改议程，以便更深入研究或准备，并避免影响其他议程。

(D) 会议记录和会议纪要。

在每次会议时，FSB 主席应当安排专人进行会议记录。会议记录应当包括会议的基本信息(时间、地点、参加人员、议程)，并针对每项议题记录对会议文件提出的确认意见或建议、结论等内容。

在会议讨论过程中，个人观点在解释后被接受的可不必记录，但个人保留观点的情况应当记录，并在议题的结论中注明(不影响按规定形成的结论)。

会议各项议题讨论后，应当留有合适的时间根据会议记录整理会议纪要，并在完成后经参加会议的 FSB 所有成员讨论通过后，由 FSB 主席签署。

(E) 会议的结论文件。

FSB 首次会议后，应当形成如下结论文件：对制造厂家提出驾驶员资格计划的回复意见(函件)，并按照 FSB 工作计划，完成项目任务计划文件(AEG001a)。

FSB 专题会议后，可根据需要向制造厂家提出相关的正式意见或建议(函件)；如涉及工作计划的修订，修订项目计划文件的相应内容(AEG001a)。

FSB 最终会议后，应当完成 FSBR 的批准结论函(AEG009)。FSBR 应当由飞行标准司正式发布后再颁发给航空器制造厂家。

(F) 存档和信息传递。

对于每次 FSB 会议，所有会议文件、会议记录和会议纪要、会议结论文件都应当由航空器型号项目的责任部门存档，并且及时将会议纪要和会议结论文件通过 AEG 工作平台任务管理员上传到 AEG 工作平台。

2. PQP 审核

PQP 审核涉及如下方面。

1) AEG 工作平台工作代码

此项内容的 AEG 工作平台工作代码为 AEG101。

2) 责任部门和人员

FSB 主席负责，FSB 成员参与。

3) 工作文件和表格

工作文件和表格参见《航空器评审组工作手册(第 4 卷)》附录 3 中的 AEG101(PQP 审核单)和 AEG005(发现问题通知书)。

4) 任务管理

FSB 主席在收到制造厂家提交的 PQP 或其修订文件后，应当完成如下工作：

(1) 通过 AEG 工作平台任务管理员将 PQP 上传至 AEG 工作平台，并下发评审任务(一般 PQP 评审的责任人是 FSB 主席本人，参与人员可为 FSB 的任何成员)。

(2) 完成 PQP 的评审，提出建议的评审意见/结论，并将 PQP 和评审意见/结论列入 FSB 会议的议题。

(3) 在 FSB 会议后，通过 AEG 工作平台任务管理员将此项任务提交本部门审核后关闭。

5) 工作程序与标准

PQP 的审核工作程序如下：

(1) FSB 任务责任人应当首先在 AEG 工作平台上打开工作单表格 AEG101 并选择适用的检查项目。

(2) 对表格 AEG101 中适用的检查项目进行逐项检查，如检查结论为符合，可视情记录摘要信息；如检查结论为不符合，具体说明发现的问题。

(3) 对于检查结论为不符合的情况，如果当时完成改正并认为可接受时，可不向制造厂家颁发发现问题通知书；如果当时不能完成改正或采取的改正措施不可接受时，应当以函件(AEG005)的形式正式通知制造厂家，并提出书面改正措施要求。

(4) 在制造厂家针对发现问题通知书提交书面改正措施后，评审其采取的改正措施，直至改正措施可以接受或者允许其偏离/豁免。

需注意的是，对于偏离/豁免的情况，需经制造厂家提出书面申请，并由航空器评审项目责任部门以正式函件或会议纪要的形式批准或同意。

(5) 在所有项目均已完成检查后，在检查总结和结论栏具体说明发现问题的项目和改正措施评估情况，并提出批准建议，如果所有项目均为符合，可直接建议批准。

(6) 在上述工作完成后，在 FSB 会议上征求 FSB 成员的意见，并在形成 FSB 正式意见后，在总结和结论栏注明。FSB 会议后将 PQP 的评审意见/结论以正式函件的形式告知制造厂家。

(7) 将填写完整的任务记录提交 AEG 工作平台任务管理员，并由任务管理员提交本部门责任人审核。本部门责任人在审核确认记录完整性、结论一致性后签署通过审核后，由任务管理员关闭任务。

未通过审核的情况可返回任务责任人改正后再次提交审核。

6) 存档和信息传递

在上述工作过程中，应当将通知制造厂家及制造厂家回复的正式文件上传至 AEG 工作平台，纸制文件由相应的航空器型号项目责任部门存档。

3. 型别等级和差异等级测试

型别等级和差异等级测试涉及如下方面。

1) AEG 工作平台工作代码

此项内容的 AEG 工作平台工作代码为 AEG102、AEG103。

2) 责任部门和人员

FSB 主席及 FSB 成员。

3) 工作文件和表格

工作文件和表格为《航空器评审组工作手册(第 4 卷)》附录 3 中的下列文件表格。

(1) AEG102(制造厂家建议的训练大纲审核单)。

(2) AEG103(型别等级和差异等级测试审核单)。

(3) AEG005(发现问题通知书)。

(4) AEG007(型号检验授权书(type inspection authorization，TIA))。

4) 任务管理

FSB 主席应当按照 PQP 中的型别等级和差异等级测试计划，通过 AEG 工作平台任务管理员下发测试任务给相应的 FSB 成员，计划并完成如下工作。

(1) 在测试前组织完成对具体的测试安排和准备情况进行审核，包括：

① 对制造厂家提出的建议训练大纲进行审核(需要单独下发任务)。

② 对测试过程中需要使用模拟机的情况，应当先按照 2.3.3.2 节第 4 部分的程序协调完成模拟机的预先或者初始鉴定。

③ 按照 2.3.3.2 节第 7 部分的程序完成驾驶员和教员资格授权。

④ 组织安排 FSB 成员参加完成测试所需要的训练课程。要注意的是，T1、

T2 测试不需要事先训练。

⑤ 对制造厂家针对具体测试制定的试飞单进行审核。

(2) 针对测试安排和准备审核通过的测试项目颁发型号检验授权书。

(3) 组织 FSB 成员完成具体的测试。

要注意的是，涉及试飞的应当结合在型号审定试飞过程的功能和可靠性试飞阶段或之后进行。

(4) 组织审核制造厂家提交的对应型号检查报告(type inspection report，TIR)，提出评审意见/结论，并将型别等级和差异等级测试后的评审意见/结论列入 FSB 会议的议题。

(5) 在 FSB 会议后，通过 AEG 工作平台任务管理员将此项任务提交本部门审核后关闭。

5) 工作程序与标准

(1) FSB 任务责任人应当首先在 AEG 工作平台上分别打开工作单表格 AEG102、AEG103 并选择适用的检查项目。

(2) 对表格 AEG102 适用的检查项目、AEG103 中测试安排和准备情况部分进行逐项检查，如果检查结论为符合，可视情记录摘要信息；如果检查结论为不符合，具体说明发现的问题。

(3) 对于检查结论为不符合的情况，如果当时完成改正并认为可接受，可不向制造厂家颁发发现问题通知书；如果当时不能完成改正或采取的改正措施不可接受，应当以函件(AEG005)的形式正式通知制造厂家，并提出书面改正措施要求。

(4) 在制造厂家针对发现问题通知书提交书面改正措施后，评估其采取的改正措施，直至改正措施可以接受或者允许其偏离/豁免。

应注意的是，对于偏离/豁免的情况需经制造厂家提出书面申请，并由航空器评审项目责任部门以正式函件的形式批准或同意。

(5) 在对测试安排和准备情况均已完成评审并符合后，针对该项测试向制造厂家颁发型号检验授权书(AEG007)。

(6) 按照测试安排进行测试，并在制造厂家制定的试飞单中签署对测试结果的意见。

要注意的是，对每次试飞都应当有单独的试飞单记录。

(7) 在制造厂家完成并提交型号检查报告后，进行 TIR 与试飞记录一致性的评审并完成表格 AEG103 中测试报告评审项目的填写。最终在检查总结和结论栏提出具体的评审意见/结论，并将评审意见/结论列入 FSB 会议的议题。

(8) 在上述工作完成后，在 FSB 会议上征求 FSB 成员的意见，并在形成 FSB 正式意见后，在总结和结论栏注明。FSB 会议后将型别等级和差异等级测试的评审意见/结论以 FSB 会议纪要的形式告知制造厂家。

(9) 将填写完整的任务记录提交 AEG 工作平台任务管理员，并由任务管理员提交本部门责任人审核。本部门责任人在审核确认记录完整性、结论一致性后签署通过审核后，由任务管理员关闭任务。

需注意的是，针对测试通过的情况，告知制造厂家可以根据评审意见/结论开始起草 PFSBR；针对测试未通过的情况，告知制造厂家应当修订 PQP，再重新进行必要的测试。

6) 存档和信息传递

上述工作过程中，应当将通知制造厂家及制造厂家回复的正式文件上传至 AEG 工作平台，纸制文件由相应的航空器型号项目责任部门存档。

4. 模拟机鉴定的预先和初始鉴定

模拟机鉴定的预先和初始鉴定涉及如下若干方面。

1) AEG 工作平台工作代码

此项内容暂无 AEG 工作平台工作代码。

2) 责任部门和人员

FSB 主席及国家模拟机鉴定组。

3) 工作文件和表格

《运行监察员手册》中的相应工作表格。

4) 任务管理

FSB 主席在收到制造厂家提交的模拟机鉴定申请后，应当协调国家模拟机鉴定组完成如下工作：

(1) 在设计定型后，完成模拟机的预先鉴定。

(2) 在试飞数据具备后，完成模拟机的初始鉴定。

需注意的是，如果制造厂家试飞数据具备之后提出申请，可直接进行初始鉴定；仅在模拟机初始鉴定后，才能开展型别等级和差异等级试验中的系统差异测试和培训、检查验证(T3)。

5) 工作程序与标准

工作程序与标准参见《运行监察员手册》。

6) 存档和信息传递

上述每项工作过程中，应当将制造厂家的申请文件及国家模拟机鉴定组颁发的预先鉴定结论、初始鉴定结论上传至 AEG 工作平台，纸制文件由国家模拟机鉴定组存档。

5. PFSBR 的审批

PFSBR 的审批涉及下述若干方面。

1) AEG 工作平台工作代码

此项内容 AEG 工作平台工作代码为 AEG105.

2) 责任部门和人员

FSB 主席及 FSB 成员。

3) 工作文件和表格

工作文件和表格为《航空器评审组工作手册(第 4 卷)》附录 3 中的下列文件表格。

(1) AEG105(PFSBR 审核单)。

(2) AEG005(发现问题通知书)。

(3) AEG009(FSBR 批准函)。

4) 任务管理

FSB 主席在收到制造厂家提交的 PFSBR 文件后,应当完成如下工作:

(1) 通过 AEG 工作平台任务管理员将 PFSBR 上传至 AEG 工作平台,并下发评审任务(一般 PFSBR 评审的责任人是 FSB 主席本人,参与人员可为 FSB 的任何成员)。

(2) 完成 PFSBR 的评审,提出建议的评审意见/结论,并将 PFSBR 和评审意见/结论列入 FSB 会议的议题。

(3) 在 FSB 会议后,通过 AEG 工作平台任务管理员将此项任务提交本部门审核后关闭。

(4) 完成 FSBR 批准,报飞行标准司发布。

5) 工作程序与标准

(1) FSB 任务责任人应当首先在 AEG 工作平台上打开工作单表格 AEG105 并选择适用的检查项目。

(2) 对表格 AEG105 中适用的检查项目进行逐项检查,如果检查结论为符合,可视情记录摘要信息;如果检查结论为不符合,具体说明发现的问题。

(3) 对于检查结论为不符合的情况,如果当时完成改正并认为可接受时,可不向制造厂家颁发发现问题通知书;如果当时不能完成改正或采取的改正措施不可接受时,应当以函件(AEG005)的形式正式通知制造厂家,并提出书面改正措施要求。

(4) 在制造厂家针对发现问题通知书提交书面改正措施后,评估其采取的改正措施,直至改正措施可以接受或者允许其偏离/豁免。

需注意的是,对于偏离/豁免的情况需经制造厂家提出书面申请,并由航空器评审项目责任部门以正式函件或会议纪要的形式批准或同意。

(5) 在所有项目均已完成检查后,在检查总结和结论栏具体说明发现问题的项目和改正措施评估情况,并提出批准建议,如果所有项目均为符合,可直接建议批准。

(6) 上述工作完成后，在 FSB 会议上征求 FSB 成员的意见，并在形成 FSB 正式意见后，在总结和结论栏注明。FSB 会议后，FSB 主席完成 FSBR 批准函 (AEG009)，并形成正式的 FSBR 文件。

(7) 将填写完整的任务记录提交 AEG 工作平台任务管理员，并由任务管理员提交本部门责任人审核。本部门责任人在审核确认记录完整性、结论一致性后签署通过审核后，由任务管理员关闭任务。

需注意的是，未通过审核的情况可返回任务责任人改正后再次提交审核。

(8) 航空器型号项目责任部门在上述工作完成后，以函件的形式上报飞行标准司航空器评审处，提出发布 FSBR 的建议。

6) 存档和信息传递

上述工作过程中，应当将通知制造厂家及制造厂家回复的正式文件、有关函件(包括 FSBR 批准函)及正式的 FSBR 文件上传至 AEG 工作平台，纸制文件由相应的航空器型号项目责任部门存档。

6. FSBR 的发布

FSBR 的发布工作涉及下述若干方面。

1) AEG 工作平台工作代码

此项内容无 AEG 工作平台工作代码。

2) 责任部门和人员

飞行标准司航空器评审处。

3) 工作文件和表格

参见飞行标准司文件。

4) 任务管理

飞行标准司航空器评审处在收到航空器型号项目责任部门上报的函件及 FSBR 文本后，完成如下工作：

(1) 对 FSBR 进行必要的核准。

(2) 起草并颁发飞行标准司文件告知适航审定司、各地区管理局及有关单位(至少应当包括该机型的已知用户)FSBR 的发布。

(3) 在 AEG 工作平台上正式发布 FSBR。

5) 工作程序与标准

工作程序与标准见飞行标准司工作手册中的相关内容。

6) 存档和信息传递

上述工作完成后，应当将航空器型号项目责任部门上报的函件和飞行标准司文件存入专类档案。

7. 首批驾驶员、教员资格的获取

本部分的工作涉及下述若干方面。

1) AEG 工作平台工作代码

此项内容无 AEG 工作平台工作代码。

2) 责任部门和人员

FSB 主席及 FSB 成员。

3) 工作文件和表格

工作文件和表格如下：

(1)《航空器评审组工作手册(第 4 卷)》附录 3 中的 AEG021(驾驶员资格授权书)。

(2)《航空器评审组工作手册(第 4 卷)》附录 3 中的 AEG023(教员资格授权书)。

(3) CCAR-61 部及有关工作程序中的工作文件和表格。

4) 任务管理

在 FSB 评审的过程中，FSB 主席根据评审和执照管理的需要组织完成如下工作：

(1) 在型别等级和差异等级测试前完成对制造厂家骨干试飞员的驾驶员资格授权和教员资格授权。

(2) 在型别等级和差异等级测试完成后，组织完成对 FSB 成员、制造厂家和训练中心教员、首批局方监察员、先锋用户的首批驾驶员的驾驶员资格授权。

(3) 将授权书通知相应的飞行标准执照管理部门。

5) 工作程序与标准

(1) 在型别等级和差异等级测试前，FSB 主席在收到制造厂家对其骨干试飞员的驾驶员资格授权申请后，可根据制造厂家的申请和相当机型的飞行经历直接对制造厂家的骨干试飞员签发驾驶员资格授权书(AEG021)。

(2) 对于获得驾驶员资格授权书的制造厂家的骨干试飞员，在所评审机型累计安全飞行达 50h 后，可根据制造厂家的申请直接签发教员资格授权书(AEG023)。

需注意的是，在制造厂家的骨干试飞员获得教员资格授权后，即可由其对 FSB 成员、制造厂家和训练中心教员进行训练。

(3) 在 FSB 成员完成相应的训练(包括转机型和新机型训练)后，FSB 主席首先安排对一名 FSB 成员按照 CCAR-61 部的规定进行飞行检查(由获得教员资格授权书的制造厂家的骨干试飞员在右座作为安全机长)，并在检查通过后对该 FSB 成员签发驾驶员资格授权书(AEG021)。

(4) FSB 主席安排已经获得驾驶员资格授权书的 FSB 成员对其他 FSB 成员(包括 FSB 主席本人)按照 CCAR-61 部的规定进行飞行检查(由获得教员资格授权书的制造厂家的骨干试飞员在右座作为安全机长)，并由该 FSB 成员在检查通过后签发驾驶员资格授权书(AEG021)。

(5) 在 FSBR 颁发之前，FSB 主席可按照 CCAR-61 部的规定，根据相关单位和人员的申请，安排 FSB 成员对已完成训练的制造厂家和训练中心教员、首批局方监察员、先锋用户的首批驾驶员进行飞行检查，并在检查通过后签发驾驶员资格授权书(AEG021)。

需注意的是，在 FSBR 颁发之后，获得驾驶员资格授权书的人员可在规定的期限内直接到飞行人员执照管理部门换取相应机型的型别等级签注，并由飞行人员执照管理部门按照 CCAR-61 部受理对其他驾驶员的型别等级签注申请。

6) 存档和信息传递

上述每项工作过程中，应当将制造厂家的申请文件、检查记录及相应的授权书上传至 AEG 工作平台，纸制文件由航空器型号项目责任部门存档。

对已颁发的驾驶员资格授权书和教员资格授权书应当向相应的飞行人员执照管理部门提供复印件。

2.3.3.3　飞行运行评审委员会评审程序

飞行运行评审委员会评审程序包括 FOEB 会议、PMMEL 项目的评审、PMMEL 项目的验证、PMMEL 的审批以及 MMEL 的发布等几个方面的内容。

1. FOEB 会议

本部分的工作涉及下述的若干方面。

1) AEG 工作平台工作代码

此项内容无 AEG 工作平台工作代码。

2) 责任部门和人员

航空器型号项目对应的责任部门和 FOEB 主席。

3) 工作文件和表格

工作文件和表格为《航空器评审组工作手册(第 4 卷)》附录 3 中的下列文件表格。

(1) AEG001a(项目任务计划文件)。

(2) AEG003(委员会会议纪要)。

(3) AEG025(PMMEL 建议项目状态登记表)。

4) 任务管理

(1) FOEB 会议包括以下几种情况。

① FOEB 首次会议：在航空器型号项目 FOEB 正式成立之初召开，会议的主要目的是讨论制造厂家提出的 PMMEL 计划项目，确定 FOEB 工作计划。

② FOEB 中间会议：可能包括多次会议，会议的主要目的是讨论制造厂家提出的 PMMEL 计划项目及验证计划。另外，可能涉及 FOEB 工作计划的变更。

③ FOEB 最终会议：在 FOEB 工作结束前召开，会议的主要目的是讨论 PMMEL 的批准结论。

(2) FOEB 主席应当对此项任务进行管理，并完成如下工作。

① 按照航空器型号项目任务的要求，结合制造厂家提出的 PMMEL 计划项目及其验证的计划，确定 FOEB 的工作及会议计划。

② 按照 FOEB 的会议计划，对每次会议进行组织、准备，并主持会议。

③ 会议后形成会议纪要，并完成必要的信息传递。

5) 工作程序与标准

(1) 会议通知和参加人员。

FOEB 会议的通知由航空器型号项目责任部门签发(必要时可报飞行标准司转发)，通知应当发至每一参加人员所在单位或部门并指明具体参加人员。

FOEB 首次会议和最终会议必须由 FOEB 的全体成员参加；FOEB 的专题会议也应尽量由 FOEB 全体人员参加，特殊情况下可仅部分相关人员参加。

当 FOEB 会议需要制造厂家解释和说明具体情况时，FOEB 主席应当通知制造厂家的相关责任人员参加会议。如有必要征求航空运营人的意见，还可安排航空运营人的代表参加会议。

(2) 会议准备。

每次会议前，FOEB 主席应当提前确定：

① 会议的议题和议程，并提供相应的会议文件。会议议程和会议文件可在签发会议通知之后提供，但至少应当在会议前 5 个工作日提供给每一位 FOEB 成员，以便于准备。

② 会议场所的适宜性。会议场所应当有便于介绍和讨论的会议设施(包括投影设备)，并能够容纳所有参会人员。

每次会议前，FOEB 的成员应当根据会议议题和会议文件提前准备，至少应当提前仔细阅读，准备相关的法规文件或证明数据、事例等。

(3) 会议议程控制。

每次会议过程中，FOEB 主席应当按照事先计划的议程逐项进行，每项议程都应当适当安排足够的时间进行下述基本事项：

① 对议题的介绍说明。

② 对议题的讨论。

③ 通过表决或总结形成结论(由 FOEB 主席确定)。

会议中，议题的介绍说明、文件修订和结论都应当以书面的形式，并充分利用投影设备保证每位参会人员使用同一文件及版本。

当某项议题因讨论过多或难以形成结论时，FOEB 主席应及时控制修改议程，以便更深入研究或准备，并避免影响其他议程。

(4) 会议记录和会议纪要。

每次会议时，FOEB 主席应当安排专人进行会议记录。会议记录应当包括会议的基本信息(时间、地点、参加人员、议程)，并针对每项议题记录对会议文件提出的确认意见或建议、结论等内容。

会议讨论过程中，个人观点在解释后被接受的可不必记录，但个人保留观点的情况应当记录，并在议题的结论中注明(不影响按规定形成的结论)。

会议各项议题讨论后，应当留有合适的时间根据会议记录整理会议纪要(AEG003)，并在完成后经参加会议的 FOEB 所有成员讨论通过后，由 FOEB 主席签署。

(5) 会议的结论文件。

FOEB 首次会议后，应当形成 FOEB 工作计划，并按照 FOEB 工作计划完成项目任务计划文件(AEG001a)。

在 FOEB 每次中间会议后，应当完成 PMMEL 建议项目状态登记表(AEG025)，并且每次会议后根据会议结论进行修订(使用同一份文件，以避免遗漏或混淆)；如涉及工作计划的修订，应相应修订项目任务计划文件(AEG001a)。

在 FOEB 最终会议后，应当完成 MMEL 的批准结论函(AEG011)。

需注意的是，PMMEL 的批准结论函应当在飞行标准司正式发布后颁发给制造厂家。

6) 存档和信息传递

对于每次 FOEB 会议，所有会议文件、会议记录和会议纪要、会议结论文件都应当由航空器型号项目的责任部门存档，并且及时将会议纪要和会议结论文件通过 AEG 工作平台任务管理员上传到 AEG 工作平台。

2. PMMEL 项目的评审

本部分的工作涉及下述的若干方面。

1) AEG 工作平台工作代码

本项工作的 AEG 工作平台工作代码为 AEG201。

2) 责任部门和人员

FOEB 主席及 FOEB 成员。

3) 工作文件和表格

工作文件和表格为《航空器评审组工作手册(第 4 卷)》附录 3 中的下列文件表格。

(1) AEG201(PMMEL 计划项目审核单)。

(2) AEG005(发现问题通知书)。

4) 任务管理

FOEB 主席在收到制造厂家提交的 PMMEL 计划项目文件后，应当完成如下工作。

(1) 通过 AEG 工作平台任务管理员将 PMMEL 计划项目上传至 AEG 工作平台，并下发评审任务(一般 PMMEL 计划项目评审的责任人是 FOEB 主席本人，参与人员可为 FOEB 的任何成员)。

(2) 完成 PMMEL 计划项目的评审，提出建议的评审意见/结论，并将 PMMEL 计划项目和评审意见/结论列入 FOEB 会议的议题(可以集中多个计划项目文件一同讨论)。

(3) 在 FOEB 会议后，通过 AEG 工作平台任务管理员将此项任务提交本部门审核后关闭。

5) 工作程序与标准

(1) FOEB 任务责任人应当首先在 AEG 工作平台上打开工作单表格 AEG201 并选择适用的检查项目。

(2) 对表格 AEG201 适用的检查项目进行逐项检查，如果检查结论为符合，可视情记录摘要信息；如果检查结论为不符合，具体说明发现的问题。

(3) 对于检查结论为不符合的情况，如果当时完成改正并认为可接受，可不向制造厂家颁发发现问题通知书；如果当时不能完成改正或采取的改正措施不可接受，应当以函件(AEG005)的形式正式通知制造厂家，并提出书面改正措施要求。

(4) 在制造厂家针对发现问题通知书提交书面改正措施后，评估其采取的改正措施，如改正措施可以接受，可建议批准列入 PMMEL；如改正措施不可以接受，则应建议不批准列入 PMMEL。

需注意的是，如果制造厂家决定自行撤销某建议的项目，可记录并认为改正措施可接受。

(5) 在所有项目均已完成检查后，在检查总结和结论栏具体说明发现问题的项目和改正措施评估情况，并提出批准建议。

(6) 在上述工作完成后，在 FOEB 会议上征求 FOEB 成员的意见，并在形成 FOEB 正式意见后，在总结和结论栏注明。FOEB 会议后将 PMMEL 建议项目的评审意见/结论以 FOEB 会议纪要的形式告知制造厂家。

(7) 将填写完整的任务记录提交 AEG 工作平台任务管理员，并由任务管理员提交本部门责任人审核。本部门责任人在审核确认记录完整性、结论一致性后签署通过审核后，由任务管理员关闭任务。

需注意的是，未通过审核的情况可返回任务责任人改正后再次提交审核。

6) 存档和信息传递

上述工作过程中，应当将通知制造厂家及制造厂家回复的正式文件上传至 AEG 工作平台，纸制文件由相应的航空器型号项目责任部门存档。

3. PMMEL 项目的验证

本部分的工作涉及下述的若干方面。

1) AEG 工作平台工作代码

本项工作的 AEG 工作平台工作代码为 AEG203。

2) 责任部门和人员

FOEB 主席及 FOEB 成员。

3) 工作文件和表格

工作文件和表格为《航空器评审组工作手册(第 4 卷)》附录 3 中的下列文件表格。

(1) AEG203(PMMEL 项目验证审核单)。

(2) AEG005(发现问题通知书)。

(3) AEG007(型号检验授权书)。

4) 任务管理

FOEB 主席在收到制造厂家提交的 PMMEL 项目验证计划后,应当通过 AEG 工作平台任务管理员下发验证任务给相应的 FOEB 成员,计划并完成如下工作。

(1) 在验证前组织完成对验证计划进行审核,包括对具体验证制定的试飞单进行审核。

(2) 针对验证计划审核通过的验证项目颁发型号检验授权书。

(3) 组织 FOEB 成员完成具体的验证。

需注意的是,验证试飞的应当结合在型号审定试飞过程的功能和可靠性试飞阶段或之后进行。

(4) 组织审核制造厂家提交的对应型号检查报告,提出评审意见/结论,并将验证后的评审意见/结论列入 FSB 会议的议题。

(5) 在 FOEB 会议后,通过 AEG 工作平台任务管理员将此项任务提交本部门审核后关闭。

需注意的是,PMMEL 项目试飞验证可分项目或组进行,但每次都应当单独下发任务。

5) 工作程序与标准

(1) FOEB 任务责任人应当首先在 AEG 工作平台上打开工作单表格 AEG203 并选择适用的检查项目。

(2) 对表格 AEG203 适用的检查项目的验证计划进行逐项检查,如果检查结论为符合,可视情记录摘要信息;如果检查结论为不符合,具体说明发现的问题。

(3) 对于检查结论为不符合的情况,如果当时完成改正并认为可接受时,可不向制造厂家颁发发现问题通知书;如果当时不能完成改正或采取的改正措施不可接受时,应当以函件(AEG005)的形式正式通知制造厂家,并提出书面改正措施要求。

(4) 在制造厂家针对发现问题通知书提交书面改正措施后，评估其采取的改正措施，直至改正措施可以接受或者允许其偏离/豁免。

需注意的是，对于偏离/豁免的情况需经制造厂家提出书面申请，并由航空器评审项目责任部门以正式函件或会议纪要的形式批准或同意。

(5) 在对验证安排和准备情况均已完成评审并符合后，针对该项验证向制造厂家颁发型号检验授权书(AEG007)。

(6) 按照计划进行验证，在制造厂家制定的试飞单中签署对验证结果的意见，并在表格 AEG203 中对应的检查项目中记录验证结果。

需注意的是，对每次试飞都应当有单独的试飞单记录。

(7) 在制造厂家完成并提交型号审查报告后，进行 TIR 与试飞记录一致性的评审并完成表格 AEG203 中对应的检查项目中验证报告评审结论的填写。最终在检查总结和结论栏提出具体的评审意见/结论，并将评审意见/结论列入 FOEB 会议的议题。

(8) 在上述工作完成后，在 FOEB 会议上征求 FOEB 成员的意见，并在形成FOEB 正式意见后，在总结和结论栏注明。FOEB 会议后将完成验证的 PMMEL项目的评审意见/结论以 FOEB 会议纪要的形式告知制造厂家。

(9) 将填写完整的任务记录提交 AEG 工作平台任务管理员，并由任务管理员提交本部门责任人审核。本部门责任人在审核确认记录完整性、结论一致性后签署通过审核后，由任务管理员关闭任务。

需注意的是，针对未通过验证的 PMMEL 项目，告知制造厂家应当在提交PMMEL 时予以删除。

6) 存档和信息传递

上述工作过程中，应当将通知制造厂家的文件、制造厂家提交及回复的正式文件上传至 AEG 工作平台，纸制文件由相应的航空器型号项目责任部门存档。

4. PMMEL 的审批

本部分的工作涉及下述的若干方面。

1) AEG 工作平台工作代码

本项工作的 AEG 工作平台工作代码为 AEG205。

2) 责任部门和人员

FOEB 主席。

3) 工作文件和表格

工作文件和表格为《航空器评审组工作手册(第 4 卷)》附录 3 中的下列文件和表格。

(1) AEG205(PMMEL 审核单)。

(2) AEG005(发现问题通知书)。

(3) AEG011(MMEL 批准函)。

4) 任务管理

FOEB 主席在收到制造厂家提交的 PMMEL 文件后，应当完成如下工作。

(1) 通过 AEG 工作平台任务管理员将 PMMEL 上传至 AEG 工作平台，并下发评审任务(一般 PMMEL 评审的责任人是 FOEB 主席本人，参与人员可为 FOEB 的任何成员)。

(2) 完成 PMMEL 的评审，提出建议的评审意见/结论，并将 PMMEL 和评审意见/结论列入 FOEB 会议的议题。

(3) 在 FOEB 会议后，通过 AEG 工作平台任务管理员将此项任务提交本部门审核后关闭。

(4) 完成 MMEL 的批准，报飞行标准司发布。

5) 工作程序与标准

(1) FOEB 任务责任人应当首先在 AEG 工作平台上打开工作单表格 AEG205 并选择适用的检查项目。

(2) 对表格 AEG205 中适用的检查项目进行逐项检查，如果检查结论为符合，可视情记录摘要信息；如果检查结论为不符合，具体说明发现的问题。

(3) 对于检查结论为不符合的情况，如果当时完成改正并认为可接受，可不向制造厂家颁发发现问题通知书；如果当时不能完成改正或采取的改正措施不可接受，应当以函件(AEG005)的形式正式通知制造厂家，并提出书面改正措施要求。

(4) 在制造厂家针对发现问题通知书提交书面改正措施后，评估其采取的改正措施，直至改正措施可以接受或者允许其偏离/豁免。

需注意的是，对于偏离或者豁免的情况需经制造厂家提出书面申请，并由航空器评审项目责任部门以正式函件或会议纪要的形式批准或同意。

(5) 在所有项目均已完成检查后，在检查总结和结论栏具体说明发现问题的项目和改正措施评估情况，并提出批准建议；如果所有项目均为符合，可直接建议批准。

(6) 在上述工作完成后，在 FOEB 会议上征求 FOEB 成员的意见，并在形成 FOEB 正式意见后，在总结和结论栏注明。FOEB 会议后，FOEB 主席完成 MMEL 批准函(AEG011)，并形成正式的 MMEL 文件。

(7) 将填写完整的任务记录提交 AEG 工作平台任务管理员，并由任务管理员提交本部门责任人审核。本部门责任人在审核确认记录完整性、结论一致性后签署通过审核后，由任务管理员关闭任务。

需注意的是，未通过审核的情况可返回任务责任人改正后再次提交审核。

(8) 航空器型号项目责任部门在上述工作完成后，以函件的形式上报飞行标准司航空器评审处，提出发布 MMEL 的建议。

6) 存档和信息传递

在上述工作过程中，应当将通知制造厂家及制造厂家回复的正式文件、有关函件(包括 MMEL 批准函)及正式的 MMEL 文件上传至 AEG 工作平台，纸制文件由相应的航空器型号项目责任部门存档。

5. MMEL 的发布

本部分的工作涉及下述的若干方面。

1) AEG 工作平台工作代码

本项工作无 AEG 工作平台工作代码。

2) 责任部门和人员

飞行标准司航空器评审处。

3) 工作文件和表格

飞行标准司文件。

4) 任务管理

飞行标准司航空器评审处在收到航空器型号项目责任部门上报的函件及 MMEL 文本后，应当完成如下工作。

(1) 对 MMEL 进行必要的核准。

(2) 组织对 MMEL 的公众征求意见(可以会议或者网络上发布征求书面意见的方式)，并协同 FOEB 主席处理公众意见。

(3) 起草并颁发飞行标准司文件告知适航审定司、各地区管理局及有关单位(至少应当包括该机型的已知用户)MMEL 的发布。

(4) 在 AEG 工作平台上正式发布 MMEL。

5) 工作程序与标准

工作程序与标准见飞行标准司工作手册中的相关内容。

6) 存档和信息传递

上述工作完成后，应当将航空器型号项目责任部门上报的函件和飞行标准司文件存入专类档案。

2.3.3.4　维修审查委员会评审程序

维修审查委员会的评审程序包括 MRB 会议、ISC 组织和机构的审核、PPH 的审批、参加 ISC 会议、参加 WG 会议、PMRBR 的审批以及 MRBR 的发布等几个方面的内容。

1. MRB 会议

本部分的工作涉及下述的若干方面。

1) AEG 工作平台工作代码

本项工作无 AEG 工作平台工作代码。

2) 责任部门和人员

航空器型号项目对应的责任部门和 MRB 主席。

3) 工作文件和表格

工作文件和表格为《航空器评审组工作手册(第 4 卷)》附录 3 中的下列文件和表格。

(1) AEG001a(项目任务计划文件)。

(2) AEG003(委员会会议纪要)。

4) 任务管理

(1) MRB 会议包括以下几种类型。

① MRB 首次会议：在航空器型号项目 MRB 正式成立之初召开，会议的主要目的是讨论 MRB 工作计划及任务分工、介绍 ISC 和 WG 的组成、审核 PPH。

② MRB 中间会议：可能包括多次会议，会议的主要目的是参加 ISC 和 WG 会议的阶段性总结、讨论遇到的问题及解决方式。另外，可能涉及 MRB 工作计划及任务分工的变更。

③ MRB 最终会议：在 MRB 工作结束前召开，会议的主要目的是讨论 PMRBR 的批准。

(2) MRB 主席应当对此项任务进行管理，并完成如下工作：

① 按照航空器型号项目任务的要求，结合 ISC 的工作计划，确定 MRB 的工作及会议计划。

② 按照 MRB 的会议计划，对每次会议进行组织、准备，并主持会议。

③ 会议后形成会议纪要，并完成必要的信息传递。

5) 工作程序与标准

(1) 会议通知和参加人员。

MRB 会议的通知由航空器型号项目责任部门签发(必要时可报飞行标准司转发)，通知应当发至每一参加人员所在单位或部门并指明具体参加人员。

MRB 首次会议和最终会议必须由 MRB 的全体成员参加；MRB 的专题会议也应尽量由 MRB 全体人员参加，特殊情况下可仅部分相关人员参加。

当 MRB 会议需要 ISC 及制造厂家解释和说明具体情况或问题时，MRB 主席应当通知 ISC 和制造厂家的相关责任人参加会议。当 MRB 会议需要 TCB 的协助时，MRB 主席应当邀请 TCB 的项目责任人参加会议。

(2) 会议准备。

在每次会议前，MRB 主席应当提前确定：

① 会议的议题和议程，并提供相应的会议文件。会议议程和会议文件可在签发会议通知之后提供，但至少应当在会议前 3 天提供给每一位 MRB 成员，以便于准备。

② 会议场所的适宜性。会议场所应当有便于介绍和讨论的会议设施(包括投影设备)，并能够容纳所有参会人员。

在每次会议前，MRB 成员应当根据会议议题和会议文件提前准备，至少应当提前仔细阅读，准备相关的法规文件或证明数据、事例等。

(3) 会议进程控制。

每次会议过程中，MRB 主席应当按照事先计划的议程逐项进行，每项议程都应当适当安排足够的时间进行下述基本事项：

① 对议题的介绍说明。

② 对议题的讨论。

③ 通过表决或总结形成结论(由 MRB 主席确定)。

会议中，议题的介绍说明、文件修订和结论都应当以书面的形式，并充分利用投影设备保证每位参会人员使用同一文件及版本。

当某项议题因讨论过多或难以形成结论时，MRB 主席应及时控制修改议程，以便更深入研究或准备，并避免影响其他议程。

(4) 会议记录和会议纪要。

每次会议时，MRB 主席应当安排专人进行会议记录。会议记录应当包括会议的基本信息(时间、地点、参加人员、议程)，并针对每项议题记录对会议文件提出的确认意见或建议、结论等内容。

会议讨论过程中，个人观点在解释后被接受的可不必记录，但个人保留观点的情况应当记录，并在议题的结论中注明(不影响按规定形成的结论)。

会议各项议题讨论后，应当留有合适的时间根据会议记录整理会议纪要。会议纪要应当按照工作表格 AEG003 的格式编制，并在完成后经参加会议的 MRB 所有成员讨论通过后，由 MRB 主席签署。

(5) 会议的后续工作。

MRB 首次会议后，应当形成如下工作文件：对 PPH 审核的回复意见(函件)，并按照 MRB 工作计划完成项目任务计划文件(AEG001a)。

MRB 专题会议后，可根据需要向 ISC 提出 PPH 的修订建议(函件)；如涉及工作计划的修订，修订项目计划文件的相应内容(AEG001a)。

MRB 最终会议后，应当完成 PMRBR 的批准结论函(AEG013)。

需注意的是，PMRBR 的批准结论函应当在飞行标准司正式发布后颁发给制造厂家。

6) 存档和信息传递

对于每次 MRB 会议，所有会议文件、会议记录和会议纪要、会议结论文件都应当由航空器型号项目的责任部门存档，并且及时将会议纪要和会议结论文件通过 AEG 工作平台任务管理员上传到 AEG 工作平台。

当 MRB 会议中涉及 TCB 工作的内容时，会议纪要还应当同时提交适航审定部门的 TCB。

2. ISC 组织和机构的审核

本部分的工作涉及以下的若干方面。

1) AEG 工作平台工作代码

本项工作 AEG 工作平台工作代码为 AEG301。

2) 责任部门和人员

MRB 主席及 MRB 成员。

3) 工作文件和表格

工作文件和表格为《航空器评审组工作手册(第 4 卷)》附录 3 中的表格 AEG301(ISC 组织和机构审核单)。

4) 任务管理

MRB 主席在收到制造厂家提交的 ISC 组织和机构计划文件后，应当完成如下工作：

(1) 通过 AEG 工作平台任务管理员将 ISC 组织和机构计划文件上传至 AEG 工作平台，并下发评审任务(一般 ISC 组织和机构计划文件评审的责任人是 FSB 主席本人，参与人员可为 FSB 的任何成员)。

(2) 完成 ISC 组织和机构计划的评审，提出建议的评审意见/结论，并将 ISC 组织和机构计划文件的评审意见/结论列入 FSB 会议的议题。

(3) 在 MRB 会议后，通过 AEG 工作平台任务管理员将此项任务提交本部门审核后关闭。

5) 工作程序与标准

(1) MRB 任务责任人应当首先在 AEG 工作平台上打开工作单表格 AEG301 并选择适用的检查项目。

(2) 对表格 AEG301 中适用的检查项目进行逐项检查，如果检查结论为符合，可视情记录摘要信息；如果检查结论为不符合，具体说明发现的问题。

(3) 对于检查结论为不符合的情况，如果当时完成改正并认为可接受，可不向制造厂家颁发发现问题通知书；如果当时不能完成改正或采取的改正措施不可接受，应当以函件(AEG005)的形式正式通知制造厂家，并提出书面改正措施要求。

(4) 在制造厂家针对发现问题通知书提交书面改正措施后，评估其采取的改正措施，直至改正措施可以接受或者允许其偏离/豁免。

需注意的是，对于偏离/豁免的情况需经制造厂家提出书面申请，并由航空器评审项目责任部门以正式函件或会议纪要的形式批准或同意。

(5) 在所有项目均已完成检查后，在检查总结和结论栏具体说明发现问题的项目和改正措施评估情况，并提出评审意见建议。

(6) 在上述工作完成后，在 MRB 会议上征求 MRB 成员的意见，并在形成 MRB 正式意见后，在总结和结论栏注明。MRB 会议后将 ISC 组织和机构的评审意见/结合 PPH 的评审意见一同告知制造厂家。

(7) 将填写完整的任务记录提交 AEG 工作平台任务管理员，并由任务管理员提交本部门责任人审核。本部门责任人在审核确认记录完整性、结论一致性后签署通过审核后，由任务管理员关闭任务。

需注意的是，未通过审核的情况可返回任务责任人改正后再次提交审核。

6) 存档和信息传递

在上述工作过程中，应当将通知制造厂家及制造厂家回复的正式文件上传至 AEG 工作平台，纸制文件由相应的航空器型号项目责任部门存档。

3. PPH 的审批

本部分的工作涉及下述的若干方面。

1) AEG 工作平台工作代码

本项工作 AEG 工作平台工作代码为 AEG303。

2) 责任部门和人员

MRB 主席及 MRB 成员。

3) 工作文件和表格

工作文件和表格为《航空器评审组工作手册(第 4 卷)》附录 3 中的下列文件和表格。

(1) AEG303(PPH 审核单)。

(2) AEG005(发现问题通知书)。

4) 任务管理

MRB 主席在收到制造厂家提交的 PPH 或其修订文件后，应当完成如下工作：

(1) 通过 AEG 工作平台任务管理员将 PPH 上传至 AEG 工作平台，并下发评审任务(一般 PPH 评审的责任人是 MRB 主席本人，参与人员可为 MRB 的任何成员)。

(2) 完成 PPH 的评审，提出建议的评审意见/结论，并将 PPH 和评审意见/结论列入 MRB 会议的议题。

(3) 在 MRB 会议后，通过 AEG 工作平台任务管理员将此项任务提交本部门审核后关闭。

5) 工作程序与标准

(1) MRB 任务责任人应当首先在 AEG 工作平台上打开工作单表格 AEG303 并选择适用的检查项目。

(2) 对表格 AEG303 中适用的检查项目进行逐项检查，如果检查结论为符合，可视情记录摘要信息；如果检查结论为不符合，具体说明发现的问题。

(3) 对于检查结论为不符合的情况，如果当时完成改正并认为可接受，可不向制造厂家颁发发现问题通知书；如果当时不能完成改正或采取的改正措施不可接受，应当以函件(AEG005)的形式正式通知制造厂家，并提出书面改正措施要求。

(4) 在制造厂家针对发现问题通知书提交书面改正措施后，评估其采取的改正措施，直至改正措施可以接受或者允许其偏离/豁免。

需注意的是，对于偏离/豁免的情况需经制造厂家提出书面申请，并由航空器评审项目责任部门以正式函件或会议纪要的形式批准或同意。

(5) 在所有项目均已完成检查后，在检查总结和结论栏具体说明发现问题的项目和改正措施评估情况，并提出批准建议；如果所有项目均为符合，可直接建议批准。

(6) 在上述工作完成后，在 MRB 会议上征求 MRB 成员的意见，并在形成 MRB 正式意见后，在总结和结论栏注明。MRB 会议后将 PPH 的评审意见以正式函件的形式告知制造厂家。

(7) 将填写完整的任务记录提交 AEG 工作平台任务管理员，并由任务管理员提交本部门责任人审核。本部门责任人在审核确认记录完整性、结论一致性后签署通过审核后，由任务管理员关闭任务。

需注意的是，未通过审核的情况可返回任务责任人改正后再次提交审核。

6) 存档和信息传递

上述工作过程中，应当将通知制造厂家及制造厂家回复的正式文件上传至 AEG 工作平台，纸制文件由相应的航空器型号项目责任部门存档。

4. 参加 ISC 会议

本部分的工作涉及下述的若干方面。

1) AEG 工作平台工作代码

本项工作 AEG 工作平台工作代码为 AEG305。

2) 责任部门和人员

MRB 主席或其指定的 MRB 成员。

3) 工作文件和表格

工作文件和表格为《航空器评审组工作手册(第 4 卷)》附录 3 中的下列文件

和表格。

(1) AEG305(ISC 会议审核单)。

(2) AEG005(发现问题通知书)。

4) 任务管理

MRB 主席在每次收到制造厂家计划的 ISC 会议通知后，应当完成如下工作。

(1) 确定参加会议的人员，通过 AEG 工作平台任务管理员下发参加 ISC 会议的任务(一般 MRB 主席应当参加 ISC 会议，但在特殊情况下如 MRB 主席不能参加，可指定其他人员代替其参加 ISC 会议)。

(2) 参加 ISC 会议，提出建议的评审意见/结论，并将评审意见/结论列入 MRB 会议的议题。

(3) 在 MRB 会议后，通过 AEG 工作平台任务管理员将此项任务提交本部门审核后关闭。

需注意的是，在 MRB 会议后，如果明确需要 ISC 修订 PPH，应当另外通过任务管理员下发 PPH 修订审核的任务。

5) 工作程序与标准

(1) MRB 任务责任人应当首先在 AEG 工作平台上打开工作单表格 AEG305 并选择适用的检查项目。

(2) 在参加 ISC 会议的过程中，对表格 AEG305 中适用的检查项目进行逐项检查，如果检查结论为符合，可视情记录摘要信息；如果检查结论为不符合，具体说明发现的问题。

(3) 对于检查结论为不符合的情况，如果经会议过程中提出并当时完成改正，可不向 ISC 及制造厂家颁发发现问题通知书；如果当时不能完成改正或采取的改正措施不可接受，应当以函件(AEG005)的形式正式通知 ISC 及制造厂家，并提出书面改正措施要求。

(4) 在制造厂家针对发现问题通知书提交书面改正措施后，评估其采取的改正措施，并在检查总结和结论栏具体说明发现问题的项目和改正措施评估意见。

(5) 在上述工作完成后，在 MRB 会议上征求 MRB 成员的意见，并在形成 MRB 正式意见后，在总结和结论栏注明。MRB 会议后将参加 ISC 会议的评审意见以正式函件的形式告知制造厂家。

(6) 将填写完整的任务记录提交 AEG 工作平台任务管理员，并由任务管理员提交本部门责任人审核。本部门责任人在审核确认记录完整性、结论一致性后签署通过审核后，由任务管理员关闭任务。

需注意的是，未通过审核的情况可返回任务责任人改正后再次提交审核。

6) 存档和信息传递

上述工作过程中，应当将通知制造厂家及制造厂家回复的正式文件上传至

AEG 工作平台，纸制文件由相应的航空器型号项目责任部门存档。

5. 参加 WG 会议

本部分的工作涉及下述的若干方面。

1) AEG 工作平台工作代码

本项工作 AEG 工作平台工作代码为 AEG307。

2) 责任部门和人员

MRB 主席及参加 WG 会议的相应责任人员。

3) 工作文件和表格

工作文件和表格为《航空器评审组工作手册(第 4 卷)》附录 3 中的下列文件和表格。

(1) AEG307(WG 会议审核单)。

(2) AEG005(发现问题通知书)。

4) 任务管理

MRB 主席在每次收到制造厂家计划的 WG 会议通知后，应当完成如下工作：

(1) 按照 MRB 人员的分工，通过 AEG 工作平台任务管理员下发参加 WG 会议的任务(如果特殊情况下责任人员不能参加，可指定其他人员代替其参加会议)。

(2) 对参加 WG 会议提出建议的评审意见/结论进行审核。

(3) 对存在争议或疑问的问题列为 MRB 会议的议题进行讨论。

5) 工作程序与标准

(1) MRB 任务责任人应当首先在 AEG 工作平台上打开工作单表格 AEG307 并选择适用的检查项目。

(2) 在参加 WG 会议的过程中，对表格 AEG307 中适用的检查项目进行逐项检查，如果检查结论为符合，可视情记录摘要信息；如果检查结论为不符合，具体说明发现的问题。

(3) 对于检查结论为不符合的情况，如果经会议过程中提出并当时完成改正，可不向 WG 颁发发现问题通知书；如果当时不能完成改正或采取的改正措施不可接受时，应当以函件(AEG005)的形式正式通知 WG，并提出书面改正措施要求。

(4) 在制造厂家针对发现问题通知书提交书面改正措施后，评估其采取的改正措施，并在检查总结和结论栏具体说明发现问题的项目和改正措施评估意见。

需注意的是，改正措施评审后应当在下一次 WG 会议予以确认。

(5) 将填写完整的任务记录提交 AEG 工作平台任务管理员，并由任务管理员提交 MRB 主席审核。MRB 主席在审核确认记录完整性、结论一致性后签署通过审核后，由任务管理员关闭任务。

需注意的是，未通过审核的情况可返回任务责任人改正后再次提交审核。

6) 存档和信息传递

上述工作过程中，应当将通知制造厂家及制造厂家回复的正式文件上传至 AEG 工作平台，纸制文件由相应的航空器型号项目责任部门存档。

6. PMRBR 的审批

本部分的工作涉及下述的若干方面。

1) AEG 工作平台工作代码

本项工作 AEG 工作平台工作代码为 AEG309。

2) 责任部门和人员

MRB 主席及 MRB 成员。

3) 工作文件和表格

工作文件和表格为《航空器评审组工作手册(第 4 卷)》附录 3 中的下列文件和表格。

(1) AEG309(PMRBR 审核单)。

(2) AEG005(发现问题通知书)。

(3) AEG013(MRBR 批准函)。

4) 任务管理

MRB 主席在收到制造厂家提交的 PMRBR 文件后，应当完成如下工作：

(1) 通过 AEG 工作平台任务管理员将 PMRBR 上传至 AEG 工作平台，并下发评审任务(一般 PMRBR 评审的责任人是 MRB 主席本人，参与人员可为 MRB 的任何成员)。

(2) 完成 PMRBR 的评审，提出建议的评审意见/结论，并将 PMRBR 和评审意见/结论列入 MRB 会议的议题。

(3) 在 MRB 会议后，通过 AEG 工作平台任务管理员将此项任务提交本部门审核后关闭。

(4) 完成 MRBR 的批准，报飞行标准司发布。

5) 工作程序与标准

(1) MRBR 任务责任人应当首先在 AEG 工作平台上打开工作单表格 AEG309 并选择适用的检查项目。

(2) 对表格 AEG309 中适用的检查项目进行逐项检查，如果检查结论为符合，可视情记录摘要信息；如果检查结论为不符合，具体说明发现的问题。

(3) 对于检查结论为不符合的情况，如果当时完成改正并认为可接受，可不向制造厂家颁发发现问题通知书；如果当时不能完成改正或采取的改正措施不可接受，应当以函件(AEG005)的形式正式通知制造厂家，并提出书面改正措施要求。

(4) 在制造厂家针对发现问题通知书提交书面改正措施后，评估其采取的改正措施，直至改正措施可以接受或者允许其偏离/豁免。

需注意的是，对于偏离/豁免的情况需经制造厂家提出书面申请，并由航空器评审项目责任部门以正式函件或会议纪要的形式批准或同意。

(5) 在所有项目均已完成检查后，在检查总结和结论栏具体说明发现问题的项目和改正措施评估情况，并提出批准建议；如果所有项目均为符合，可直接建议批准。

(6) 在上述工作完成后，在 MRB 会议上征求 MRB 成员的意见，并在形成 MRB 正式意见后，在总结和结论栏注明。MRB 会议后，MRB 主席完成 MRBR 批准函(AEG013)，并形成正式的 MRBR 文件。

(7) 将填写完整的任务记录提交 AEG 工作平台任务管理员，并由任务管理员提交本部门责任人审核。本部门责任人在审核确认记录完整性、结论一致性后签署通过审核后，由任务管理员关闭任务。

需注意的是，未通过审核的情况可返回任务责任人改正后再次提交审核。

(8) 航空器型号项目责任部门在上述工作完成后，以函件的形式上报飞行标准司航空器评审处，提出发布 MRBR 的建议。

6) 存档和信息传递

上述工作过程中，应当将通知制造厂家及制造厂家回复的正式文件、有关函件(包括 MRBR 批准函)及正式的 MRBR 文件上传至 AEG 工作平台，纸制文件由相应的航空器型号项目责任部门存档。

7. MRBR 的发布

本部分的工作涉及下述的若干方面。

1) AEG 工作平台工作代码

本项工作无 AEG 工作平台工作代码。

2) 责任部门和人员

飞行标准司航空器评审处。

3) 工作文件和表格

飞行标准司文件。

4) 任务管理

飞行标准司航空器评审处在收到航空器型号项目责任部门上报的函件及 MRBR 文本后，应当完成如下工作：

(1) 对 MRBR 文本进行必要的核准。

(2) 起草并颁发飞行标准司文件告知适航审定司、各地区管理局及有关单位(至少应当包括该机型的已知用户)MRBR 的发布。

(3) 在 AEG 工作平台上正式发布 MRBR。

5) 工作程序与标准

见飞行标准司工作手册中的相关内容。

6) 存档和信息传递

上述工作完成后，应当将航空器型号项目责任部门上报的函件和飞行标准司文件存入专类档案。

2.3.3.5　运行和持续适航文件评审程序

运行和持续适航文件的评审程序包括运行和持续适航文件的编制方案和计划审核、运行和持续适航文件审核以及运行和持续适航文件认可的发布三个方面的内容。

1. 运行和持续适航文件的编制方案和计划审核

本部分的工作涉及下述的若干方面。

1) AEG 工作平台工作代码

本项工作 AEG 工作平台工作代码为 AEG401。

2) 责任部门和人员

航空器型号项目组成员。

3) 工作文件和表格

工作文件和表格为《航空器评审组工作手册(第 4 卷)》附录 3 中的下列文件和表格：

(1) AEG401(运行和持续适航文件编制方案和计划审核单)。

(2) AEG005(发现问题通知书)。

4) 任务管理

航空器型号项目组在收到制造厂家提交的运行和持续适航文件编制方案和计划文件后，应当完成如下工作：

(1) 通过 AEG 工作平台任务管理员将运行和持续适航文件编制方案和计划文件上传至 AEG 工作平台，并下发评审任务(一般由维修专业的主要成员作为评审的责任人，运行专业的主要成员作为参与人员)。

(2) 完成运行和持续适航文件编制方案和计划文件的评审，提出建议的评审意见/结论，并将评审意见/结论在项目组内部讨论。

(3) 讨论后，通过 AEG 工作平台任务管理员将此项任务提交本部门审核后关闭。

5) 工作程序与标准

(1) 航空器型号项目组任务责任人应当首先在 AEG 工作平台上打开工作单表格 AEG401 并选择适用的检查项目。

(2) 对表格 AEG401 中适用的检查项目进行逐项检查，如果检查结论为符合，可视情记录摘要信息；如果检查结论为不符合，具体说明发现的问题。

(3) 对于检查结论为不符合的情况，如果当时完成改正并认为可接受，可不向制造厂家颁发发现问题通知书；如果当时不能完成改正或采取的改正措施不可接受，应当以函件(AEG005)的形式正式通知制造厂家，并提出书面改正措施要求。

(4) 在制造厂家针对发现问题通知书提交书面改正措施后，评估其采取的改正措施。

(5) 在所有项目均已完成检查后，在检查总结和结论栏具体说明发现问题的项目和改正措施评估情况，并提出评审意见建议。

(6) 在上述工作完成后，在项目组内部会议上征求项目组成员的意见，并在形成正式意见后，在总结和结论栏注明。内部会议后将评审意见/结论以正式函件的形式告知制造厂家。

(7) 将填写完整的任务记录提交 AEG 工作平台任务管理员，并由任务管理员提交本部门责任人审核。本部门责任人在审核确认记录完整性、结论一致性后签署通过审核后，由任务管理员关闭任务。

需注意的是，未通过审核的情况可返回任务责任人改正后再次提交审核。

6) 存档和信息传递

上述工作过程中，应当将通知制造厂家及制造厂家回复的正式文件上传至 AEG 工作平台，纸制文件由相应的航空器型号项目责任部门存档。

2. 运行和持续适航文件审核

本部分的工作涉及下述的若干方面。

1) AEG 工作平台工作代码

本项工作 AEG 工作平台工作代码为 AEG403～AEG419。

2) 责任部门和人员

航空器型号项目组。

3) 工作文件和表格

工作文件和表格为《航空器评审组工作手册(第 4 卷)》附录 3 中的下列文件和表格：

(1) AEG403(维修要求审核单)。

(2) AEG413(客舱机组操作手册审核单)。

(3) AEG405(维修程序审核单)。

(4) AEG415(图解零件目录审核单)。

(5) AEG407(机组操作手册和快速检查单审核单)。

(6) AEG417(线路图册审核单)。

(7) AEG409(载重平衡手册审核单)。

(8) AEG419(飞行机组训练手册审核单)。

(9) AEG411(偏差放行指南审核单)。

(10) AEG005(发现问题通知书)。

4) 任务管理

航空器型号项目组在收到制造厂家提交的运行和持续适航文件审核申请后，应当完成如下工作。

(1) 通过 AEG 工作平台任务管理员按下述原则下发评审任务(可通过内部会议商定)：

① 运行和持续适航文件分配给项目组的维修专业人员审核(可进一步按照专业分配给不同的人员分别审核，并在任务说明中注明)。

② 运行有关的文件分配给项目组的运行人员审核。

需注意的是，具体任务按专业划分时，同一人员可能分配到多项任务。

(2) 完成具体运行和持续适航文件的评审，提出建议的评审意见/结论，并将评审意见/结论在项目组内部会议讨论。

(3) 讨论后，通过 AEG 工作平台任务管理员将此项任务提交本部门审核后关闭。

需注意的是，运行和持续适航文件的审核分为初稿审核和定稿审核。初稿审核是在制造厂家根据设计数据完成编制但未验证前申请的审核；定稿审核主要是在制造厂家完成了必要的验证后申请的审核。初稿审核和定稿审核使用相同的工作单。

5) 工作程序与标准

(1) 航空器型号项目组任务责任人应当首先分别在 AEG 工作平台上打开工作单表格 AEG403～AEG419(按适用)，并选择适用的检查项目。

(2) 分别对表格 AEG403～AEG419(按适用)中适用的检查项目进行逐项检查，如果检查结论为符合，可视情记录摘要信息；如果检查结论为不符合，具体说明发现的问题。

需注意的是，为避免重复、遗漏或者意见冲突，在进行下一步工作前应当组织内部会议讨论各自发现的问题，并进行必要的协调。

(3) 对于检查结论为不符合的情况，如果当时完成改正并认为可接受，可不向制造厂家颁发发现问题通知书；如果当时不能完成改正或采取的改正措施不可接受，应当分别以函件(AEG005)的形式正式通知制造厂家，并提出书面改正措施要求。

(4) 在制造厂家针对发现问题通知书提交书面改正措施后，评估其采取的改正措施。

(5) 在所有项目均已完成检查后，分别在检查总结和结论栏具体说明发现问题的项目和改正措施评估情况，并提出评审意见建议。

(6) 在上述工作完成后，在项目组内部会议上统一项目组成员的意见，并在形成正式意见后，在总结和结论栏注明。内部会议后将评审意见/结论以统一正式函件的形式告知制造厂家。

需注意的是，在运行和持续适航文件定稿评审后，以 AEG015 的格式颁发运行和持续适航文件认可函。

(7) 将填写完整的任务记录提交 AEG 工作平台任务管理员，并由任务管理员提交本部门责任人审核。本部门责任人在审核确认记录完整性、结论一致性后签署通过审核后，由任务管理员关闭任务。

需注意的是，未通过审核的情况可返回任务责任人改正后再次提交审核。

(8) 航空器型号项目责任部门在上述工作完成后，以函件的形式上报飞行标准司航空器评审处。

6) 存档和信息传递

上述工作过程中，应当将通知制造厂家及制造厂家回复的正式文件上传至 AEG 工作平台，纸制文件由相应的航空器型号项目责任部门存档。

3. 运行和持续适航文件认可的发布

本部分的工作涉及下述的若干方面。

1) AEG 工作平台工作代码

本项工作无 AEG 工作平台工作代码。

2) 责任部门和人员

飞行标准司航空器评审处。

3) 工作文件和表格

飞行标准司文件。

4) 任务管理

飞行标准司航空器评审处在收到航空器型号项目责任部门上报的函件后，应当完成如下工作：

(1) 起草并颁发飞行标准司文件告知适航审定司、各地区管理局及有关单位(至少应当包括该机型的已知用户)运行和持续适航文件的发布。

(2) 在 AEG 工作平台上正式发布运行和持续适航文件认可函。

5) 工作程序与标准

见飞行标准司工作手册中的相关内容。

6) 存档和信息传递

上述工作完成后，应当将航空器型号项目责任部门上报的函件和飞行标准司文件存入专类档案。

2.3.3.6　其他运行评审程序

其他运行评审程序包括机组操作程序的评审、运行符合性清单的评审、驾驶舱观察员座椅的评审、机组睡眠区的评审以及特殊运行及特殊运行设备的评审。

1. 机组操作程序的评审

本部分的工作涉及下述的若干方面。

1) AEG 工作平台工作代码

本项工作 AEG 工作平台工作代码为 AEG501。

2) 责任部门和人员

航空器型号项目组运行专业人员。

3) 工作文件和表格

工作文件和表格为《航空器评审组工作手册(第 4 卷)》附录 3 中的下列文件和表格：

(1) AEG501(机组操作程序验证审核单)。

(2) AEG005(发现问题通知书)。

(3) AEG007(型号检验授权书)。

4) 任务管理

机组操作程序评审的目的是为航空器型号 TCB 审批航空器飞行手册提供意见，同时作为机组操作手册和快速检查单等运行文件评审的验证部分。航空器型号项目组的运行专业人员应当协商制造厂家制订机组操作程序试飞验证计划，并完成如下工作：

(1) 通过 AEG 工作平台任务管理员下发验证任务给相应的项目组成员。

(2) 在验证前组织完成对验证计划进行审核，包括对具体验证制定的试飞单进行审核。

(3) 针对验证计划审核通过的验证项目颁发型号检验授权书。

(4) 完成具体的验证。

需注意的是，验证试飞时应当结合在型号审定试飞过程的功能和可靠性试飞阶段或之后进行。

(5) 组织审核制造厂家提交的对应型号检查报告，提出评审意见/结论，并将验证后的评审意见/结论反馈到制造厂家和 TCB。

(6) 通过 AEG 工作平台任务管理员将此项任务提交本部门责任人审核后关闭。

需注意的是，机组操作程序试飞验证可分项目或组进行，但每次都应当单独下发任务。

5) 工作程序与标准

(1) 项目组任务责任人应当首先在 AEG 工作平台上打开工作单表格 AEG501

并选择适用的检查项目。

(2) 对表格 AEG501 适用的检查项目的验证计划进行逐项检查，如果检查结论为符合，可视情记录摘要信息；如果检查结论为不符合，具体说明发现的问题。

(3) 对于检查结论为不符合的情况，如果当时完成改正并认为可接受，可不向制造厂家颁发发现问题通知书；如果当时不能完成改正或采取的改正措施不可接受时，应当以函件(AEG005)的形式正式通知制造厂家，并提出书面改正措施要求。

(4) 在制造厂家针对发现问题通知书提交书面改正措施后，评估其采取的改正措施，直至改正措施可以接受或者允许其偏离/豁免。

需注意的是，对于偏离/豁免的情况，需经制造厂家提出书面申请，并由航空器评审项目责任部门以正式函件或会议纪要的形式批准或同意。

(5) 在对验证安排和准备情况均已完成评审并符合后，针对该项验证向制造厂家颁发型号检验授权书(AEG007)。

(6) 按照计划进行验证，在制造厂家制定的试飞单中签署对验证结果的意见，并在表格 AEG501 对应的检查项目中摘要记录验证结果。

需注意的是，对每次试飞都应当有单独的试飞单记录。

(7) 在制造厂家完成并提交型号审查报告后，进行 TIR 与试飞记录一致性的评审并完成表格 AEG501 中对应检查项目中验证报告评审结论的填写。最终在检查总结和结论栏提出具体的评审意见/结论。

(8) 在所有机组操作程序验证完成后，将完整的评审意见/结论以正式函件的形式告知制造厂家和 TCB。

(9) 将填写完整的任务记录提交 AEG 工作平台任务管理员，并由任务管理员提交本部门责任人审核。本部门责任人在审核确认记录完整性、结论一致性后签署通过审核后，由任务管理员关闭任务。

6) 存档和信息传递

上述工作过程中，应当将通知制造厂家和 TCB 的文件、制造厂家提交及回复的正式文件上传至 AEG 工作平台，纸制文件由相应的航空器型号项目责任部门存档。

2. 运行符合性清单的评审

本部分的工作涉及下述的若干方面。

1) AEG 工作平台工作代码

本项工作 AEG 工作平台工作代码为 AEG503。

2) 责任部门和人员

航空器型号项目组及其成员。

3) 工作文件和表格

工作文件和表格为《航空器评审组工作手册(第 4 卷)》附录 3 中的下列文件

和表格：

(1) AEG503(运行符合性声明审核单)。

(2) AEG005(发现问题通知书)。

(3) AEG017(运行符合性清单)。

4) 任务管理

航空器型号项目组在收到制造厂家提交的运行符合性声明文件后，应当完成如下工作：

(1) 通过 AEG 工作平台任务管理员将运行符合性声明文件上传至 AEG 工作平台，并下发评审任务(一般由维修专业的主要成员作为评审的责任人，运行专业的主要成员作为参与人员)。

(2) 完成运行符合性声明文件的评审，提出建议的评审意见/结论，并将评审意见/结论在项目组内部讨论。

(3) 讨论后，通过 AEG 工作平台任务管理员将此项任务提交本部门责任人审核后关闭。

5) 工作程序与标准

(1) 航空器型号项目组任务责任人应当首先在 AEG 工作平台上打开工作单表格 AEG503 并选择适用的检查项目。

(2) 对表格 AEG503 中适用的检查项目逐项检查，如果检查结论为符合，可视情记录摘要信息；如果检查结论为不符合，具体说明发现的问题。

(3) 对于检查结论为不符合的情况，如果当时完成改正并认为可接受，可不向制造厂家颁发发现问题通知书；如果当时不能完成改正或采取的改正措施不可接受，应当以函件(AEG005)的形式正式通知制造厂家，并提出书面改正措施要求。

(4) 在制造厂家针对发现问题通知书提交书面改正措施后，评估其采取的改正措施。

(5) 在所有项目均已完成检查后，在检查总结和结论栏具体说明发现问题的项目和改正措施评估情况，并提出评审意见建议。

(6) 在上述工作完成后，在项目组内部会议上征求项目组成员的意见，并在形成正式意见后，在总结和结论栏注明。内部会议后根据运行符合性声明形成正式的运行符合性清单文件(AEG017)。

(7) 将填写完整的任务记录提交 AEG 工作平台任务管理员，并由任务管理员提交本部门责任人审核。本部门责任人在审核确认记录完整性、结论一致性后签署通过审核后，由任务管理员关闭任务。

(8) 航空器型号项目责任部门在上述工作完成后，以函件的形式上报飞行标准司航空器评审处，提出发布运行符合性清单的建议。

6) 存档和信息传递

上述工作过程中，应当将通知制造厂家及制造厂家回复的正式文件、有关函件及正式的运行符合性清单上传至 AEG 工作平台，纸制文件由相应的航空器型号项目责任部门存档。

3. 驾驶舱观察员座椅的评审

本部分的工作涉及下述的若干方面。

1) AEG 工作平台工作代码

本项工作 AEG 工作平台工作代码为 AEG505。

2) 责任部门和人员

航空器型号项目组运行专业人员。

3) 工作文件和表格

工作文件和表格为《航空器评审组工作手册(第 4 卷)》附录 3 中的下列文件和表格。

(1) AEG505(驾驶舱观察员座椅审核单)。

(2) AEG005(发现问题通知书)。

(3) AEG019(驾驶舱观察员座椅批准函)。

4) 任务管理

航空器型号项目组在收到制造厂家提交的驾驶舱观察员座椅符合性说明及建议的评审计划文件后，应当通过 AEG 工作平台任务管理员将文件上传至 AEG 工作平台，并完成如下工作。

(1) 通过 AEG 工作平台任务管理员下发验证任务给项目组运行专业人员。

(2) 在试飞验证前组织完成驾驶舱观察员座椅的地面审核。

(3) 地面审核通过后，结合其他试飞验证颁发型号检验授权书，并完成驾驶舱观察员座椅的试飞评审。

(4) 组织审核制造厂家提交的对应型号检查报告，提出评审意见/结论，并将验证后的评审意见/结论反馈给制造厂家。

(5) 通过 AEG 工作平台任务管理员将此项任务提交本部门责任人审核后关闭。

5) 工作程序与标准

(1) 项目组任务责任人应当首先在 AEG 工作平台上打开工作单表格 AEG505并选择适用的检查项目。

(2) 对表格 AEG505 适用的检查项目的验证计划进行逐项检查，如果检查结论为符合，可视情记录摘要信息；如果检查结论为不符合，具体说明发现的问题。

(3) 对于检查结论为不符合的情况，如果当时完成改正并认为可接受，可不向制造厂家颁发发现问题通知书；如果当时不能完成改正或采取的改正措施不可接受，应当以函件(AEG005)的形式正式通知制造厂家，并提出书面改正措施要求。

(4) 在制造厂家针对发现问题通知书提交书面改正措施后，评估其采取的改正措施，直至改正措施可以接受或者允许其偏离/豁免。

需注意的是，对于偏离/豁免的情况需经制造厂家提出书面申请，并由航空器评审项目责任部门以正式函件或会议纪要的形式批准或同意。

(5) 在完成地面评审后，结合其他试飞验证项目向制造厂家颁发型号检验授权书(AEG007)。

(6) 完成试飞验证后，在制造厂家制定的试飞单中签署对验证结果的意见，并在表格 AEG505 中对应的检查项目中摘要记录验证结果。

(7) 在制造厂家完成并提交型号审查报告后，进行 TIR 与试飞记录一致性的评审并完成表格 AEG505 中对应检查项目中验证报告评审结论的填写。最终在检查总结和结论栏提出具体的评审意见/结论。

(8) 对于评审通过的，完成驾驶舱观察员座椅批准函(AEG019)；评审未通过的，也以正式函件的形式告知制造厂家。

(9) 将填写完整的任务记录提交 AEG 工作平台任务管理员，并由任务管理员提交本部门责任人审核。本部门责任人在审核确认记录完整性、结论一致性后签署通过审核后，由任务管理员关闭任务。

(10) 航空器型号项目责任部门在上述工作完成后，以函件的形式上报飞行标准司航空器评审处，提出发布驾驶舱观察员座椅批准函的建议。

6) 存档和信息传递

上述工作过程中，应当将通知制造厂家及制造厂家回复的正式文件、有关函件及正式的驾驶舱观察员座椅批准函上传至 AEG 工作平台，纸制文件由相应的航空器型号项目责任部门存档。

4. 机组睡眠区的评审

本部分的工作涉及下述的若干方面。

1) AEG 工作平台工作代码

本项工作 AEG 工作平台工作代码为 AEG507。

2) 责任部门和人员

航空器型号项目组运行专业人员。

3) 工作文件和表格

工作文件和表格为《航空器评审组工作手册(第 4 卷)》附录 3 中的文件和表格。

(1) AEG005(发现问题通知书)。

(2) AEG 工作平台上的 AEG507(机组睡眠区审核单(TBD))。

(3) AEG027(机组睡眠区批准函(TBD))。

4) 任务管理

航空器型号项目组在收到制造厂家提交的机组睡眠区符合性说明及建议的评审计划文件后,应当通过 AEG 工作平台任务管理员将文件上传至 AEG 工作平台,并完成如下工作。

(1) 通过 AEG 工作平台任务管理员下发验证任务给项目组运行专业人员。

(2) 在试飞验证前组织完成机组睡眠区的地面审核。

(3) 地面审核通过后,结合其他试飞验证颁发型号检验授权书,并完成机组睡眠区的试飞评审。

(4) 组织审核制造厂家提交的对应型号检查报告,提出评审意见/结论,并将验证后的评审意见/结论反馈给制造厂家。

(5) 通过 AEG 工作平台任务管理员将此项任务提交本部门责任人审核后关闭。

5) 工作程序与标准

(1) 项目组任务责任人应当首先在 AEG 工作平台上打开工作单表格 AEG507 并选择适用的检查项目。

(2) 对表格 AEG507 适用的检查项目的验证计划进行逐项检查,如果检查结论为符合,可视情记录摘要信息;如果检查结论为不符合,具体说明发现的问题。

(3) 对于检查结论为不符合的情况,如果当时完成改正并认为可接受,可不向制造厂家颁发发现问题通知书;如果当时不能完成改正或采取的改正措施不可接受,应当以函件(AEG005)的形式正式通知制造厂家,并提出书面改正措施要求。

(4) 在制造厂家针对发现问题通知书提交书面改正措施后,评估其采取的改正措施,直至改正措施可以接受或者允许其偏离/豁免。

需注意的是,对于偏离/豁免的情况需经制造厂家提出书面申请,并由航空器评审项目责任部门以正式函件或会议纪要的形式批准或同意。

(5) 在完成地面评审后,结合其他试飞验证项目向制造厂家颁发型号检验授权书(AEG007)。

(6) 完成试飞验证后,在制造厂家制定的试飞单中签署对验证结果的意见,并在表格 AEG507 中对应的检查项目中摘要记录验证结果。

(7) 在制造厂家完成并提交型号审查报告后,进行 TIR 与试飞记录一致性的评审并完成表格 AEG507 中对应检查项目中验证报告评审结论的填写。最终在检查总结和结论栏提出具体的评审意见/结论。

(8) 对于评审通过的,完成机组睡眠区批准函(AEG027);评审未通过的,也以正式函件的形式告知制造厂家。

(9) 将填写完整的任务记录提交 AEG 工作平台任务管理员,并由任务管理员提交本部门责任人审核。本部门责任人在审核确认记录完整性、结论一致性后签署通过审核后，由任务管理员关闭任务。

(10) 航空器型号项目责任部门在上述工作完成后，以函件的形式上报飞行标准司航空器评审处，提出发布机组睡眠区批准函的建议。

6) 存档和信息传递

上述工作过程中，应当将通知制造厂家及制造厂家回复的正式文件、有关函件及正式的机组睡眠区批准函上传至 AEG 工作平台，纸制文件由相应的航空器型号项目责任部门存档。

5. 特殊运行及特殊运行设备的评审

本部分的工作涉及下述的若干方面。

1) AEG 工作平台工作代码

特殊运行及特殊运行设备的评审的 AEG 工作平台工作代码分别如下：

(1) EFB 评审的 AEG 工作平台工作代码为 AEG509。

(2) HUD 评审的 AEG 工作平台工作代码为 AEG511。

(3) ETOPS 评审的 AEG 工作平台工作代码为 AEG517。

(4) HNVGO 评审的 AEG 工作平台工作代码为 AEG519。

2) 责任部门和人员

航空器型号项目组。

3) 工作文件和表格

工作文件和表格为《航空器评审组工作手册(第 4 卷)》附录 3 中的文件和表格。

(1) AEG005(发现问题通知书)。

(2) AEG007(型号检验授权书)。

(3) AEG 工作平台上的 AEG509(EFB 审核单(TBD))。

(4) AEG511(HUD 审核单(TBD))。

(5) AEG517(ETOPS 审核单(TBD))。

(6) AEG519(HNVGO 审核单(TBD))。

4) 任务管理

特殊运行的评审主要针对因航空器计划的运行在运行设备、机组资格和运行标准有特殊要求的情况，如双发延程运行、直升机夜间目视运行等；特殊运行设备的评审主要针对因航空器安装并应用了新设备而对机组资格和运行标准产生较大影响的情况，如 EFB 和 HUD 设备。航空器型号项目组在收到制造厂家提交的特殊运行或特殊运行设备符合性说明及建议的评审计划文件后，应当通过 AEG 工作平台任务管理员将文件上传至 AEG 工作平台，并完成如下工作：

(1) 通过 AEG 工作平台任务管理员下发验证任务给项目组运行专业人员(维修专业人员一般作为参与人员)。

(2) 在试飞验证前组织完成对特殊运行或特殊运行设备的地面审核。

(3) 地面审核通过后，结合其他试飞验证颁发型号检验授权书，并完成特殊运行或特殊运行设备的试飞评审。

(4) 组织审核制造厂家提交的对应型号检查报告，提出评审意见/结论，并将验证后的评审意见/结论反馈给制造厂家。

(5) 通过 AEG 工作平台任务管理员将此项任务提交本部门审核后关闭。

需要注意的是，在初始审定中，特殊运行或特殊运行设备涉及的正式评审结论将结合其他评审报告或结论一同发布，不再单独发布特别的报告或结论。

5) 工作程序与标准

(1) 项目组任务责任人应当首先在 AEG 工作平台上打开适用的工作单并选择适用的检查项目。

(2) 对工作单中适用的检查项目的验证计划进行逐项检查，如果检查结论为符合，可视情记录摘要信息；如果检查结论为不符合，具体说明发现的问题。

(3) 对于检查结论为不符合的情况，如果当时完成改正并认为可接受，可不向制造厂家颁发发现问题通知书；如果当时不能完成改正或采取的改正措施不可接受，应当以函件(AEG005)的形式正式通知制造厂家，并提出书面改正措施要求。

(4) 在制造厂家针对发现问题通知书提交书面改正措施后，评估其采取的改正措施，直至改正措施可以接受或者允许其偏离/豁免。

需注意的是，对于偏离/豁免的情况需经制造厂家提出书面申请，并由航空器评审项目责任部门以正式函件或会议纪要的形式批准或同意。

(5) 在完成地面评审后，结合其他试飞验证项目向制造厂家颁发型号检验授权书(AEG007)。

(6) 完成试飞验证后，在制造厂家制定的试飞单中签署对验证结果的意见，并在工作单中对应的检查项目中摘要记录验证结果。

(7) 在制造厂家完成并提交型号审查报告后，进行 TIR 与试飞记录一致性的评审并完成工作单中对应的检查项目中验证报告评审结论的填写。最终在检查总结和结论栏提出具体的评审意见/结论。

(8) 将评审意见/结论以正式函件的形式告知制造厂家。

(9) 将填写完整的任务记录提交 AEG 工作平台任务管理员，并由任务管理员提交本部门责任人审核。本部门责任人在审核确认记录完整性、结论一致性后签署通过审核后，由任务管理员关闭任务。

6) 存档和信息传递

上述工作过程中，应当将通知制造厂家及制造厂家回复的正式文件、有关函件上传至 AEG 工作平台，纸制文件由相应的航空器型号项目责任部门存档。

2.4 FAA、EASA、CAAC 的航空器评审体系和规章体系差异对比分析

航空器评审工作体系可以分为评审体系和规章体系两个方面，其中评审体系又可细分为组织体系、工作任务和工作(管理)方式三部分。不同局方的航空器评审存在差异。为了提高中国国产民用飞机的国际市场竞争力，也为了 CAAC 的航空器评审能被国际认同，有必要对 CAAC 与 FAA、EASA 的航空器评审工作体系展开深入的对比分析。

2.4.1 FAA、EASA、CAAC 航空器评审工作差异概述

CAAC 经过多年的发展，通过不断吸取和借鉴国外民航先进国家对民航的组织管理经验(主要是美国 FAA 的评审体系和实践经验)，形成了基本类似 FAA 架构的民用航空规章体系与评审体系。目前，初步形成了我国的航空器评审工作体系框架。

美国 FAA 经过几十年对民用航空器的管理和组织实践，其航空器评审工作已形成了一套比较完善的规章体系，涵盖 FAR、咨询通告及工作手册等方面。

在 EASA 之前，欧洲成立有 JAA。JAA 的工作始于 1970 年，当时被称为联合航空管理局。JAA 最初的目的仅在于为大型飞机和发动机制定共同的合格审定规则，以满足欧洲工业界的需要，尤其是满足跨国集团(如 Airbus)所制造产品的需要。自 1987 年起，JAA 的工作已经扩展到所有级别航空器的运行、维修、执照颁发和合格审定/设计标准。由于 JAA 没有权力机构的法律地位，所以 JAA 没有法律承认的权力，活动受到其自身属性的局限。

随着 2002 年 7 月 15 日 EASA 的建立，在欧洲航空界开始形成一个新的规章框架。按照这个规章框架，对于欧盟成员国，适航领域内的国家规章被欧盟规章取代，合格审定工作也从欧盟各国的民用航空管理局移交给 EASA，但非欧盟国家则继续保留各自在所有方面的职能。EASA 是一个独立的欧洲共同体组织，拥有合法身份，在法律、行政、财政等方面具有自主权。

EASA 没有设置类似 FAA 的航空器评审机构，尚在不断完善其民用航空器运行评审相关的实施细则。航空器的运行评审工作，最初依照 EASA 运行评审委员会的临时程序开展，并由 EASA 审定司代表欧盟成员国负责管理这类流程。

2014 年 1 月 27 日，欧盟委员会发布了委员会规章 EU NO 69/2014，将规章 EU NO 216/2008 中第 5 条适航要求作为运行适用性评估要素，纳入型号审定过程中，同时在规章 EU NO 748/2012 的基础上增加了新的审定要求——第 7a 条运行适用性数据，并对原规章第 3 条型号审定和相关适航审定的持续有效性、附录 I

FAR 21 部内容进行了相应修改,删除了用于过渡的第 5 条有关成员国注册飞机的持续运行的要求,正式将 OSD 作为型号合格审定的一部分。

OSD 由航空器型号研制方提供,主要包括飞行员培训分级最低训练大纲、模拟器验证支撑数据、维修人员最低训练大纲、机组训练数据和主最低设备清单。研制方需要向 EASA 提供 OSD 才能通过航空器适航审定,在 EASA 批准 OSD 之后,运营人和培训机构必须使用这一数据对相关人员进行培训和制定最低设备清单。

2.4.2　FAA、EASA、CAAC 航空器评审工作对比分析

本节将在对 FAA、EASA、CAAC 航空器评审工作相关适航规章、条款和航空器评审工作组织体系分析的基础上,从航空器评审工作组织体系差异、工作任务差异、工作方式差异和工作规章及相关指导材料差异四个方面对 FAA、EASA、CAAC 航空器评审工作进行对比分析。

2.4.2.1　FAA、EASA、CAAC 航空器评审工作组织体系差异

依据目前搜集整理的 FAA、EASA、CAAC 航空器评审工作适航规章和其他指导材料,可以发现 FAA、EASA、CAAC 在组织机构的设立上存在较大的不同,我国在建立适航体系的过程中较多地参考了 FAA 的体系,因此在航空器评审机构设立和体系上具有较大的相似性。而欧洲地区,在民用航空的管理从 JAA 演变到 EASA 的过程中,欧洲适航当局负责航空器评审的组织由 OEB 体系转换为基于 OSD 概念的 EASA 体系,其组织体系与中美的航空器评审组织体系划分存在较大差异,如表 2-6 所示。

表 2-6　FAA、EASA、CAAC 航空器评审工作组织体系差异

局方	航空器评审工作组织体系概况	差异分析
FAA	(1) FAA 的飞行标准司内设固定航空器评审机构,由飞行标准司总部的 AEG 经理进行业务管理,直接向飞行标准司司长报告工作; (2) FAA 的航空器评审全系统共设立 5 个 AEG,分别在西雅图(主管 FAR 25 部运输类飞机)、长滩(主管 FAR 25 部运输类飞机)、堪萨斯(主管 FAR 23 部飞机)、沃斯堡(主管旋翼机)、波士顿(主管发动机、螺旋桨)	CAAC 的航空器评审组织体系框架借鉴了 FAA 的经验,在飞行标准司设置了固定的航空器评审机构。CAAC 的航空器评审系统的体系结构目前只包括 3 个二级航空器评审机构,负责所有种类飞机的审定工作。FAA 则有 5 个二级航空器评审机构,分管不同种类的飞机航空器评审工作,并且与 FAA 的 5 个审定中心进行配套。EASA 的 OSD 评审工作由分管技术的审定办公室副总监领导,并由专门负责 OSD 评审的首席专家工作组完成。 目前,EASA 没有设置类似 CAAC 和 FAA 的固定 AEG 机构,而是由
EASA	(1) EASA 的航空器运行评审按照 EASA OSD 程序进行,由 EASA 航空器审定司联合国家航空当局进行审定; (2) OSD 工作由审定办公室分管技术的副总监领导,并由专门负责 OSD 评审的首席专家工作组完成; (3) OSD 评审主席由审定办公室中专门负责 OSD 的首席专家担任,评审工作组成员由 OSD 主席和审定办公室共同商议决定,在完成组员的选择工作后,EASA 将通知制造商 OSD 小组的构成情况;在制造商接受的条件下,其他人员可以作为观察员,被邀请参加 OSD 的评审工作	

局方	航空器评审工作组织体系概况	差异分析
CAAC	(1) CAAC 飞行标准司设立航空器评审处； (2) 中国民用航空局航空安全技术中心设立航空器评审室； (3) 华东地区管理局上海航空器适航审定中心设立航空器评审室； (4) 东北地区管理局沈阳航空器适航审定中心设立航空器评审室	TC 申请人提出航空器运行评审申请，针对具体型号航空器，启用 OSD 程序进行该航空器的相关运行评审工作

2.4.2.2　FAA、EASA、CAAC 航空器评审工作任务差异

通过对 FAA、EASA、CAAC 的航空器评审适航规章的整理可以发现，FAA、EASA、CAAC 航空器评审工作任务也存在较多差异。其中，CAAC 和 FAA 在工作任务的叙述上存在一些差异，但任务范围是一样的，并且指定了专门的机构负责相应的工作任务。根据 EASA 发布的 OSD 文件，目前 EASA 在工作任务上主要集中在飞行员、模拟器和维修等方面，并制定了相应的适航规章(CS-FCD、CS-MMEL 等)。相比于 CAAC 和 FAA 对于工作任务的划分，EASA 的工作任务划分较为笼统，但是也实现了对 CAAC 和 FAA 的航空器评审基本工作内容的覆盖。FAA、EASA、CAAC 航空器评审工作任务差异如表 2-7 所示。

表 2-7　FAA、EASA、CAAC 航空器评审工作任务差异

局方	航空器评审工作任务概况	差异分析
FAA	(1) 航空器、发动机或螺旋桨以及相关系统的运行和维修适用性评审； (2) 航空器驾驶员型别等级要求(由 FSB 负责)； (3) 签派的最低设备要求(由 FOEB 负责)； (4) 持续适航(由 MRB 和 MTB 负责)； (5) 持续适航文件； (6) 适航指令、符合性替代方法和强制持续适航信息	CAAC 的航空器评审工作任务范围与 FAA 的基本相同。 CAAC 的 AEG 下的 FSB、FOEB、MRB 三个委员会负责的主要工作任务与 FAA 的 AEG 下所对应的这三个委员会的主要工作相同。 CAAC、FAA 下 AEG 的其余评审任务则根据具体型号，通过成立 AEG 的若干其他评审小组进行评审。
EASA	(1) 飞行员型别等级最低训练大纲，主要有： ① ODR 表； ② MDR 表； ③ 执照签注； ④ 熟练或差异培训； ⑤ 型别等级培训课程； ⑥ 检查规范； ⑦ 通用规范。 (2) 航空模拟器验证支撑数据。 (3) 维修人员型别等级培训最低训练大纲，主要有： ① 航空器型别等级； ② 维修人员型别等级培训最低训练大纲。	CAAC、FAA 的航空器评审工作任务差异主要在于根据具体评审型号的不同，对除了三个委员会 FSB、FOEB、MRB 所负责主要任务之外的其余航空器评审任务，在分派负责方面存在一些具体的细节差异。 EASA 没有常设的航空器评审机构。目前，EASA 基于 OSD 的概念，由审定办公室分管 OSD 评审工作的首席专家负责开展航空器评审的相关工作，评审的主要内容有飞行员培训分级最低训

续表

局方	航空器评审工作任务概况	差异分析
EASA	(4) 客舱机组训练数据, 主要有: ① 新型号和变型号航空器差异数据; ② 客舱机组培训课程。 (5) 主最低设备清单。 (6) 其他型号相关的运行适用性要素	练大纲数据、模拟器验证支撑数据、维修人员最低训练大纲数据、机组训练数据和主最低设备清单。目前, EASA 涉及航空器评审的适航规章主要是 CS-FCD/CS-CCD/CS-MMEL/CS-MCSD, 同时结合之前 OEB 的审查经验和内容, 实现对航空器的评审
CAAC	(1) 飞机、发动机、螺旋桨及系统设备的运行符合性评审; (2) 航空器驾驶员型别等级和资格要求(由 FSB 负责); (3) 最低放行设备要求评审(由 FOEB 负责); (4) 维修要求评审(由 MRB 负责); (5) 运行和持续适航文件评审; (6) 局方认为必要的其他评审(如对最小机组的确定、飞行手册评审、重要改装的评审, 以及对航空器适航指令颁发和事故调查提供支援)	

2.4.2.3　FAA、EASA、CAAC 航空器评审工作方式差异

FAA、EASA、CAAC 航空器评审工作方式差异如表 2-8 所示。

表 2-8　FAA、EASA、CAAC 航空器评审工作方式差异

局方	航空器评审工作方式	差异分析
FAA	(1) FAA 采用项目管理方式, 针对具体型号航空器的合格审定项目展开 AEG 工作。 (2) FAA 的相关 ACO 启动航空器审定项目, ACO 联系 FAA 航空器审定司的运输飞机处, 由 TAD 联系相关 AEG(西雅图或长滩), 相关的 AEG 将其所希望的参与级别通知 ACO 项目工程师。AEG 的参与级别分为四级: ① 全部参与(飞行、维修、航空电子); ② 部分参与(仅为持续适航文件); ③ 委派(委托其他飞行标准或 ACO 人员); ④ 不参与(不重要或重复项目), 合格审查项目工程师接收 AEG 详述其参与级别的反馈。 (3) 责任 AEG 成立项目组、专业委员会实施评审。专业委员会的参与人员不限于责任机构的人员, 并可聘请局方的其他专业人员参加。 (4) FAA 型号审定中, 责任 AEG 以成立专门项目组并辅以专业委员会的方式开展工作, 专业委员会主要有: ① 飞行标准化委员会; ② 飞行运行评审委员会; ③ 维修审查委员会。 (5) FAA 航空器评审工作标准以型号审定基础补充文件的方式提出, 具体评审过程以项目管理的方式开展。AEG 各专业委员会以发布委员会报告的形式对相应文件进行批准。FSB 通过 FSBR 确定驾驶员型别等级和机组资格要求, FOEB 通过 MMEL 规定最低设备放行要求, MRB 通过 MRBR 规定初始维修要求等	CAAC 的航空器评审工作方式借鉴了 FAA 的航空器评审工作模式, 工作思路也基本一致。CAAC 的航空器评审组织机构体系尚未像 FAA 那样全面完备, 因此在航空器评审工作组织管理方面导致的差异使得 CAAC 的航空器评审工作方式没有完全依照 FAA 的航空器评审工作方式, 在具体细节流程、环节上有差异, 以适应 CAAC 的相应管理组织架构

局方	航空器评审工作方式	差异分析
EASA	(1) EASA 对航空器运行的评审通过 OSD 审查方式开展，评审工作由分管技术的审定办公室副总监领导，并由专门负责 OSD 评审的首席专家工作组完成。 (2) 运营商向局方提供针对飞机型号的OSD内容，局方依据CS-FCD/CS-CCD/CS-MMEL/CS-MCSD 等适航规章，同时结合之前 OEB 的审查经验和内容，实现对航空器的评审。 (3) OSD 评审主席应由审定办公室中专门负责 OSD 的首席专家担任；评审工作组成员由 OSD 主席和审定办公室共同商议决定，在完成组员的选择工作后，EASA 将通知制造商 OSD 小组的构成情况；在制造商接受的条件下，其他人员可以作为观察员，被邀请参加 OSD 的评审工作	EASA 对航空器运行的评审通过 OSD 审查方式开展，评审工作由分管技术的审定办公室副总监领导，并由专门负责 OSD 评审的首席专家工作组完成。运营商向局方提供针对飞机型号的 OSD 内容，局方依据 CS-FCD/CS-CCD/CS-MMEL/CS-MCSD 等适航规章，同时结合之前 OEB 的审查经验和内容，实现对航空器的评审
CAAC	(1) CAAC 各航空器评审机构围绕各自的职责，应用项目管理方式，针对具体型号航空器展开航空器评审工作。飞行标准司航空器评审处根据航空器型号审定项目启动航空器评审工作，并组织相应责任机构成立项目组、专业委员会实施评审。专业委员会的参与人员不限于责任机构的人员，并可聘请局方的其他专业人员参加。 (2) 在型号审定中，AEG 以成立专门项目组并辅以专业委员会的方式开展工作，专业委员包括以下三类： ① 飞行标准化委员会； ② 飞行运行评审委员会； ③ 维修审查委员会。 (3) AEG 的工作标准以型号审定基础补充文件的方式提出，具体评审过程以项目管理的方式开展。飞行标准司作为项目发起人，而对应的航空器适航审定中心作为项目的责任人。型号合格证申请人在工作计划、责任联络人等方面提供配合，而飞行标准司其他部门补充提供专业人员并给予实际运行和维修经验等方面的支持。 (4) AEG 各专业委员会以发布委员会报告的形式对相应文件进行批准。FSB 通过 FSBR 确定驾驶员型别等级和机组资格要求，FOEB 通过 MMEL 规定最低设备放行要求，MRB 通过 MRBR 规定初始维修要求。 (5) 对其他项目的评审，以批准或者认可函件、单独报告的方式发布评审结论，如运行规章符合性的评审结论、持续适航文件的认可结论、驾驶舱观察员座椅评审结论、电子飞行包运行可行性评审报告等评审结论，评审结论由飞行标准司统一发布	

2.4.2.4　FAA、EASA、CAAC 航空器评审工作规章及相关指导材料差异

FAA、EASA、CAAC 航空器评审工作规章及相关指导材料差异如表 2-9 所示。

表 2-9　FAA、EASA、CAAC 航空器评审工作规章及相关指导材料差异

局方	航空器评审工作规章及相关指导材料	差异分析
FAA	FAA 局方的航空器评审法规依据文件： (1) FAR 21 Certification Procedures for Products，Articles，and Parts； (2) FAR 23 Airworthiness Standards: Normal，Utility，Acrobatic，and Commuter Category Airplanes；	从 CAAC、FAA 和 EASA 关于航空器评审工作的主要规章和指导材料清单中可以看出，FAA 有关

局方	航空器评审工作规章及相关指导材料	差异分析
FAA	(3) FAR 25 Airworthiness Standards: Transport Category Airplanes； (4) FAR 27 Airworthiness Standards: Normal Category Rotorcraft； (5) FAR 29 Airworthiness Standards: Transport Category Rotorcraft； (6) FAR 33 Airworthiness Standards: Aircraft Engines； (7) FAR 91 General Operating and Flight Rules； (8) FAR 121 Operating Requirements: Domestic, Flag, and Supplemental Operations； (9) FAR 135 Operating Requirements: Commuter and on-Demand Operations and Rules Governing Persons on Board Such Aircraft。 FAA 局方航空器评审工作的主要指导材料： (1) AC-20-100 General Guidelines for Measuring Fire-Extinguishing Agent Concentrations in Powerplant Compartments； (2) AC-20-146 Methodology for Dynamic Seat Certification by Analysis for Use in Part 23，25，27，and 29 Airplanes and Rotorcraft； (3) AC-21-23B Airworthiness Certification of Civil Aircraft，Engine，Propellers，and Related Products Imported to the United States； (4) AC-21-37 Primary Category Aircraft； (5) AC-23-22 Guidance for Approved Model List (AML) Supplemental Type Certificated (STC) Approval of Part 23 Airplane Avionics Installations； (6) AC-33.4-1 Instructions for Continued Airworthiness； (7) AC-33.4-2 Instructions for Continued Airworthiness: In-Service Inspection of Safety Critical Turbine Engine Parts at Piece-Part Opportunity； (8) AC-33.28-1 Compliance Criteria for 14 CFR §33.28, Aircraft Engines, Electrical and Electronic Engine Control Systems； (9) AC-35.4-1 Propeller Instructions for Continued Airworthiness； (10) AC-43-18 Fabrication of Aircraft parts by Maintenance Personnel； (11) AC-91.21-1C Use of Portable Electronic Devices Aboard Aircraft； (12) AC-91-67 Minimum Equipment Requirements for General Aviation Operations Under FAR Part 91； (13) AC-117-1 Flightcrew Member Rest Facilities； (14) AC-120-28D Criteria for Approval of Category III Weather Minima for Takeoff，Landing，and Rollout； (15) AC-120-53B Guidance for Conducting and Use of Flight Standardization Board Evaluations-With Change 1； (16) AC-120-64 Operational Use & Modification of Electronic Checklists； (17) AC-120-83 Flight Deck Observer Seat and Associated Equipment； (18) AC-120-97A Incorporation of Fuel Tank System Instructions for Continued Airworthiness into Operator Maintenance or Inspection Programs； (19) AC-121-22C Maintenance Review Boards，Maintenance Type Boards，and OEM/TCH Recommended Maintenance Procedures； (20) AC-121-31 Flight Crew Sleeping Quarters and Rest Facilities； (21) AC-150/5320-12C Measurement, Construction, and Maintenance of Skid Resistant Airport Pavement Surfaces； (22) Order 1100.5C FAA Organization-Field； (23) Order 8000.51B Aircraft Certification Directorates' Delegation of Authority； (24) Order 8000.75B Aviation Safety Inspector En Route Inspection Procedures； (25) Order 8000.79 Use of Electronic Technology and Storage of Data；	航空器评审工作的规章和指导材料相对最为全面。CAAC 的航空器评审工作规章和指导性材料则是充分借鉴 FAA 的经验和成果，并根据我国国情进行了适当的本地化，同时保持了对 FAA 的相应跟进。 EASA 对于航空器运行的评审，目前已经发展为基于 OSD 概念的航空器评审，OSD 评审的主要适航规章包括 CS-FCD/CS-CCD /CS-MMEL/CS-MCSD，由于已经完成了从 OEB 到 OSD 的过渡，目前 EASA 官网上已撤销了原 OEB 评审的相关规章和文件

局方	航空器评审工作规章及相关指导材料	差异分析
FAA	(26) Order 8000.82 Designation of Aviation Safety Action Program (ASAP) Information as Protected from Public Disclosure Under 14 CFR Part 193； (27) Order 8100.5A Aircraft Certification Service Mission，Responsibilities，Relationships，and Programs； (28) Order 8110.54A Instructions for Continued Airworthiness Responsibilities，Requirements，and Contents； (29) Order 8110.115 Certification Project Initiation and Certification Project Notification； (30) Order 8430.21A Flight standards div.，aircraft certification div.，& AEG responsibilities； (31) Order 8900.1 Flight Standards Information Management System	
EASA	EASA 航空器运行评审工作的法规依据文件： (1) Commission Regulation (EU) NO 69/2014； (2) Regulation (EC) NO 216/2008； (3) Commission Regulation (EU) 748/2012； (4) Commission Regulation (EU) NO 1321/2014； (5) Commission Regulation (EU) 1178/2011； (6) Commission Regulation (EU) NO 965/2012； (7) CS-FCD，Initial issue； (8) CS-SIMD，Initial issue； (9) CS-FSTD(A)，Initial issue； (10) CS-FSTD(H)，Initial issue； (11) CS-CCD，Initial issue； (12) CM-MCSD-001，Issue 01； (13) CS-MMEL，Initial issue。 EASA 航空器运行评审工作的相关指导性材料： (1) TGL 26 (MEL Policy)； (2) TGL 29 (Electronic Devices)； (3) TGL 36 (Electronic Flight Bag)； (4) TGL 10 (STD)； (5) TGL 44(原 JAR-OPS 1 的 Section (2)	
CAAC	CAAC 局方航空器评审工作的法规依据文件： (1) CCAR-21 部《民用航空产品和零部件合格审定规定》； (2) CCAR-23 部《正常类、实用类、特技类和通勤类飞机适航规定》； (3) CCAR-25 部《运输类飞机适航标准》； (4) CCAR-27 部《正常类旋翼航空器适航规定》； (5) CCAR-29 部《运输类旋翼航空器适航规定》； (6) CCAR-33 部《航空发动机适航标准》； (7) CCAR-91 部《一般运行和飞行规则》； (8) CCAR-121 部《大型飞机公共航空运输承运人运行合格审定规则》； (9) CCAR-135 部《小型航空器商业运输运营人运行合格审定规则》。 CAAC 局方航空器评审工作的主要标准文件： (1) AC-91-10 R1《国产航空器的运行评审》； (2) AC-91-11 R1《航空器的持续适航文件》； (3) AC-91-13《进口航空器的运行评审要求》；	

局方	航空器评审工作规章及相关指导材料	差异分析
CAAC	(4) AC-91-26《航空器计划维修要求的编制》; (5) AC-121/135-28《驾驶舱观察员座椅和相关设备》; (6) AC-121/135-49《民用航空器主最低设备清单、最低设备清单的制定和批准》; (7) AC-121/135-67《维修审查委员会和维修审查委员会报告》; (8) MD-FS-AEG001《驾驶员资格计划编制指南》; (9) MD-FS-AEG002《MMEL 建议项目政策指南》; (10) MD-FS-AEG003《MSG-3 应用指南》; (11) MD-FS-AEG004《运行符合性清单的编制及应用》; (12) MD-FS-AEG005《航空器制造厂家建议的维修人员执照机型签署及培训规范》; (13) MD-FS-AEG006《航空器制造厂家运行支持体系建设规范》; (14) MD-FS-AEG007《基于培训需求分析的机型飞行训练规范》。 CAAC 局方航空器评审工作的主要标准文件: AEG-H《航空器评审组工作手册》	

第 3 章 CAAC 的航空器评审规章及要求

CAAC 的航空器评审是 CAAC 局方在民用航空器首次投入运行之前，对该航空器的运行符合性所开展的一项重要评审工作。

航空器评审工作在伴随航空器型号合格审定工作的开始而启动时，首先需要确定审定基础，也即航空器评审依据的规章材料，确定评审要求。这些航空器评审工作依据的规章要求，一般是由 CAAC 局方的飞行标准司会同航空器型号合格证申请人，根据航空器的设计特征和预计用途，通过相关启动会议的讨论，并明确该航空器评审的具体项目之后，由飞行标准司以航空器评审问题纪要的方式加以明确[8,9]。

CAAC 局方目前的航空器评审工作主要涉及驾驶员资格规范、维修人员资格规范、主最低设备清单、计划维修要求、运行和持续适航文件、驾驶舱观察员座椅、飞行机组机上休息设施、电子飞行包、应急撤离演示等方面的评审。

本章将针对 CAAC 的航空器评审相关的航空器运行符合性评审规章及要求，展开具体的分析和阐述。本章内容所涉及的相关航空器评审工作的规章及文件均以 CAAC 局方当前发布的现行有效版本为准。

3.1 CAAC 的航空器评审工作规章及相关指导材料

CAAC 关于航空器评审工作的法规文件体系主要涉及法规依据文件、工作标准文件、工作程序文件三类。

3.1.1 航空器评审工作的主要法规依据文件

CAAC 局方的航空器评审工作所依据的规章文件可分为适航类规章和运行类规章。下述 CAAC 规章的现行有效版本是局方航空器评审工作所依据的部分重要规章。

(1) CCAR-21 部《民用航空产品和零部件合格审定规定》。

(2) CCAR-23 部《正常类、实用类、特技类和通勤类飞机适航规定》。

(3) CCAR-25 部《运输类飞机适航标准》。

(4) CCAR-27 部《正常类旋翼航空器适航规定》。

(5) CCAR-29 部《运输类旋翼航空器适航规定》。

(6) CCAR-91 部《一般运行和飞行规则》。

(7) CCAR-121 部《大型飞机公共航空运输承运人运行合格审定规则》。

(8) CCAR-135 部《小型航空器商业运输运营人运行合格审定规则》。

3.1.2　航空器评审工作的主要工作标准文件

CAAC 局方航空器评审工作所依据的工作标准文件，一方面为航空器适航审定申请人提供有关航空器评审工作的具体要求和指导；另一方面为航空器评审工作机构开展相关评审工作提供相应的执行标准。这类文件包括下列一些典型的重要咨询通告和管理文件。

(1) AC-91-010 R2《国产航空器的运行符合性评审》。

(2) AC-91-011《航空器的持续适航文件要求》。

(3) AC-91-013 R1《进口航空器的运行符合性评审》。

(4) AC-91-024《航空器的运行文件》。

(5) AC-91-026《航空器计划维修要求的编制》。

(6) AC-91-037《航空器主最低设备清单的制定和批准》。

(7) AC-61-023《驾驶员机型资格规范评审及评审结论的应用》。

(8) AC-66-008《维修人员机型资格规范评审及评审结论的应用》。

(9) AC-121/135-FS-2008-28《驾驶舱观察员座椅和相关设备》。

(10) AC-121-FS-2018-008R1《飞行机组成员机上休息设施》。

(11) AC-121-FS-2018-031R1《电子飞行包(EFB)的运行批准指南》。

(12) MD-FS-030《驾驶员机型资格计划编写指南》(AEG001)。

(13) MD-FS-036R1《机型飞行训练培训需求分析规范》(AEG007)。

(14) MD-FS-AEG006《航空器制造厂家运行支持体系建设规范》。

(15) MD-FS-2016-050《航空器制造厂家飞行人员管理规范》。

(16) IB-FS-AEG002《已发布的航空器评审(AEG)报告》。

(17) IB-FS-AEG001R4《航空器评审项目组和专业委员会》。

(18) CCAR-121 部附录 C:本规则第 121.161 条规定的应急撤离程序演示准则。

3.1.3　航空器评审工作的主要工作程序文件

CAAC 局方航空器评审的工作程序文件主要涉及 CAAC 局方航空器评审人员的工作规则,同时可供航空器制造厂家进行相应准备和配合工作时参考。目前, CAAC 局方航空器评审的工作程序文件主要为《航空器评审组工作手册》(AEG-H)。

3.2　驾驶员资格规范的评审要求

航空器如果要投入运行，飞行驾驶员必将是一个保证其飞行安全的最重要、最终环节，因此国内外各民航局方历来都极为重视飞行驾驶员的资格要求。局方通过颁发飞行人员执照来对此予以严格管理，并且在飞行人员执照上采用不同类别、级别和型别等级的授权加以细化管理[10,11]。

由于不同型号的航空器通常会有其独特的设计和操纵特点，尤其是设计复杂的航空器，仅正常情况下的飞行运行操作就需要飞行驾驶员掌握大量合适的对应系统知识和飞行技能，而非正常情况下的操作则更需要有针对性的知识和飞行技能。因此，民航局方一般都会提出针对航空器型别的相关训练要求，并对一些特定航空器型号，要求其驾驶员在执照上具备型别等级签注，即这类操纵具有型别等级要求的航空器的驾驶员，需要通过经批准的训练课程，并通过由局方授权的考试员或委任代表的检查考试。除签注要求外，局方还规定了保持相应驾驶资格的检查要求和经历规范。

航空器评审工作中的驾驶员资格规范评审，目的在于建立相应航空器的驾驶员机型资格规范，为按照 CCAR-61 部开展驾驶员执照的管理以及按照 CCAR-91 部、CCAR-121 部、CCAR-135 部、CCAR-141 部、CCAR-142 部开展训练、检查、经历的管理建立规范，保证飞行安全。

驾驶员资格规范的评审通常由 CAAC 局方组织的飞行标准化委员会负责。这项评审工作的启动首先需要航空器制造厂家提出合适的驾驶员机型资格计划，然后由飞行标准化委员会按照规定的流程进行评审并最终得出结论。驾驶员机型资格计划主要涉及航空器型别等级和型别训练要求等方面的内容。

CAAC 的飞行标准化委员会评审除确定型别等级要求外，对有些即使不要求型别等级的航空器，也评审其是否需要机型飞行训练规范。因此，适用于所有按照 CCAR-23 部、CCAR-25 部、CCAR-27 部、CCAR-29 部或等效适航标准为审定基础的航空器。

本节将主要针对航空器评审中的驾驶员资格规范评审工作，介绍 CAAC 航空器驾驶员机型资格规范评审的相关要求、方法、流程以及各阶段的主要工作。

驾驶员机型资格规范评审涉及的规章和指导性材料主要有 CCAR-61 部、AC-61-023、MD-FS-030、MD-FS-036 等。

为审定航空器的型别等级和型别训练要求，CAAC 飞行标准司通过组建相应的飞行标准化委员会来开展相关评审。AC-61-023、MD-FS-030、MD-FS-036 等文件是 FSB 评审航空器型别等级和型别训练要求的重要依据。

CAAC 对于航空器驾驶员机型资格规范的评审主要按照全新型号、衍生型号或改装型号航空器等进行分类。

3.2.1　全新型号航空器的驾驶员机型资格规范评审要求

CAAC 驾驶员机型资格规范评审中所指的全新型号航空器，是指首次申请 CAAC 型号合格证(或认可证)的航空器型号。对于进口航空器，即使是在申请 CAAC 型号认可证之前研制的，并且已取得所在国地区民航当局的型号合格证，但在 CAAC 驾驶员机型资格规范评审时，仍需视为全新型号航空器。

对于全新型号航空器，CAAC 局方要求型号合格证(或认可证)的申请人应当向 AEG 提出至少包括如下两方面内容的驾驶员机型资格计划建议：

(1) 按照 CCAR-61 部要求的驾驶员型别等级建议；

(2) 根据培训需求分析确定的转机型飞行训练规范。

对于设计比较简单的航空器，如果型号合格证(或认可证)申请人建议不需要机型飞行训练，则无须按照上述要求提出驾驶员机型资格计划，但需要向 AEG 提出正式声明，并说明理由。

由 AEG 组织成立飞行标准化委员会，评审型号合格证(或认可证)申请人的驾驶员机型资格计划建议，并根据评审后的计划开展如下测试或验证：

(1) 对于建议具有型别等级要求或最大载客数 9 座以上的航空器型号，通过实际参加转机型飞行训练的方式测试型别等级训练规范(即 T5 测试)；

(2) 对于不要求型别等级且最大载客数不超过 9 座的航空器型号，通过评估型号合格证(或认可证)申请人组织的首批驾驶员机型飞行训练的方式验证机型飞行训练规范。

为保证上述测试或验证的有效性，型号合格证(或认可证)申请人可以在明确培训需求分析流程并开展分析之初，即向 AEG 提交上述驾驶员机型资格计划草稿，协调飞行标准化委员会人员参加培训需求分析的环节，并最终在测试或验证前提交正式稿。

飞行标准化委员会在完成驾驶员机型资格计划评审和上述测试或验证后，将以飞行标准化委员会测试报告的方式形成评审结论，包括确定型别等级要求、认可的飞行训练规范。

3.2.2　衍生型号航空器或改装型号航空器的驾驶员机型资格规范评审要求

CAAC 驾驶员机型资格规范评审中所指的衍生型号航空器，是指在首次获得 CAAC 的型号合格证(或认可证)之后，通过设计改变构型，并在同一型号合格证(或认可证)数据单中单独列出的航空器型号。有些航空器型号系列，如果在首次申请 CAAC 型号合格证(或认可证)时，就同时申请多个构型的航空器型号，则在首个构型航空器型号之后单独列出的型号均被视为衍生型号航空器。

CAAC 驾驶员机型资格规范评审中所指的改装，是指对某一全新型号航空器或衍生型号航空器所进行的设计更改。该设计更改不构成衍生型号，在型号合格证(或认可证)数据单中单独列出，包括通过补充型号合格证(或认可证)、型号合格证(或认可证)数据单更改或其他方式获得适航批准的设计更改。

CAAC 在驾驶员机型资格规范评审中，通常还会涉及与被评审航空器相关的航空器型号，即相关型号航空器。这类航空器主要是指由同一航空器制造厂家研制的具备某些共同设计特征的航空器型号。尽管这些航空器型号的驾驶员型别等级要求不同，但允许在驾驶员训练、检查、经历要求上全部或部分相互替代。相关型号航空器可以被包括在同一或不同型号合格证(或认可证)中。

对于衍生型号航空器，CAAC 局方要求型号合格证(或认可证)申请人应向 AEG 提出驾驶员机型资格计划建议。该建议需要至少包括如下方面的内容：

(1) 与原航空器型号相同或不同型别等级的建议。

(2) 与原航空器型号之间的通用差异要求(general differences requirement, GDR)和主差异要求，包括从原航空器型号(作为对照基准)到衍生型号之间的差异，或根据需要，从衍生型号(作为对照基准)到原航空器型号之间的差异。

(3) 当型别等级相同时，提供根据培训需求分析而确定的机型差异飞行训练规范；当型别等级不相同时，提供根据培训需求分析而确定的转机型飞行训练规范。

(4) 经历规范建议，包括适用的某些特殊设备或运行的新近经历、共用起飞经历和着陆经历(common take-off and landing credit, CTLC)。

对于原航空器型号既不需要型别等级，也无须机型飞行训练的简单航空器，无须按照上述要求提出驾驶员机型资格计划建议。

对于航空器改装的情况，如确定为单独的商业名称，应当参照衍生型号航空器的要求，提出驾驶员机型资格计划。此外，可由型号合格证(或认可证)的持有人，通过对通用差异要求和机型飞行训练规范影响的自行评估进行必要的更新，并对需要修订原飞行标准化委员会评审结论的改装向 AEG 提出至少包括如下内容的驾驶员机型资格计划建议：

(1) 涉及的原通用差异要求和主差异要求的修订。

(2) 根据培训需求分析确定的差异或补充飞行训练规范。

(3) 适用的新近经历规范建议。

AEG 的飞行标准化委员会对申请人的驾驶员机型资格计划建议实施评审，并根据评审后的计划开展如下测试或验证：

(1) 对于仅涉及差异或补充飞行训练的情况，如具有型别等级要求或最大载客数 9 座以上的航空器型号，开展 T1 或 T3 测试；如不要求型别等级且最大载客数不超过 9 座的航空器型号，通过检查申请人首批客户飞行训练的方式验证。

(2) 对涉及需要确定操作对比的情况开展 T2 测试。

(3) 对共用起飞和着陆经历建议开展 T6 测试。

飞行标准化委员会在完成驾驶员机型资格计划评审和相关测试或验证后，将以 FSB 测试报告的方式形成评审结论。其中，包括确定型别等级要求和 MDR，认可 GDR、差异或补充飞行训练规范，明确检查和飞行经历规范。

3.2.3　交叉机组资格和混合机队飞行的驾驶员机型资格规范评审

交叉机组资格(cross crew qualification，CCQ)是指拥有相关型号航空器中某一型别等级飞行资格的驾驶员，通过差异训练获得相关型号航空器中另一型别等级的飞行资格。

混合机队飞行(mixed fleet flying，MFF)是指驾驶员同时运行某一个构型航空器和一个或多个相关型号航空器，并且这些航空器型号之间的训练、检查和近期经历可以相互替代或部分替代。

对于不同型别等级要求的相关型号航空器，型号合格证(或认可证)持有人可以向 AEG 提出交叉机组资格和混合机队飞行的驾驶员资格规范评审的申请，并应当向 AEG 提出至少包括如下内容的驾驶员机型资格计划建议：

(1) 相关型号航空器之间的通用差异要求和主差异要求。

(2) 根据培训需求分析确定的机型差异飞行训练规范。

(3) 共用起飞和着陆经历建议。

共用起飞和着陆经历，是指在下述的飞行阶段，具有相同操纵特点和飞行特性的相关型号航空器之间的近期经历可以相互替代：

(1) 起飞和初始爬升阶段。

(2) 进近和着陆阶段，包括建立最终着陆形态。

这里所述的操纵特点主要是指航空器对驾驶员向主飞行操纵面(如副翼、升降舵、方向舵、扰流板、周期变距、总距等)进行操纵输入的速率与量级的响应方式；而飞行特性则是指与航空器本身气动响应有关的、可由驾驶员感知到的操纵或性能特性，特别是受构型和飞行轨迹参数变化的影响(如飞行操纵装置的使用、襟翼放出或收入、空速变化等)。

AEG 的飞行标准化委员会将评审申请人的驾驶员机型资格计划建议，并根据评审后的计划开展如下测试或验证：

(1) 对机型差异飞行训练规范开展 T3 测试。

(2) 对共用起飞和着陆经历建议开展 T6 测试。

飞行标准化委员会在完成驾驶员机型资格计划评审和上述测试或验证后，将以 FSB 测试报告的方式形成评审结论，包括确定 MDR，认可 GDR、差异飞行训练规范，明确检查和飞行经历规范。

除了全新型号、衍生型号和改装型号航空器的驾驶员机型资格规范评审，以及交叉机组资格和混合机队飞行的驾驶员机型资格规范评审，当航空器制造厂家计划对已有航空器修订某些特殊设备或运行的新近经历规范时，可向 AEG 提出修订建议，AEG 的飞行标准化委员会将在评审申请人的建议后通过开展 T4 测试，并以 FSB 测试报告的方式形成评审结论。

3.2.4　驾驶员机型资格规范评审结论发布和使用

在通过航空器驾驶员机型资格规范的评审后，评审结论在 CAAC 飞行标准司颁发的航空器评审报告中统一公布。经飞行标准化委员会认可的 GDR、转机型飞行训练规范、差异和补充飞行训练规范，则由航空器制造厂家直接向用户发布。

航空器制造厂家应针对某一机型及其衍生型号航空器，以正式文件的形式向用户发布 FSB 认可的 GDR、转机型飞行训练规范、差异飞行训练规范。如有涉及差异或补充飞行训练的改装、交叉机组资格和混合机队飞行的情况，可采用单独文件的形式，并在机型飞行训练规范文件中注明。

航空器制造厂家所发布的每一机型飞行训练规范(包括转机型、差异和补充训练)必须至少包括进入条件、设备要求、文件要求、训练时间、训练科目和要素、特别关注事项等方面的内容。关于机型飞行训练规范的文件模板可参考 CAAC 咨询通告 AC-61-023 的附录 5。

经 FSB 认可并由航空器制造厂家发布的机型飞行训练规范，其主要目的在于明确需要训练什么，为航空运营人或飞行训练机构编制其机型飞行训练大纲提供依据。航空运营人或飞行训练机构的飞行训练大纲是其开展航空器驾驶员相关训练和管理的依据。

在航空器评审报告中所确定的驾驶员型别等级要求，将被飞行标准司作为管理航空器驾驶员执照的依据，纳入型别等级签注规范。该报告中的 MDR，则将被用于确定飞行训练大纲要求的编制依据。对于 B 级训练差异的情况，至少需要编制驾驶员差异训练的熟悉性课程；而对于超过 C 级训练差异的情况，则要求运营人编制差异或补充训练大纲。

航空运营人、训练机构需参考航空器评审报告中认可的、由航空器制造厂家发布的机型飞行训练规范，编制自己的机型、差异或补充飞行训练大纲，并参考航空器制造厂家发布的 GDR，针对自身机队的实际构型确定适用的训练科目。

需注意的是，在 CAAC 局方的航空器评审报告中认可的 GDR 代表的是最低要求，运营人可以采用高级别差异等级并确定运营人差异要求来确定差异或补充训练要求。

除批准使用高级训练大纲(advanced qualification program，AQP)的情况，经主

管运行监察员批准的航空运营人、训练机构的训练大纲，必须不低于航空器制造厂家所发布机型训练规范中适用训练科目和训练时间要求。如果使用飞行模拟训练设备实施飞行训练，则必须按照航空器评审报告中确定的规范使用。

主管运行监察员或委任代表，必须基于航空器评审报告中所确定的检查规范，对完成机型、差异或补充训练的驾驶员实施检查。如果使用飞行模拟训练设备实施检查，则应当按照航空器评审报告中所确定的规范使用。对于无须主管运行监察员或委任代表实施检查的情况，可由航空运营人自行确定的监察人员实施检查。

航空运营人应当按照航空器评审报告中所确定的经历规范管理航空器驾驶员的近期经历。

3.2.5　差异等级

差异等级是指以某一构型航空器为基础衡量另一航空器构型的训练、检查要求的差异。差异等级是为满足最低差异要求或型别等级要求而对训练方法或设备、检查方法指定的等级。CAAC 局方所规定的差异等级要求通常和相关航空器之间的差异程度相对应，按等级要求从低到高的次序，CAAC 局方规定的航空器差异等级分为 A、B、C、D 和 E 五个等级，分别规定了训练、检查要求。MDR 以差异等级的形式表示。

3.2.5.1　差异等级基础及应用

已在一种机型上取得资格并具有近期经历的驾驶员，在相关航空器上进行初始训练、转机型训练或升级训练时，可以使用差异等级来认同相应航空器上的知识、技术和能力。

当制造商实施混合机队飞行，即同时运行一个基本型航空器和一个或多个相关航空器寻求认同时，应当应用差异等级并满足所有混合机队飞行的要求，以确保符合局方要求，保证安全运行。

当相关航空器之间存在影响安全飞行的差异时，应当使用差异等级。这些差异也会影响对驾驶员知识、技术或能力的要求。如果不存在差异，或者差异存在但不影响知识、技术或能力，那么将不指定差异等级或者差异等级不适用于驾驶员资格获取。当差异等级 A～E 适用时，每个差异等级将根据设计特点或动作上差异的程度来指定。差异的影响主要考虑飞行特性和飞行程序两个方面，飞行特性涉及操纵品质和性能，飞行程序包括正常程序、非正常程序和紧急程序。

对于某一航空器，训练与检查的差异等级通常被指定为相同等级(如 C/C)，但这类情况并不是绝对的。可以为训练、检查分别指定不同的差异等级，例如，对某航空器训练的差异等级指定为 C 级，而检查的差异等级指定为 D 级(如 C/D)。

3.2.5.2　驾驶员型别等级及应用

驾驶员型别等级是局方在驾驶员执照上的一次性永久签注，它表明执照持有人按照相关规章和飞行标准化委员会报告完成了获得该签注所需的训练和考试。驾驶员型别等级由局方在驾驶员执照上签注，按适用情况写明航空器的制造厂和型号。规章要求在我国民用大型或涡轮喷气动力航空器上担任机长的驾驶员应具有驾驶员型别等级。

对于具有同一型号合格证或修订型号合格证的候选航空器(为确定差异等级而被评审的航空器)，如果训练差异等级低于或等于 D 级，则指定为同一驾驶员型别等级。

对于具有相同厂家和不同型号合格证的候选航空器，如果训练差异等级低于或等于 D 级，则可指定为共用驾驶员型别等级。

对于具有平视显示器、增强视景系统或综合视景系统(synthetic vision system，SVS)等设备的候选航空器，可以给出 E 级差异训练但不分配一个新的驾驶员型别等级。如果由于一个或多个候选航空器需要 E 级差异训练而指定为不同的驾驶员型别等级，那么可以按最相似相关航空器的合理分组分配驾驶员型别等级。

3.2.5.3　训练差异等级

当合格证持有人经批准的训练大纲中包含某型号航空器的差异训练内容时，任何人在成为该型号航空器的必需机组成员之前，需要完成相应的差异训练。CAAC 局方规定了五个级别的训练差异等级，并给出了相应的符合方法建议。

1. A 级训练差异

A 级训练差异是指通过驾驶员的自学就可以完全掌握的差异。通常可采用的符合方法包括发布航空器使用手册修订页、分发操作通告或差异资料、专题介绍航空器差异等。

A 级训练主要涉及相关知识的要求。只要提供相应信息，驾驶员便能够理解并符合要求。A 级训练通常仅限于如下情况：

(1) 引入一种不同型号的系统/部件的更改。对于这种更改，驾驶员已证明有能力理解和使用(如引入一种升级型号的发动机)。

(2) 更改导致微小的变化或没有导致程序上的变化。如果没有复习更改信息或忘记更改信息，并不会对安全飞行产生严重影响(如发动机使用不同的减震支座可能导致下降过程中振动的增加、安装了可选的标志灯等)。

(3) 提示差异的一些信息。这些差异对驾驶员是明显的，并且是容易明白和适应的(如通信无线电面板的不同位置、标注的不同排气温度限制或对非正常"读和做"程序的更改)。

2. B级训练差异

B级训练差异是指通过辅导性教学即可以掌握的差异。通常可采用的符合方法为幻灯/录像视听演示、计算机辅助教学或者实际教师授课等。

B级训练适用于系统或程序有差异的航空器，这些差异通过对驾驶员辅导性教学就可以掌握。对于B级训练，应当使用辅导性教学方法，保证驾驶员理解训练内容，强调关键问题，提供材料演示的标准化方法，或帮助训练后记住训练内容。A级训练规定没有覆盖的一些情况，如果未能通过后面条款介绍的某些测试，则需要进行B级(或更高级别)训练。

3. C级训练差异

C级训练差异是指必须在具有系统训练能力的训练设备上完成部分任务训练的差异。最低认可的训练设备是交互式计算机辅助训练、驾驶舱程序训练器、部分任务训练器(如飞行管理系统(flight management system，FMS)、TCAS、4级或5级飞行训练器)。

C级训练适合于部分任务有差异的相关航空器，该部分任务差异不仅影响知识，还会影响技术或能力。训练目标着重于掌握单独系统、程序或任务，而不是实时地完成高度综合的飞行操纵和动作。C级训练可以要求自学或辅导性教学，但仅通过知识要求已不能完全解决差异问题，而是需要训练设备辅助教学，确保获得并保持驾驶员技术和能力，以完成更为复杂的任务。这通常与特定航空器系统的使用有关。C级训练差异通常强调的是特定任务相关系统的知识或技能，而不是完整综合的任务，因此C级训练应当分步完成与特定系统(如飞行引导控制系统、飞行管理系统)有关的正常程序、非正常程序、补充程序、记忆项目程序或动作。

4. D级训练差异

D级训练差异是指必须在能完成飞行动作，并能处理涵盖知识、技术和能力全部任务的设备上完成训练的差异。一般情况下，D级训练最低认可的训练设备可以是6级飞行训练器。

D级训练是必须在能完成飞行动作，并能处理涵盖知识、技术和能力全任务差异的设备上完成的训练。能完成飞行动作的训练设备可提供动态实时环境中的全任务操作，这种设备可以在模拟的飞行环境中综合体现知识、技术和能力，其中包括面向操作的任务和每一相关飞行阶段真实任务负荷的组合。

在D级训练中，对每一相关航空器，完成正常程序、非正常程序、补充程序和记忆项目程序所需的知识和技能都要全面体现。D级训练要求掌握相互关联的技能，仅以割裂的方式获得一系列有内在联系的知识或技能是不够的。但D级训练差异并不是十分重大的，因此不需要进行全面的转机型训练课程。如果演示证明系统之间的关联非常重要，使用一系列独立设备进行各个系统的训练是不能满足要求的，那么就需要 D 级训练。

D 级训练设备需要具有准确的、高度真实的、集成的系统和操纵装置，以及真实仪表指示。D 级训练还可能要求有视觉信号、运动信号、动感、操纵负荷或特定环境条件。低能见度、III 类或风切变这类气象条件可以考虑加入，也可以不考虑加入。在 D 级训练设备中使用一种简化的、通用的航空器型号特性时，这种简化不应对训练效果产生明显的负面影响。

5. E 级训练差异

E 级训练差异是指要求在高保真度环境中训练，以获得并保持要求的知识、技术或能力的差异。使用的训练设备是 C 级、D 级飞行模拟机或航空器。

E 级训练适用于有全任务差异的候选航空器，这些差异要求在高保真度环境中训练，以获得并保持所要求的知识、技术或能力。E 级训练需要使用符合民航局标准的 C 级或 D 级飞行模拟机来进行。如果使用航空器来进行 E 级训练，那么为了保证安全，当训练动作存在较高风险时，需要对 E 级训练进行修订(例如用发动机处于慢车推力状态来模拟发动机失效)。与其他等级一样，当指定 E 级训练时，可以考虑认同其他相关航空器上的知识、技术和能力并施加一些限制。在飞行标准化委员会报告中给出了对于科目、程序或动作规定的认同或限制，并通过 ODR 表应用这些认同和限制。

飞行标准化委员会指定的训练差异等级代表了最低要求。运营人可以使用高级别差异等级所要求的训练设备来满足训练差异要求，例如，对于由于安装了不同 FMS 而指定的 C 级训练差异，运营人在没有专门用于 FMS 的部分任务训练器时，可以使用安装了 FMS 的全动飞行模拟机作为系统训练器。

3.2.5.4　检查差异等级

差异检查是根据相关航空器的差异等级，对驾驶员资格进行的部分熟练检查。差异检查既可以在具有相同航空器型号合格证的一系列航空器之间进行，也可以在同一制造厂家的具有不同航空器型号合格证的航空器之间进行。CAAC 局方对初始和定期检查，以及五个级别的差异等级给出相关规定和要求。

1. 初始和定期检查

差异检查涉及所有相关驾驶员的考试或合格审定，包括型别等级检查、熟练检查以及飞行标准化委员会报告规定的任何其他检查。除非飞行标准化委员会另有规定，否则初始和定期检查等级是相同的。在某些情况下，在不满足初始检查要求的设备上可以达到定期检查目的。在这种情况下，如果得到 FSB 和主任运行监察员批准，某些不满足初始检查要求的设备可以批准用于定期检查。但是，当对航空员胜任能力或大纲适用性存在怀疑时，CAAC 可以要求在初始等级设备上进行检查。

2. A 级检查

A 级检查表示在差异训练时不要求与差异有关的检查。驾驶员有责任确保掌握所飞行每个相关航空器的知识。差异项目应当作为必要的组成部分包含在随后的熟练检查中。

3. B 级检查

B 级检查是指初始差异和复训差异训练后要求针对任务或系统所进行的检查。B 级检查通常适用于特定任务或系统，例如飞行管理系统、空中交通警戒与防撞系统以及其他单独系统或相关系统组。

4. C 级检查

C 级检查是指在初始差异和复训差异训练后，要求使用满足 C 级(或更高级别)差异训练的设备来进行的部分熟练检查。部分检查任务要针对飞行标准化委员会指定的特定动作或系统实施。例如，C 级检查可以是评审驾驶员使用飞行引导控制系统(flight guidance control system，FGCS)或飞行管理系统的一系列动作，以确定其能力。可接受的检查项目应包括使用 FGCS 或 FMS 的每一个相关飞行阶段。

5. D 级检查

D 级检查是指要求在初始差异和复训差异训练后，对特定动作、系统或设备进行实时飞行环境场景的部分熟练检查。该检查应当包含飞行标准化委员会指定的特定动作、系统或设备。D 级检查需要使用实时飞行环境场景并在 D 级差异训练允许的设备上完成。通常在基本型航空器上完成完整的熟练检查，在相关航空器上完成部分熟练检查，覆盖所有相关差异。

6. E 级检查

除非另外说明，E 级检查要求使用 C 级或 D 级全动飞行模拟机进行完整熟练检查。与其他等级一样，当指定 E 级检查时，可以考虑认同其他相关航空器上的知识、技术和能力并施加一些限制。在飞行标准化委员会报告中给出了对于科目、程序或动作规定的认同或限制，并通过 ODR 表应用这些认同和限制。

通常仅凭 E 级检查，一般不会导致指定一个新的驾驶员型别等级，只有当指定 E 级训练时，才会指定一个新的驾驶员型别等级。

3.2.5.5　非正常程序/应急程序的胜任能力

非正常动作或程序的胜任能力通常是通过检查要求来确定的，但是特定的非正常/应急动作或程序对于检查或训练可能不是强制性的。在这种情况下，即使不需要在每次检查中都完成这些动作或程序，但是定期实践或演示这些动作或程序还是必需的。

对于应完成的非正常/应急动作或程序，飞行标准化委员会可以规定其近期训练或检查的要求。这是为了确保在一定的时间段内，经过一系列重复的训练和检查，所有重要的动作或程序都没有被遗漏。

因此，当非正常/应急动作或程序不是强制性的，并且不是每次复训或熟练检查中都需要完成的，但定期进行实践或演示这些动作或程序又非常重要时，飞行标准化委员会可以建立新近训练要求。如果飞行标准化委员会确定需要这样的新近训练要求，则这些要求应区分出每一非正常/应急动作或程序、适用的时间段，或者任何其他的必要限制或适当限制。

3.2.5.6　差异等级总结表

CAAC 局方有关训练、检查差异等级的主要要求总结如表 3-1 所示。

表 3-1　差异等级总结表

差异等级	训练	检查
A	自学	不需要
B	辅导性教学	任务或系统检查
C	系统设备	使用设备检查
D	动作演练设备*	使用 6 级或以上的飞行模拟训练设备进行检查
E	C 级或 D 级 FFS 或航空器#	使用 C 级或 D 级 FFS 或航空器进行熟练检查

* FFS 或飞机可以被用于完成具体动作的演练。

\# 通常指定一个新的型别等级。

3.2.6　通用差异要求

通用差异要求是指型号合格证(或认可证)申请人以某一构型航空器为基本型航空器而制定的，与其他候选航空器(可为衍生型号、相关型号或改装型号)在训练、检查方面的所有具体差异等级，一般从设计特点、系统、机动动作三个方面分析具体飞行特征和飞行程序的差异来确定，并以表格的形式予以呈现。通用差异要求表格样例如表 3-2～表 3-5 所示。

表 3-2　通用差异要求(设计)样例表

基本航空器： 相关航空器：					差异等级	
编号	设计	差异	飞行特性	飞行程序	训练	检查
1	总体					
2	尺寸					
3	驾驶舱					
4	客舱					

续表

基本航空器： 相关航空器：					差异等级	
编号	设计	差异	飞行特性	飞行程序	训练	检查
5	货舱					
6	飞行操纵					
7	动力装置					
8	限制：重量					
9	限制：重心					
10	限制：最小操纵速度					
11	限制：其他					
……	……					

表 3-3　通用差异要求(系统)样例表

基本航空器： 相关航空器：					差异等级	
系统	编号	差异	飞行特性	飞行程序	训练	检查
ATA-21 空调系统	1	设计：				
	2	操纵和指示：				
	3	限制和参数：				
ATA-22 自动飞行系统	1	设计：				
	2	操纵和指示：				
	3	限制和参数：				
ATA-23 通信系统	1	设计：				
	2	操纵和指示：				
	3	限制和参数：				
ATA-24 电源系统	1	设计：				
	2	操纵和指示：				
	3	限制和参数：				
ATA-25 设备/设施	1	设计：				
	2	操纵和指示：				
	3	限制和参数：				

续表

基本航空器： 相关航空器：					差异等级	
系统	编号	差异	飞行特性	飞行程序	训练	检查
ATA-XX XXXX	1	设计：				
	2	操纵和指示：				
	3	限制和参数：				
……	……	……				

表 3-4　通用差异要求(机动飞行正常程序)样例表

基本航空器： 相关航空器：					差异等级	
编号	任务	差异	飞行特性	飞行程序	训练	检查
1	准备 目视检查					
2	准备 飞行前准备 和飞行计划					
3	发动机启动					
4	推出					
5	滑行					
6	起飞前检查					
7	正常起飞					
8	侧风起飞					
9	最大重量起飞					
10	爬升					
11	巡航					
12	下降					
13	正常进近					
14	目视进近					
15	盘旋进近					
16	精密进近					
17	非精密进近					

续表

基本航空器： 相关航空器：					差异等级	
编号	任务	差异	飞行特性	飞行程序	训练	检查
18	目视正常着陆					
19	目视侧风着陆					
20	目视超重着陆					
21	复飞					
22	中断着陆					
23	中断进近					
24	着陆后检查					
25	停机和关车					
……	……					

表 3-5　通用差异要求(机动飞行非正常/应急程序)样例表

基本航空器： 相关航空器：					差异等级	
编号	任务	差异	飞行特性	飞行程序	训练	检查
1	中断起飞	程序： 认知： 机组负荷： 操纵品质和机动特性：				
2	V1 后发动机故障	程序： 认知： 机组负荷： 操纵品质和机动特性：				
3	多发停车着陆	程序： 认知： 机组负荷： 操纵品质和机动特性：				
4	襟翼卡阻着陆	程序： 认知： 机组负荷： 操纵品质和机动特性：				
5	XXXX	程序： 认知： 机组负荷： 操纵品质和机动特性：				

续表

| 基本航空器:
相关航空器: | | | | | 差异等级 | |
编号	任务	差异	飞行特性	飞行程序	训练	检查
6	XXXX	程序: 认知: 机组负荷: 操纵品质和机动特性:				
X	XXXX	程序: 认知: 机组负荷: 操纵品质和机动特性:				
……	……	……				

CAAC 现行有效的咨询通告 AC-61-023 于 2018 年发布。其中 GDR 的相关要求,参考了 FAA 于 2016 年发布的 AC-120-53B 第一次修订版的 ODR 相关要求。FAA 在 AC-120-53B 第一次修订版中,取消了 MDR、ODR 相关的新近经历差异等级方面的要求,同时也取消了 ODR 系列表格中涉及系统的相关表格。而 CAAC 局方在其 AC-61-023 中,参考 FAA 的相关更新,也取消了 MDR、ODR 相关表格中的新近经历差异等级要求,但继续保留了 ODR 系列表格中涉及系统的表格。为区别 FAA 现有的 ODR 和 CAAC 此前沿用的 ODR 概念,CAAC 采用了 GDR 概念加以区分。

CAAC 航空器评审报告中认可的 GDR 代表了最低要求,运营人可以根据自身机队的实际构型,参考制造厂家发布的 GDR 确定适用的训练科目,使用高级别差异等级并制定 ODR 来确定差异或补充训练要求。

3.2.7　主差异要求

主差异要求(MDR)是指根据 GDR 确定的从某一构型航空器(基本型航空器)到其他构型航空器(候选航空器)在训练、检查方面的最大差异等级。该差异等级将作为总体训练、检查差异的最低要求等级。MDR 一般以多个衍生型号或相关型号航空器组合表格的方式呈现。

3.2.7.1　主差异要求制定要求

MDR 规定了在驾驶员资格审定中涉及相关航空器之间差异时,局方可接受的训练、检查的最低要求。

MDR 给出了相关航空器之间有关驾驶员资格获取的差异要求,并规定了可被批准的相关航空器之间的最低差异等级。

出于比较的目的，制造商将选择相关航空器中的一个作为参考，定为基本型航空器。基本型航空器通常是驾驶员首先获取资格的航空器或者是制造商拥有数量最多的航空器。基本型航空器和其他相关航空器之间的差异等级规定了驾驶员资格获取必须满足的最低差异要求。

MDR 中确定的是特定机队中相关航空器组之间的主要差异，而不是相关航空器之间可能存在的所有构型之间或构型组合之间的差异。MDR 给出的是 CAAC 局方在驾驶员资格审定中涉及相关航空器之间差异时，可接受的训练、检查的最低要求。

MDR 关于训练和检查差异等级的内容采用 MDR 表的形式表示。MDR 表为运营人制定其 ODR 提供基础。

3.2.7.2　主差异要求制定和使用方法

飞行标准化委员会为每种相关航空器制定 MDR。MDR 的制定通常使用标准化测试和评估方法，并与航空器的型号审定或补充型号审定流程相结合。MDR 基于制造商的驾驶员资格计划、局方对驾驶员资格计划的评审、运行经验和测试结果(如必要)来制定。MDR 的制定也需要考虑运营人建议、过去的安全状况、公众意见和其他相关信息。MDR 在 FSBR 中发布，并根据需要进行修订。

当研制出新的相关航空器或航空器改装、测试或运行经验表明需要修订、制造厂家申请并且事实证明需要修订、规章或局方政策变化时，MDR 需要修订。修订 MDR 的流程与最初制定时所使用的流程类似。

制造商根据自己的运行特点，通过正式编制的 ODR 符合 MDR。地方飞行标准管理部门依据 MDR 审批特定运营人差异大纲。

表 3-6(MDR 表格样例)给出 B-737-100、B-737-200、B-737-300、B-737-400、B-737-500、B-737-600、B-737-700、B-737-800 和 B-737-900 的 MDR 表的示例。

表 3-6　MDR 表格样例

型号		由飞机				
		B-737 基本型 B-737-100, B-737-200 (SP77)	B-737-200 ADV	B-737-300, B-737-400, B-737-500 (NON-EFIS)	B-737-300, B-737-400, B-737-500 (EFIS)	B-737-600, B-737-700, B-737-800, B-737-900
至飞机	B-737 基本型 B-737-100, B-737-200 (SP77)	A/A (2) NAV-B/B (6) PMS-C/B	B/A (2) NAV-B/B (6) PMS-C/B	C*/C*	C*/C*	D/D

续表

型号	由飞机				
	B-737 基本型 B-737-100, B-737-200 (SP77)	B-737-200 ADV	B-737-300, B-737-400, B-737-500 (NON-EFIS)	B-737-300, B-737-400, B-737-500 (EFIS)	B-737-600, B-737-700, B-737-800, B-737-900
至飞机 B737-200 ADV	B/A (1) PDCS-C/B (2) NAV-B/B (4) AFCS-C/B (6) PMS-C/B	A/A (1) PDCS-C/B (2) NAV-B/B (4) AFCS-C/B (6) PMS-C/B	C*/C* (1) PDCS-B/B (2) NAV-B/B (5) LIMITED FMS-C/B	C*/C* (1) PDCS-B/B (2) NAV-B/B	D/D (1) PDCS-B/B (2) NAV-B/B
B-737-300, B-737-400, B-737-500 (NON-EFIS)	C*/C* (5) LIMITED FMS-C/B	C*/C* (5) LIMITED FMS-C/B	A/A (7) CROSS SERIES-A/A	C/B	(8) C/B
B-737-300, B-737-400, B-737-500 (EFIS)	(3) C*/C* (5) LIMITED FMS-C/B	(3) C*/C* (5) LIMITED FMS-C/B	(3) C/B	A/A (7) CROSS SERIES-A/A	(8) C/B (9) PFD/ND-D/C
B-737-600, B-737-700, B-737-800, B-737-900	D/D	D/D	(8) C/B (9) PFD/ND-D/C	(8) C/B (9) PFD/ND-D/C	A/A (9) PFD/ND-D/C (11) EDFCS-C/C

C*-至少需要使用 C 级训练器的 C 级训练和检查，其详细要求见 FSB 报告。

(1) 安装性能数据计算机系统(performance data computer system，PDCS)需要附加的训练。

(2) 安装惯性导航系统(inertial navigation system，INS)需要附加的训练、检查。

(3) 电子飞行仪表系统(electronic flight instrument system，EFIS)要求的系统设备(如适用)。

(4) 安装 AFCS 需要附加的训练、检查。

(5) 如果 B-737-300/400/500 的 FMS 只具有部分功能(如 SWA 构型)，则可以降低训练、检查等级。

(6) 安装性能管理系统(performance management system，PMS)需要附加的训练。

(7) B-737-300、B-737-400 和 B-737-500 中交叉型号间的差异需要更高等级(B 级)的近期经历。

(8) 交互式计算机辅助训练可以满足该 C 级训练要求。

(9) 需要使用系统设备。

(10) 增强型数字飞行控制系统(enhanced digital flight control system，EDFCS)失效运行自动着陆需要附加的训练、检查。

　　在 MDR 表中，对应于相应列和行的每个单元格，用注释给出了每对航空器的差异要求。表中每个单元格所列差异要求给出了适用于混合机队飞行的训练、检查的最低要求。

　　在使用 MDR 表时，首先找到需要确定相关差异要求的基本型航空器和相关航空器，然后从相应行和列对应的单元格内找到最低差异等级，同时从表注中找到适用的特殊要求。

即使列入 MDR 表内同一单元格内的各个系列，也可能存在差异，如 B-737-300、B-737-400 和 B-737-500。MDR 表的单元格内可以给出从一个系列到另一个系列的差异要求，或者在表注中给出。但是，只有当这些航空器之间存在相关差异时，才使用这类差异要求。

当驾驶员运行两个以上相关航空器时，如 B-737-200、B-737-300 和 B-737-600，MDR 表中每一个相应的要求都必须满足。

当存在特殊情况时，可以使用表注来认同、限制或建立附加的差异等级。使用表注可以处理航空器之间使用基本等级没有解决的问题，包括与其他航空器相比，在安装设备、选装项目、驾驶员对其他航空器知识和经验、训练方法和设备方面的不同。例如，在航空器上安装了特定飞行引导控制系统、飞行管理系统或电子飞行仪表系统，可以使用表注对这些设备进行认同或施加限制。

使用表注对特定系统(如飞行指引仪和飞行管理系统)而不是特定航空器提出要求是一种好的方法。在这种情况下，与特定系统有关的一般知识或经验在相关航空器之间是很容易互换的。建立不同于复训或检查的初始训练或检查要求时，也可以使用表注来设置不同的要求。必要时，在飞行标准化委员会报告中可以对表注内容进行详细解释。

另外，在一个差异等级中，偶尔存在其他的一些限制，需要做出注释(如 C*)。在这种情况下，差异等级后面的这个星号(*)表示与特定训练方法、检查方法或设备有关的特殊要求或限制。在飞行模拟训练器评估和批准程序或相关咨询通告建议的标准不完全适用的特定情况下，这类注释通常用于说明可接受的飞行模拟训练器。

对于具有相同 TC 的同一型别等级的航空器，可以使用同一个飞行标准化委员会报告和 MDR 表。例如，波音的 B-737-100/B-737-200/B-737-300/B-737-400/B-737-500 和 NG 系列。同一个 FSBR 和 MDR 表，也可以用于具有不同 TC 的航空器，例如，波音的 B-757 和 B-767。如果一个具有相同 TC 但不同型别等级的航空器需要 E 级训练，也可以用一个 MDR 表来给出这些具有相同 TC 的各系列航空器的差异要求，如波音的 B-747 和 B-747-400。最低可接受的差异等级将根据 CAAC 局方发布的 AC-61-023 附录 4 所给出的标准测试方法确定。

3.2.8　飞行训练器和飞行模拟机

制造厂家的飞机在未获得局方运行批准时，需使用飞行训练器和飞行模拟机来进行型别等级和机组资格所要求的训练、检查和测试等。因此，制造厂家应按照下列要求和标准选择合适的飞行训练器和飞行模拟机：

(1) 飞行训练器和飞行模拟机可接受的最低要求和标准包含在 CCAR-60 部中。制造厂家应根据 CCAR-60 部的规定执行，使得飞行训练器和飞行模拟机满足局方要求。

(2) 飞行训练器或飞行模拟机特性必须由民航局飞行模拟机鉴定机构协同 FSB 进行评估，才能用于经批准的大纲。

(3) 当驾驶员实施相关航空器的混合机队飞行时，用于满足 MDR 和 GDR 规定的飞行模拟机和飞行训练器的组合必须与制造厂家所运行的特定相关航空器相匹配。

(4) 当相关航空器与建议所用的飞行训练器或飞行模拟机之间存在差异时，制造厂家应使用 MDR 和 GDR 作为指导，使得飞行训练器或飞行模拟机满足 MDR 和 GDR 要求。

3.2.9　差异等级测试

当申请人向 CAAC 局方申请对某一航空器进行型号合格审定时，局方将启动驾驶员型别等级、差异等级确定和测试流程。CAAC 局方提供了用于差异等级测试的六种标准测试方法(T1～T6)。这些测试可以用于制定 MDR、可接受的最低训练大纲、飞行标准化委员会其他规定，以及用于确定驾驶员型别等级要求。

表 3-7 给出了六种差异等级测试的测试目的和用途。表 3-8 中则给出了这六种差异等级测试的测试对象和测试流程。

表 3-7　差异等级测试的测试目的和用途

差异等级	测试目的	用途
T1	确定操作等同性	用于确定 A/B 级差异
T2	操作特性的比较	若通过，则进行 T3 测试；若失败，则确定为 E 级差异并进行 T5 测试
T3	评估系统差异并建立训练或检查要求	用于确定 B/C/D 级差异；若失败，则确定为 E 级差异，并进行 T5 测试
T4	经历要求验证	确定相关航空器之间在系统程序和动作上差异的经历要求(如影响操纵或导航的复杂飞行关键系统(EFIS、FMS、FGCS 等)要求 30 天内 3 个航段，但不包括起飞和着陆近期经历要求)。也可根据需要，用于经历要求申请减免
T5	建立转机型训练或检查要求	用于新航空器或确定为 E 级差异
T6	评估共用起飞和着陆经历	确定相关航空器之间共用起飞和着陆经历

表 3-8　差异等级测试的测试对象和测试流程

差异等级	测试对象	测试流程
T1	指定的 FSB 成员,在基本型航空器上经过训练,具有运行经历和当前资格,对候选航空器的差异可经过必要的差异介绍	先由被测对象在基本型航空器上进行"无危险"的飞行动作,作为被测对象的驾驶表现基准,然后在被评审的候选航空器上进行相关飞行动作。在候选航空器上进行的飞行动作应当覆盖基本型和候选航空器之间的差异
T2	指定的 FSB 成员,在基本型航空器上经过训练,具有运行经历和当前资格,但未经过候选航空器的任何差异训练	首先确定测试科目,确保测试飞行覆盖到候选航空器关键操纵品质的各个方面。测试时,先在基本型航空器上完成选定的飞行动作(正常和非正常),再到候选航空器上完成同样的飞行,最后对被测对象完成两者的驾驶表现进行比较
T3	指定的 FSB 成员,在基本型航空器上经过训练,具有运行经历和当前资格	在候选航空器上完成了申请人建议的差异训练后,分为两个阶段完成检查: 第一阶段,完成 CCAR-61 部规定的飞行检查,评估与被测航空器运行有关的驾驶员知识、技术和能力,可以是完整的熟练检查或者部分熟练检查,或者是个别航空器系统的操作检查。 第二阶段,在飞行检查完成后进行面向航线飞行检查,用于验证建议的训练与检查,全面评估具体差异区域,详细检查对混合机队飞行的影响,评估最低设备清单影响等特殊情况,并确定与差异相关的驾驶员错误可能的影响。该测试在实际的航线飞行环境下实施,实际的航线飞行环境包括典型的天气、航线、机场、空中交通管制以及其他因素
T4	指定的符合测试条件的 FSB 成员	如果申请人希望更新近经历要求,则应当进行 T4 测试。该测试可在航空器投入运行之前或者之后进行。如果测试不能在航空器投入运行之前进行,则运行中应当使用 FSB 规定的较为保守的限制
T5	指定的局方 FSB 成员	测试分为两种情况: (1) 全新型号航空器(未申请与任何相关航空器的替代训练和检查):完整的初始或转机型训练和检查,并完成面向航线飞行检查。 (2) 全新型号航空器(申请了与相关航空器的替代训练和检查):缩短的转机型训练和检查,并完成面向航线飞行检查
T6	足够数量的在候选航空器上未经训练或未获资格的驾驶员,可以从制造厂、行业内和局方中选择,但应当反映不同等级的熟练水平	首先向被测对象提供基本型航空器复训,以便建立起熟练性基准。然后被测对象在未经任何训练的情况下在候选航空器上进行测试,不使用自动驾驶完成至少三次起飞和着陆,对被测对象从起飞、初始爬升到进近和着陆阶段(包括建立最终着陆构型)人工驾驶航空器的能力做出评估。测试时,应当考虑下列因素对起飞和着陆动作的影响: (1) 航空器重量; (2) 航空器重心; (3) 起飞和着陆时的侧风

如果申请人向 FSB 提出,将候选航空器作为新型号航空器进行合格审定,不

考虑与已取得型号合格证的航空器具有相似性而申请驾驶员型别等级的认同，则 FSB 采用 T5 测试对训练大纲的要求进行分析。T5 测试结果将确定一个单独的驾驶员型别等级，以及适用于该型号航空器最低要求的训练、检查和新近经历标准。

如果候选航空器与已取得型号合格证的航空器具有相似性，申请人向局方申请驾驶员训练、检查或新近经历的认同，则需要进行一系列可能的测试(T1、T2、T3)，用于确定该候选航空器与基本型航空器之间的差异等级。这些测试结果将决定该航空器的驾驶员型别等级是不同型号合格证航空器之间的共用驾驶员型别等级，还是相同型号合格证航空器的同一驾驶员型别等级。差异等级将确定适用于该候选航空器最低要求的训练、检查和新近经历标准。T6 的对比结果可以确定是否允许具有不同型号合格证的航空器之间共用起飞和着陆经历。

CAAC 局方提供的差异等级测试方法可以使用一个或多个，取决于具体的差异等级，以及在确定 MDR 中所用前一个测试的结果情况，确定最低要求时仅使用必须的测试。根据这些测试结果以及由此得出的差异等级来确定最低训练、检查和近期经历要求以及驾驶员型别等级。如果在测试中确定需要 E 级差异训练，则局方将建立新的驾驶员型别等级。

图 3-1 给出差异等级测试流程图。图中给出了在需要多个测试时，实施测试的顺序以及测试结果的应用。测试流程开始于该图所示的顶部，得出的差异等级位于图的底部。申请同一或共用型别等级的航空器采用图中的左上部路线，进行 T1、T2 和 T3 测试。如果通过，将指定为 A 级、B 级、C 级或 D 级差异。

T4 测试未在图 3-1 中给出，因为 T4 测试仅当申请人对 FSB 制定的系统、程序和动作的新近经历要求申请减免时才需要使用。对于申请初始型号合格证的新航空器，按照图右侧的测试路线进行 T5 测试，并在流程结束时，将为该航空器指定新的驾驶员型别等级。

对于申请同一或共用型别等级的候选航空器，在某些情况下，也可能指定 E 级差异。如果候选航空器被指定为 E 级差异，将为其指定新的驾驶员型别等级。

通常，按照图 3-1 中的路线，若测试未通过，则不能返回较低级别。寻求 C 级差异的 T3 测试失败后，可能导致 D 级差异。在对系统、操作程序、训练进行更改并重新测试后，也可导致 C 级差异。同样，寻求 D 级差异的 T3 测试失败可导致 D 级或 E 级差异，但不能返回 C 级差异。

因为 E 级为最高一级，所以如果未通过 E 级差异，则只能增加大纲项目、改进大纲或改进设备后重新测试。如果未通过 T5 测试，则不能返回到 C 级或 D 级差异。但是，如果技术改变，航空器重新设计，训练方法发生重大变化，或训练设备特性和有效性改变，其后制定的新大纲并不排除做出较低一级差异等级的建议。

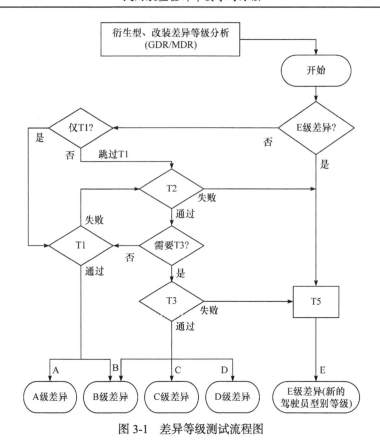

图 3-1　差异等级测试流程图

3.3　维修人员资格规范的评审要求

　　维修工作是保持民用航空器持续适航性的重要手段,必须由具备合适资格的维修人员完成。维修人员的资格管理始终是国内外各民航当局的重要工作,关于维修人员的资格管理,民航当局一般是通过直接颁发维修人员执照来加以管理的。通常在维修人员执照上签署具备维修资质的具体机型,也有因维修人员执照体系不同而不要求签署机型的情况,但局方会通过对航空运营人或维修单位管理体系提出机型培训要求来实施管理。无论何种管理方式,由于不同型别的航空器设计和维修要求千差万别,对某一机型具体需要的维修培训内容和时间的确定,始终是各民航当局面临的管理难题,而且航空器设计系列化发展的趋势,也给在维修人员执照上如何签署机型带来更大的挑战。为解决上述难题,CAAC通过航空器评审组组织维修审查委员会评审的方式,会同航空器制造厂家从源头上确定机型维修培训和维修人员执照签署规范,为后续各类维修人员资质管理提供基础。

CAAC 局方发布的 AC-66-008 对民用航空器的维修人员机型资格规范评审以及相关评审结论的应用给出了相关的建议和要求。

维修人员机型培训规范涉及受训维修人员的准入条件、机型培训的设备要求、培训所需文件、培训时间、培训科目和要素、培训所需特别关注事项等方面的内容和要求。涉及的规章和指导性材料主要有 CCAR-66 部、CCAR-147 部、AC-66-008 等及其相关咨询通告。

3.3.1　全新型号航空器的维修人员资格规范评审要求

对于全新型号的航空器，CAAC 局方要求型号合格证(或认可证)申请人向 AEG 提出至少包括如下内容的维修人员资格计划建议：

(1) 按照 CCAR-66 部要求的维修人员执照签署建议。

(2) 培训需求分析流程规范。

(3) 根据培训需求分析所确定的机型维修培训规范。

(4) 培训特别关注科目的建议。

关于维修人员执照机型签署的建议需要以型号合格证为基础，按照如下原则提出：

(1) 不与其他航空器的机型签署重复。

(2) 能比较直观地反映出对应的航空器型号。

(3) 不能使用容易产生歧义的有特殊含义的缩写。

局方的 AEG 通过组织成立维修审查委员会，评审申请人的维修人员资格计划建议，并通过评估申请人首批机型培训的方式，对申请人的机型维修培训规范进行验证。

为保证验证的有效性，申请人可在明确培训需求分析流程并开展分析之初，即向 AEG 提交维修人员资格计划草稿，协调维修审查委员会人员参加培训需求分析的环节，并最终在验证前提交正式稿。

维修审查委员会在完成维修人员资格计划评审和验证后，以维修审查委员会验证报告的方式形成评审结论，包括确定维修人员执照签署要求、认可的维修培训规范和培训特别关注科目。

3.3.2　衍生型号航空器或改装的维修人员资格规范评审要求

对于衍生型号的航空器，CAAC 局方要求型号合格证(或认可证)申请人向 AEG 提出至少包括如下内容的维修人员资格计划建议：

(1) 与原航空器型号相同或不同的维修人员执照签署建议。

(2) 与原航空器型号之间的维修任务差异分析，具体航空器型号之间的维修差异分析样例可参见 AC-66-008 附录 4。

(3) 如相同维修人员执照签署，根据培训需求分析确定的机型差异维修培训规范；如不同维修人员执照签署，根据培训需求分析确定的单独的维修培训规范。

(4) 差异或单独维修培训特别关注科目的建议。

如果是与原航空器型号建议相同的机型签署，应当遵循如下原则：

(1) 维修性设计理念没有差异(如是否应用健康管理系统或监控系统)；

(2) 维修任务和维修程序没有重大差异。

对于航空器改装的情况，如确定为单独的商业名称，应参照衍生型号航空器的要求，提出维修人员资格计划。除此以外，可由型号合格证(或认可证)持有人自行评估航空器的设计更改对机型维修培训规范的影响，进行必要的更新，并对需要修订原 MRB 评审结论的改装向 AEG 提出至少包括如下内容的维修人员资格计划建议：

(1) 涉及的原维修培训差异分析的修订。

(2) 根据培训需求分析所确定的差异或补充维修培训规范。

(3) 差异或补充维修培训特别关注科目的建议。

与全新型号航空器的维修人员资格规范评审类似，AEG 的 MRB 在完成衍生型号航空器或改装航空器的维修人员资格规范评审和相关验证后，以 MRB 测试报告的方式形成评审结论，包括确定衍生型号航空器或改装航空器的维修人员执照签署、差异或补充维修培训规范、培训特别关注科目。

3.3.3　维修人员资格规范评审结论的发布和使用

MRB 评审结论通常会被纳入 CAAC 飞行标准司所颁发的航空器评审报告中，统一公布。MRB 认可的航空器机型维修培训规范、差异和补充培训规范由该航空器的制造厂家直接向用户发布。

针对某一机型及其衍生型号航空器，制造厂家需要根据 MRB 认可的机型维修培训规范、差异或补充培训规范，以正式文件的形式向该型号航空器的用户发布。差异或补充维修培训规范可以采用单独文件的形式，并在机型维修培训规范文件中注明。

航空器制造厂家发布的每一机型的维修培训规范(包括差异和补充培训)需要至少包括以下内容：

(1) 进入条件。用于说明进入机型培训的维修人员需具备的条件，包括执照类别、维修经验及其他条件(如语言等)。

(2) 设备要求。用于说明培训所需要的最低培训设备要求。

(3) 文件要求。用于说明培训所需要参考的航空器手册，如系统描述部分(system description section，SDS)、飞机维修手册(aircraft maintenance manual，AMM)、图解零件目录(illustrated parts catalogue，IPC)、故障隔离手册(fault isolation

manual，FIM)、MMEL 等。

(4) 培训时间。用于说明理论培训、实习培训所需要的总体时间要求。

(5) 培训科目和要素。

(6) 培训特别关注事项。

CAAC 的 AC-66-008 附录 5 提供了建议的机型维修培训规范模板。

经 MRB 认可并由制造厂家发布的机型维修培训规范，主要用于明确需要培训的内容，并作为航空运营人、维修单位或维修培训机构编制其机型维修培训大纲的输入。航空运营人、维修单位或维修培训机构的维修培训大纲，主要用于明确对相关航空器维修人员如何进行培训和管理。

航空器评审报告中确定的维修人员执照签署要求，会作为飞行标准司执照管理的输入，被纳入维修人员执照机型签署规范。

航空运营人、维修单位或维修培训机构需要参考航空器评审报告中认可并由制造厂家发布的机型维修培训规范，编制自己的机型、差异或补充维修培训大纲，并根据机队实际构型确定适用的培训科目。

除非经 CAAC 飞行标准司的特别批准，主管维修监察员所批准或认可的航空运营人、维修单位或维修培训机构的维修培训大纲，不应低于制造厂家所发布机型维修培训规范中的适用培训科目和培训时间要求。

3.3.4　维修培训需求分析流程

培训需求分析是基于以建立受训者执行任务能力为目标的系统化分析方法。培训需求分析的基本分析方法，是在对受训者需要执行任务分解的基础上，通过回答困难性(difficulty)、重要性(importance)和频繁性(frequency)问题逻辑，来确定需要培训才能执行的任务，并进一步分析执行任务所需的知识(knowledge)、技能(skill)和意识(awareness)，以确定培训要素、标准和方式。

3.3.4.1　维修培训需求分析的基本流程

维修培训需求分析的基本流程主要包括如下步骤：

(1) 确定机型所需要执行的维修任务；

(2) 在明确受训者进入条件的前提下，分析每一项任务的困难性、重要性和频繁性，以选择是否需要培训；

(3) 对确定需要培训的每一项任务，进一步分析执行任务所需具备的知识、技能和意识要素；

(4) 对受训者所有需要具备的知识、技能和意识要素进行组合，并组织培训模块。

维修培训需求分析的每一流程需要以规范的方式加以清晰记录，以便于能够控制分析过程的质量，并对其进行持续完善。

3.3.4.2 机型维修任务的确定

确定机型维修任务需要根据航空器计划维修要求中的航线可执行维修任务和维修手册中规定的非计划维修任务，并按照机械和电子专业来进一步划分适用性。

航空器计划维修要求中的航线可执行维修任务，是指相对于由维修单位实施的基地维修任务而言的维修任务。需由维修单位实施的基地维修任务，不在机型维修培训规范中考虑，而是按照 CCAR-145 部所批准的维修单位的培训要求进行管理。

虽然在一般情况下按照机械和电子专业来划分培训对象，但也可考虑不分专业的培训对象，并涵盖机械和电子专业所有适用的任务。

3.3.4.3 任务的困难性、重要性和频繁性分析

在开展困难性、重要性和频繁性分析(以下简称 DIF 分析)前，需要首先确定所设计机型的培训课程的进入条件，以确定受训者已经具备的知识、技能和意识。

明确维修人员的进入条件，主要目的在于明确机型培训课程所适用的对象，并不是意味着不具备进入条件的维修人员不能开展相应的机型培训，而是需要进行必要的补充培训后方能进入机型培训课程。

针对每一维修任务和子任务，逐个分析受训者执行任务或子任务的困难性、重要性和频繁性，并按如图 3-2 所示的原则选择需要进一步培训的任务和子任务：

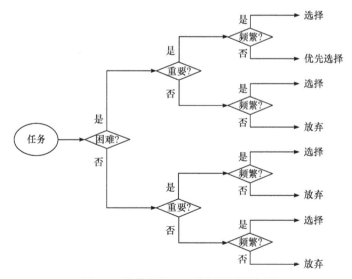

图 3-2 维修任务 DIF 分析原则示意图

机型维修任务 DIF 分析的表格样例可参见 CAAC 的 AC-66-008 附录 2。

3.3.4.4 任务所需知识、技能和意识的分析

针对 DIF 分析所确定的需要选择的任务和子任务，逐个分析执行该任务或子任务所需的知识(knowledge)、技能(skill)和意识(awareness)分析(以下简称 KSA 分析)。具体包括如下几个典型方面的分析：

(1) 知识方面的分析，包括航空器和系统相关的组成、工作原理和维修注意事项。

(2) 技能方面的分析，包括航空器部件位置识别和拆装、故障判断和缺陷分析、功能和操作检查等。

(3) 意识方面的分析，包括维修过程中的安全管理、沟通意识和团队配合意识。

机型维修任务 KSA 分析的表格样例可参见 CAAC 的 AC-66-008 附录 2。

3.3.4.5 组织培训要素和模块

根据全部任务或子任务分析所确定的知识、技能和意识，按照航空器系统(建议使用 ATA 章节)和专业，对培训要素进行组合，并确定培训方式。

对于知识培训的各要素，应指明所参考的公开发布的相应航空器技术文件。

在培训要素组合的基础上，可以根据航空器系统和维修程序的复杂程度，提出建议的培训时间，并根据培训安排方便性的需要进一步组合培训模块。

3.3.4.6 机型差异的培训需求分析

机型差异的培训需求分析需要以维修任务的差异分析为基础，并以具备基本型航空器维修资格为进入条件。

对于被确认为存在差异的维修任务，进一步按照相同的流程开展 DIF 分析，以及所需 KSA 分析，并最终组合成差异培训要素和模块。

具体差异培训需求分析表格的样例可参见 CAAC 的 AC-66-008 附录 3。

3.3.4.7 质量控制流程

为保证机型培训需求分析的质量，除需要由具备合适维修经验的专职人员开展具体分析外，还需要组织有相应机型或类似机型维修经验的维修专家对分析过程进行评估，并在航空器制造厂家内部的维修人员培训中进行充分试用和验证。

3.4　主最低设备清单的评审要求

MMEL 是经民航局方批准的, 在特定运行条件下可以不工作而仍能使航空器保持可接受的运行安全水平的设备项目清单。此处提及的不工作, 是指航空器某一系统或其部件因发生故障已不能完成预定的任务, 或者不能按照原来经批准的工作极限或容差范围持续正常工作。

MMEL 包含了这些设备项目不工作时航空器运行的条件、限制和程序, 是航空运营人制定自身的最低设备清单的依据。如果航空器制造厂家希望其制造的航空器能在某些设备项目不工作的情况下继续运行, 就需要为该航空器制定MMEL, 以便于为该航空运营人制定最低设备清单提供基础。

MMEL 确定了在保持航空器可接受安全水平的情况下, 可以处于不工作状态的设备项目。尽管这种状态能保证可接受的安全水平, 但通常都会带来一定的运行限制或增加机组工作负荷, 而且属于对经批准的航空器设计状态的偏离, 因此国内外的民航局方都要求航空器的 MMEL 必须经过局方批准, 以严格控制此类偏离。

MMEL 必须通过航空器评审组组织的飞行运行评审委员会结合型号审定过程评审。一般需要在首架航空器交付前获得批准, 但这不意味着直接限制航空器的交付。如果 MMEL 没有在交付前获得批准, 仅意味着交付后不能带故障放行。

MMEL 评审内容主要涉及 MMEL 的编制依据、编制目的、编制要求、编制格式和内容、初始批准程序、维修间隔等若干方面。相关的规章和指导性材料主要有CCAR-91 部、CCAR-121 部、CCAR-135 部、AC-91-037 等及其相关咨询通告。

3.4.1　MMEL 编制的基本原则

航空器型号 MMEL 的制定需要基于航空器制造厂家所提出的允许在航空器飞行时可以不工作的设备项目的建议, 并向航空器评审组提出评审申请。MMEL评审由 AEG 的飞行运行评审委员会负责。

对于 MMEL 中的每一个建议项目, 航空器制造厂家需要基于型号审定要求的系统安全分析(system safety assessment, SSA), 对不工作设备项目及可能继发故障的影响进行分析, 确认航空器在带有不工作设备项目放行及飞行中发生继发故障时, 能够保持所要求的运行安全水平。

所要求的运行安全水平一般是指针对航空器所有预期的运行不会造成等级为重要的安全性后果。如果不工作设备项目可能造成等级为有害或灾难性的安全性后果, 则不允许作为 MMEL 中的建议设备项目。

对于 FOEB 评审通过的 MMEL 建议项目，航空器制造厂家应按照规定的格式编制 MMEL，并经 FOEB 批准后向航空运营人发布。

MMEL 建议设备项目及其分析文件可集中编写为一个文件或者分开编制。航空器制造厂家需要对提交飞行运行评审委员会评审的文件进行有效性控制，并确保与设计构型的更新保持一致。MMEL 建议设备项目及其分析集中编写为一个文件时通常称为建议的主最低设备清单。

在初次提交飞行运行评审委员会评审后增加 MMEL 建议项目时，应当以更新提交文件的方式提出。

3.4.2　MMEL 建议设备项目和分析

针对申请 MMEL 批准的航空器型号，航空器制造厂家首先需要以建议项目的方式向 FOEB 提交 MMEL 建议设备项目。

3.4.2.1　MMEL 建议设备项目的编写规则

MMEL 建议设备项目的文本格式可参考表 3-9 所示格式，并按照如下规则编写：

(1) 按照 ATA 章节为单元依次列出，并且划分至可单独放行的系统、部件或功能。

(2) 同一项目如涉及不同修复期限、安装数量、放行所需数量、备注和例外组合的情况，应当分别列出。

(3) 对于涉及构型适用性、选装部件或功能的项目，应当以明确的方式标注。

(4) 飞行或客舱机组完成应急程序要求的仪表、设备、系统或者部件不能列为 MMEL 建议设备项目。

(5) MMEL 建议设备项目的内容不得与飞行手册的限制、延程运行的构型维修程序(configuration maintenance and procedures，CMP)或者适航指令(airworthiness directive，AD)发生冲突。

表 3-9　MMEL 建议设备项目

航空器：	修订号： 修订日期：			页码：
(1) 设备项目： ATA-XX	(2) 修复期限类别：			
	(3) 安装数量：			
		(4) 签派或放行所需数量：		
			(5) 备注和例外：	

续表

建议设备项目： ATA-XX-序号 XXX	X	X	X	XXXX

建议分析：

(1) 系统说明：

(2) 故障影响：

(3) 继发故障影响：

(4) 运行程序(O)和维修程序(M)：

编写规则中提到的修复期限是指限定完成修复工作的期限。修复期限按修复工作时长要求的不同，分为 A 类、B 类、C 类、D 类，具体如下：

(1) A 类，按照具体限定的期限以前完成修复工作。

(2) B 类，在 3 个连续的日历日(72h)内完成修复工作。

(3) C 类，在 10 个连续的日历日(240h)内完成修复工作。

(4) D 类：在 120 个连续的日历日(2880h)内完成修复工作。

连续的日历日是指从发现不工作项目当天的 00:00 起计算。如果故障是在 1 月 26 日 10:00 做的记录，则 B 类修复期限应从 26 日的 00:00 开始起计算，到 29 日的 00:00 结束。

3.4.2.2　MMEL 建议设备项目的分析

MMEL 建议设备项目的分析部分需要包括系统说明、故障影响、继发故障影响、运行程序和维修程序等内容。具体要求如下。

1. 系统说明

在系统说明部分，要求说明建议项目所属系统、子系统及其功能，包括有助于评估建议项目的系统(或子系统)构成、工作原理、故障识别等具体说明，并配以必要的图示。

2. 故障影响

在故障影响部分，要求说明不工作项目对航空器飞行或系统工作的影响，并评估在各种运行环境下可能造成的安全性后果。

若存在安全性影响，则说明可采取的消除安全性影响的具体措施，包括将功能转换到正常工作的部件、参考具有相同功能或提供相同信息的其他仪表或部件、调整运行限制、调整操作程序、调整维修程序等。

如果上述措施涉及对飞行程序和机组工作负荷的影响，应当具体说明并在评估安全性影响时予以充分考虑。

3. 继发故障影响

在继发故障影响部分，要求说明在带有不工作设备项目的情况下，可能出现的下一个关联关键故障对航空器飞行或系统工作的影响，并评估在各种运行环境下可能造成的安全性后果。

如果继发故障的影响被确定为重要或以上，则应当通过定量分析确认符合适航审定对故障后果和概率的要求。

4. 运行程序和维修程序

如果上述分析中确定消除安全性影响需要采取调整运行程序或维修程序的措施，则应当具体说明。具体的运行程序和维修程序可直接参考已经制定的运行或持续适航文件。

MMEL 建议设备项目中，备注和例外栏目所列信息应当与上述分析确定的消除安全性影响的具体措施一致，并对运行程序(O)注明、维修程序(M)注明。

3.4.2.3　MMEL 建议设备项目的修复期限

MMEL 建议设备项目的修复期限应当符合如下原则：

(1) A 类修复期限适用于飞行限制较大，并且显著增加飞行机组工作负荷的建议项目。

(2) B 类修复期限适用于飞行限制较大或显著增加飞行机组工作负荷的建议项目。

(3) C 类修复期限适用于飞行限制较小，并且仅轻微增加飞行机组工作负荷的建议项目。

(4) D 类修复期限适用于没有飞行限制，并且不增加飞行机组工作负荷的建议项目。

3.4.3　MMEL 建议设备项目的评审

航空器制造厂家向 FOEB 提交 MMEL 建议设备项目及分析文件后，FOEB 将与航空器制造厂家协商组织 FOEB 会议，对 MMEL 建议设备项目及分析文件逐一进行评审，并对评审通过的建议设备项目确定必要的验证计划。

MMEL 建议设备项目的验证包括对故障影响分析、操作/维修程序和飞行机组工作负荷的验证。故障影响分析的验证通常和适航审定试飞结合进行，无须重复开展验证，仅需具体说明。

航空器制造厂家需要按照确定的计划组织实施 MMEL 建议设备项目的验证，如实记录并根据验证结果完善 MMEL 建议设备项目的分析文件。

FOEB 评估航空器制造厂家对 MMEL 建议设备项目的验证结果，必要时可目击制造厂家的验证过程或实施独立的验证，航空器制造厂家应当提供相应的支持。

3.4.4　MMEL 的编制、批准和分发

航空器制造厂家编制 MMEL 应当基于通过 FOEB 评审的 MMEL 建议设备项目，增加必要的文件控制(如封面、有效页清单、修订记录、目录等)、前言、定义和解释部分。MMEL 典型格式样例参见 AC-91-037 的附录 3。

如果 MMEL 建议设备项目确定需要必要的验证，则只有在完成验证，并经FOEB 评估通过，才能被认定为通过 FOEB 评审的 MMEL 建议设备项目。

航空器制造厂家完成 MMEL 编制并提交 FOEB 后，FOEB 组织 MMEL 最终评审会议，并由 FOEB 主席对评审通过的 MMEL 签署批准。

对于运输类飞机的 MMEL 最终评审会议，FOEB 邀请航空运营人(确定用户或潜在用户)的代表参加，并充分听取航空运营人的反馈意见。

由 FOEB 主席签署批准的 MMEL 将被作为航空器型号航空器评审报告的输入，并且 MMEL 将自航空器型号航空器评审报告发布之日起正式生效。

航空器制造厂家负责向航空运营人分发 MMEL，包括 FOEB 主席签署的批准页。

除 MMEL 项目电子化发布的情况，FOEB 主席签的批准页一般应当加入MMEL 修订记录页之前与 MMEL 一同分发。

3.4.5　MMEL 的修订

航空器制造厂家在 MMEL 首次获得批准后，可在如下情况下，向 FOEB 提出 MMEL 的修订申请：

(1) 新增 MMEL 项目。

(2) 修订已有 MMEL 项目。

(3) 取消已有 MMEL 项目。

申请新增 MMEL 建议设备项目的流程，与 MMEL 建议设备项目及评审流程相同。修订或取消已有 MMEL 项目应当通过修订原 MMEL 项目及分析文件的方式提出(具体格式可参考表 3-10 所示格式)，评审流程与上述流程相同。

表 3-10　MMEL 建议设备项目修订

航空器：	修订号： 修订日期：			页码：
(1) 设备项目：	(2) 修复期限类别：			
		(3) 安装数量：		
ATA-XX			(4) 签派或放行所需数量：	
			(5) 备注和例外：	
原项目： ATA-XX-序号 XXX	X	X	X	XXXX
建议修订： ATA-XX-序号 XXX	X	X	X	XXXX

建议分析：

(1) 系统说明：

(2) 故障影响：

(3) 继发故障影响：

(4) 运行程序(O)和维修程序(M)：

注：实际修订的内容应当用修订方式标注。

当 MMEL 修订通过 FOEB 评审后，航空器制造厂家应当在 MMEL 修订记录页注明修订内容摘要，并明显标注放行标准，改为更严格的修订。MMEL 修订将自 FOEB 主席签署批准之日起生效。

MMEL 项目的取消通常视为严格了放行标准。修订项目如果涉及减少修复期限、增加放行数量、增加备注和例外项目，亦视为严格了放行标准。

MMEL 修订由航空器制造厂家负责向航空运营人分发，包括 FOEB 主席签署的批准页。

除航空器制造厂家提出的 MMEL 修订情况外，FOEB 也可根据需要，例如，需要提高放行标准时，向航空器制造厂家提出 MMEL 的修订要求，航空器制造厂家需要予以配合。

3.5　计划维修要求的评审要求

航空器的维修工作通常分为计划维修任务和非计划维修任务。计划维修任务是保证航空器固有设计水平和持续适航性的基础。因此，各国民航局方的适航标准都将计划维修要求作为持续适航文件的重要内容。编制计划维修要求文件也是航空器制造厂家或者型号合格证持有人承担其航空器适航责任的重要职责之一。

民用航空业内的通行做法是将计划维修要求分为适航性限制和制造厂家建议两部分。计划维修要求的适航性限制部分，主要是为满足适航标准而确定的结构适航性限制项目、审定维修要求和时寿件等要求，由适航审定部门结合型号合格审定过程批准。计划维修要求的制造厂家建议部分，一般由 AEG 负责评审。对较大的航空器，AEG 通常会成立专门的维修审查委员会对制造厂家建议的计划维修要求进行评审，并以发布维修审查委员会报告的方式予以批准或公布。

为编制制造厂家建议的计划维修要求，国际民航界在持续不断地研究适合的分析方法和工具，并在行业内联合成立了 MSG，编制并发布维修任务分析的相关指导文件。在经历了以预防性维修为主要维修方式的 MSG-1、MSG-2 后，1980 年9 月首次发布了 MSG-3 规范。MSG-3 采用基于可靠性维修理念的主要维修方式，并成为 ATA 的正式规范之一。随着 1994 年 11 月成立的国际维修审查委员会政策委员会(International Maintenance Review Board Policy Board，IMRBPB)将 MSG-3文件作为各国民航局方编制和批准维修审查委员会报告的统一分析工具，MSG-3开始在民用航空器制造行业内得到普遍应用，并逐步从运输类飞机扩大到通勤类飞机和直升机。2016 年 4 月，IMRBPB 发布了《国际 MRB/MTB 流程规范》，作为各国民航局方批准计划维修要求流程的参考。

计划维修要求评审涉及的规章或指导性材料主要有 CCAR-21R4、AC-91-026R1、国际 MRB/MTB 流程规范等。

3.5.1　计划维修任务编制的基本要求和流程

除非经民航局航空器评审组同意，航空器制造厂家应当采用申请航空器型号合格证(或认可证)时最新的 MSG-3 分析方法，编制航空器的计划维修任务。

由于能够兼顾安全、运行和经济性，MSG-3 分析方法得到国际民航业内的普遍认可和广泛应用。AC-91-026R1 在其附录 A 中提供了 MSG-3 分析表格样例，用于帮助航空器制造厂家建立分析流程规范。

对于设计比较简单的航空器，制造厂家可以选择仅考虑安全性的分析方法来确定计划维修任务，但需要具体说明。

对于运输类航空器，计划维修任务的编制过程应当组织航空运营人参与，并且计划维修要求文件必须得到局方 MRB 的批准。运输类航空器计划维修任务编制的流程示意图如图 3-3 所示。

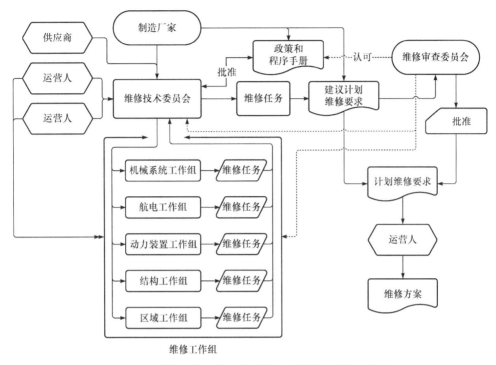

图 3-3　运输类航空器计划维修任务编制的流程示意图

对于非运输类航空器，计划维修任务的初始编制过程可以没有航空运营人的参与，但航空器制造厂家应当在交付后根据使用反馈进行适当优化。除通勤类飞机的计划维修文件必须得到局方维修审查委员会的批准外，其他非运输类航空器的计划维修要求文件，将与其他持续适航文件一同由 CAAC 局方认可。非运输类航空器计划维修任务编制的流程示意图如图 3-4 所示。

虽然通勤类飞机计划维修任务的初始编制过程可以没有航空器用户的参与，但 CAAC 局方鼓励航空器制造厂家组织航空运营人的参与，并参照运输类航空器的流程编制计划维修任务。

3.5.2　运输类航空器计划维修要求的编制和批准

运输类航空器计划维修要求的编制和批准工作涉及组建维修技术委员会(Maintenance Technology Council，MTC)和维修工程工作组(Maintenance Engineering Working Group，MEWG)、制定政策和程序手册、初始计划维修要求的分析和批准、设计更改或衍生型号计划维修要求的分析和批准、计划维修任务的优化等方面。

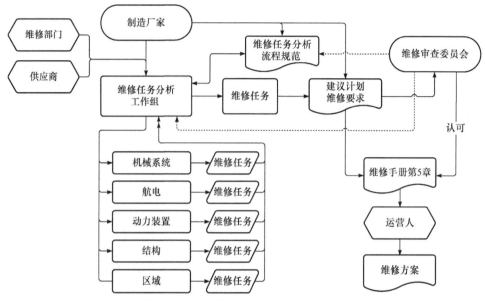

图 3-4 非运输类航空器计划维修任务编制的流程示意图

3.5.2.1 维修技术委员会和维修工程工作组的组建

在运输类航空器的计划维修要求文件开始编制之前，航空器制造厂家首先需要组织成立由用户或潜在用户、供应商组成的维修技术委员会和维修工程工作组，共同参与维修任务的分析。MTC 在国际上也被称为工业指导委员会(Industry Steering Committee，ISC)。

维修技术委员会需要由经验丰富的维修专家组成，设置主席和执行主席各一名。主席由用户方代表担任，执行主席由制造厂家的代表担任，负责共同组织 MTC 会议并指导 MEWG 的工作。

维修工程工作组一般按照专业设置多个 MEWG 工作，分别由对应专业的维修专家组成，设置组长和执行组长各一名。组长由用户方代表担任，执行组长由制造厂家的代表担任，负责共同组织工作组会议。

3.5.2.2 政策和程序手册的制定

在运输类航空器的计划维修要求文件开始编制之前，航空器制造厂家需要制定政策和程序手册，用于指导、规范 MTC 和 MEWG 应用 MSG-3 的分析方法开展维修任务分析，并明确相应的管理要求。

PPH 应当通过 MTC 会议的讨论，经 MTC 主席批准并获得维修审查委员会认可。PPH 可在开展维修任务分析后根据需要进行修订。修订的内容也需要经MTC 批准和 MRB 认可。

PPH 的相关内容要求详见 3.5.4 节。

3.5.2.3 初始计划维修要求的分析和批准

航空器制造厂家需要在型号研制阶段，根据设计文件的源头数据确定分析对象清单，包括重要维修项目(Maintenance Significant Item，MSI)、重要结构项目(Structural Significant Item，SSI)、重要闪电和高能辐射防护项目、维修区域等，按照 PPH 完成 MSG-3 分析文件的草稿，并按专业提交给相应的工作组讨论。

工作组采用会议的形式对每一份 MSG-3 分析文件进行讨论，并将形成的工作组结论或意见提交 MTC 讨论。

MTC 通过会议的形式对工作组提交的 MSG-3 分析结论或意见进行讨论，并及时对 PPH 或分析对象存在的问题进行修正。

航空器制造厂家需要为工作组和 MTC 会议提供相应的设施保证，并对讨论中提出的问题进行解释说明或技术支持，同时做好会议讨论记录。

MRB 派出代表参加工作组和 MTC 会议，并确认工作组和 MTC 会议的讨论符合 PPH 的规定。

在完成所有 MSG-3 分析文件后，航空器制造厂家根据 MTC 会议讨论所确定的维修任务，编制计划维修要求文件的建议，并至少在首架航空器交付前 90 天提交 MRB。

MRB 经讨论确认航空器制造厂家所提交的计划维修要求文件与 MTC 会议讨论的情况一致，并符合计划维修要求文件需要满足的相关内容要求(具体详见 3.5.5 节)，由 MRB 主席签署批准计划维修要求文件，并向 CAAC 飞行标准司主管部门提出颁发相应批准结论的建议。

MRB 在批准计划维修要求文件前，需确认持续适航文件中包含对应的维修程序，并经过必要的验证。

CAAC 飞行标准司主管部门根据 MRB 主席的建议，在航空器评审报告中颁发 MRB 对计划维修要求文件的批准结论。

3.5.2.4 设计更改或衍生型号计划维修要求的分析和批准

航空器制造厂家在计划维修要求文件获得批准后，需要对所有设计更改可能对计划维修要求产生的影响进行持续控制，以确定是否需要修订计划维修要求文件。

针对所有的设计更改，航空器制造厂家首先需要分析设计更改或衍生型号对重要维修项目、重要结构项目、重要闪电和高能辐射防护项目、维修区域等分析对象的影响，并对重大设计更改或衍生型号按照适用性更新分析对象清单。

对重大设计更改或衍生型号的情况，航空器制造厂家需要完成新增或受影响分析对象的 MSG-3 分析文件或修订的初稿，并按照与初始计划维修要求分析同样的流程，组织完成工作组和 MTC 讨论，并至少在预期获得批准前 90 天提交MRB。

对重大设计更改或衍生型号之外的情况，航空器制造厂家需要完成新增或受影响分析对象的 MSG-3 分析文件或修订。对受影响的维修任务，可以通过计划维修文件临时修订的方式直接报 MRB 批准，并在经下次 MTC 会议讨论后转为计划维修文件的正式修订。

3.5.2.5　计划维修任务的优化

为确保维修任务的有效性，航空器制造厂家需要建立机队使用数据的可靠性管理体系，依据机队使用数据的分析对计划维修任务进行持续优化。维修任务优化的要求和规范需列入 PPH。

维修任务的优化首先由航空器制造厂家参照如图 3-5 所示的流程及相关准则进行分析，并向 MTC 提出优化建议。

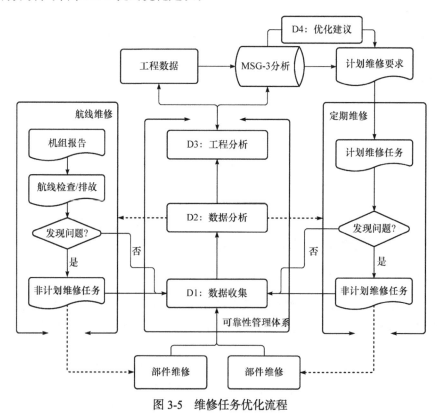

图 3-5　维修任务优化流程

图 3-5 中对数据收集(D1)、数据分析(D2)、工程分析(D3)和优化建议(D4)等模

块的要求分别如下：

1. 数据收集(D1)

在优化维修任务时，需要尽可能收集包括航空器自交付后所有计划和非计划维修任务的信息(包括未发现问题的维修任务的信息)。为开展后续的数据分析，维修任务信息需采用 ATA-2000 第 11 章或等同规范统一数据格式和内容。

2. 数据分析(D2)

在数据分析时，首先需要确认支持某一维修任务优化的数据是否达到 95%的可信度(即给定机队在给定时间内可能执行维修任务的次数与实际执行维修任务次数的比例)。如果达到，则评估发现问题的相关性和重要性，并应至少考虑如下适用因素：

(1) 机龄(航空器自交付起的日历时间、飞行小时、飞行循环)；

(2) 地理位置或使用环境(包括极热、寒冷、潮湿、风沙等各种极端天气情况)；

(3) 利用率(如飞行小时与循环、日历时间的比例)；

(4) 发现问题任务的实际间隔；

(5) 部件数据(包括部件拆换时间和车间维修发现问题)；

(6) 故障影响类别。

3. 工程分析(D3)

基于数据分析开展对维修任务的工程分析，应至少考虑如下因素：

(1) 构型状态评估；

(2) 原始 MSG-3 分析回顾和评估；

(3) 原始设计安全性分析回顾和评估；

(4) 部件可靠性评估；

(5) 特定任务的分析(包括勤务工作不正确带来的长期影响、恢复/报废任务所涉及部件出现的磨损、腐蚀等状况概率)。

4. 优化建议(D4)

根据工程分析，结合 MSG-3 流程，提出维修任务的如下优化建议：

(1) 延长维修任务间隔。适用于有充分的证据来判定维修任务间隔的延长不会对航空器的持续适航、运行可靠性和经济性有重大影响。

(2) 保持维修任务间隔。适用于可通过维修程序或培训降低发生问题风险的维修任务。

(3) 缩短维修任务间隔。适用于不能通过维修程序或培训有效降低发生问题风险的维修任务。

(4) 新增维修任务。适用于根据 MSG-3 流程确定需新增维修任务的情况。

航空器制造厂家需要定期组织 MTC 会议，对维修任务优化的建议进行讨论。MRB 需派出代表参加 MTC 会议，并确认 MTC 的讨论符合 PPH 的规定。

维修任务的优化建议在经过 MTC 会议讨论后，航空器制造厂家需根据 MTC 会议讨论的结论，提出修订计划维修要求文件建议，并至少在预期获得批准前 90 天提交 MRB。

MRB 经讨论确认计划维修要求文件的修订建议与 MTC 会议讨论的情况一致后，由 MRB 主席签署批准计划维修要求文件的修订。

3.5.3 非运输类航空器计划维修要求的编制和认可

非运输类航空器计划维修要求的编制和认可工作一般涉及组建维修任务分析工作组和分析流程规范、初始计划维修要求的分析和认可、设计更改或衍生型号计划维修要求的分析和认可、计划维修任务的优化等几个方面。

3.5.3.1　维修任务分析工作组和分析流程规范

在开始编制非运输类航空器计划维修要求文件前，航空器制造厂家需要组织成立由专业人员构成的维修任务分析工作组，制定维修任务分析流程规范。

维修任务分析工作组应当包括维修任务分析所需的各类专业人员，并明确责任管理人员。

制定维修任务分析流程规范的目的在于指导和规范维修任务分析工作组应用 MSG-3 的分析方法开展维修任务分析，并明确相应的管理要求。

维修任务分析流程规范需要由维修任务分析责任管理人员批准，并获得 MRB 认可。

维修任务分析流程规范可在开展维修任务分析后，根据需要进行修订。修订的内容也需要经维修任务分析责任管理人员的批准和 MRB 的认可。

维修任务分析流程规范的具体内容可参考 PPH 的要求，但无须编制与用户参与相关的内容。

3.5.3.2　初始计划维修要求的分析和认可

在非运输类航空器的型号研制阶段，航空器制造厂家需要根据设计文件的源头数据确定 MSI、SSI、LHSI 和维修区域等分析对象清单，按照维修任务分析流程规范完成 MSG-3 分析文件。

航空器制造厂家需要组织自身维修部门的人员对 MSG-3 分析文件进行讨论。MRB 可视情派出代表参加此类讨论会议，并确认 MSG-3 分析文件的讨论符合维修任务分析流程规范的规定。

在完成所有 MSG-3 分析文件后，维修任务分析责任管理人员根据讨论所确定的维修任务编制计划维修要求文件。

非运输类航空器的计划维修要求文件可以采用单独文件的形式，也可以结合航空器维修手册第 5 章的形式发布。

非运输类航空器的计划维修要求文件无须 MRB 的批准，一般随同其他持续适航文件一同认可。

3.5.3.3　设计更改或衍生型号计划维修要求的分析和认可

非运输类航空器的计划维修要求文件在获得认可后，航空器制造厂家必须持续控制所有设计更改可能对计划维修要求产生的影响，以确定计划维修要求文件是否需要修订。

针对所有的设计更改，航空器制造厂家首先需要分析设计更改或衍生型号对 MSI、SSI、LHSI、维修区域等分析对象的影响，并对重大设计更改或衍生型号按照适用性更新分析对象清单。

对重大设计更改或衍生型号的情况，航空器制造厂家需完成新增或受影响分析对象的 MSG-3 分析文件或修订，按照初始计划维修要求分析所采用的相同流程，组织完成计划维修要求文件的修订。

对重大设计更改或衍生型号之外的情况，航空器制造厂家需完成新增或受影响分析对象的 MSG-3 分析文件或修订，对受影响的维修任务可以采用计划维修文件临时修订的方式予以发布。

3.5.3.4　计划维修任务的优化

为保证非运输类航空器维修任务的有效性，航空器制造厂家需要建立机队使用数据的收集、处理与分析的完整的可靠性管理体系，依据机队使用数据的分析对计划维修任务进行持续优化。维修任务优化的要求和规范需要被列入维修任务分析流程规范中。

非运输类航空器维修任务的优化，首先需要由航空器制造厂家如图 3-5 所示的优化流程及相关准则进行分析，组织内部的维修专家进行讨论。MRB 派出代表参加讨论，确认讨论符合维修任务分析流程规范的规定。

维修任务的优化经讨论确定后，维修任务分析责任管理人员需根据讨论的结论，修订非运输类航空器的计划维修要求文件。

3.5.4　政策和程序手册的要求

采用 MSG-3 分析方法的某一航空器型号及其衍生型号，应编制同一本 PPH，这是编制 PPH 需要满足的基本要求。如果不同衍生型号之间存在具体分析规范的差异，则需要注明并明确 MSG-3 分析文件的控制方式。

除一般手册文件中通常必须包含的控制部分(如批准页、修订记录、有效页清单等)内容外，PPH 至少需要包含以下内容：

(1) 对计划维修任务分析的基本说明,包括准备使用的MSG-3分析文件版本;

(2) 对申请型号的设计情况和审定基础的说明;

(3) 对申请型号的预期使用情况的说明;

(4) 计划维修任务的间隔框架说明;

(5) MTC和工作组的职责;

(6) 初始制订阶段的计划安排;

(7) 系统维修任务分析的方法、步骤、流程以及分析表格样例;

(8) 结构维修任务分析的方法、步骤、流程以及分析表格样例;

(9) 区域维修任务分析的方法、步骤、流程以及分析表格样例;

(10) 闪电/高能辐射场维修任务分析的方法、步骤、流程以及分析表格样例;

(11) 计划维修任务的格式要求、编号规则;

(12) MSG-3分析报告的版本控制、修订规则;

(13) 会议纪要等MSG-3分析工作使用文件的要求和管理规则;

(14) 与计划维修任务优化相关的管理要求和规则;

(15) 关于设计更改进行持续评估的管理要求和规则;

(16) 关于计划维修要求文件持续修订完善的管理要求和规则;

(17) 分析项目清单;

(18) MTC、工作组和MRB的人员名单。

根据MSG-3分析流程、设计更改或衍生型号分析的需要,以及维修任务优化过程的反馈,PPH需要及时修订或更新。对于可能更新频繁的某些内容(如分析项目清单、人员名单等),可采用单独文件的方式进行控制,但需要在PPH中建立有效的链接信息。

3.5.5　计划维修要求文件的要求

计划维修要求文件通常需要对应某一航空器型号中所有采用同一PPH进行维修任务分析的衍生型号和构型。如不同衍生型号和构型之间存在维修任务的差异,需注明具体维修任务的适用性。

对需要采用同一PPH进行维修任务分析的衍生型号或构型,如果分别编制计划维修要求文件,则航空器制造厂家应建立统一的维修任务适用性控制清单。该清单无须随同维修任务文件一同发布,但应向MRB提供该清单,用于确认计划维修要求文件所列维修任务的准确性。

除一般手册文件中通常必须包含的控制部分(如批准页、修订记录、有效页清单等)内容外,计划维修要求文件至少应包含以下内容:

(1) 概述部分。说明文件的编制目的和背景、基本规则、适用性等内容。

(2) 系统和动力装置的计划维修任务部分。系统和动力装置部分计划维修任务，并提供其使用说明、间隔使用规则以及抽样检查等特定内容的使用规则等。

(3) 结构计划维修任务部分。结构部分计划维修任务，并提供其使用说明、间隔使用规则以及疲劳损伤检查、腐蚀预防与控制大纲等特定内容的使用规则等。

(4) 区域计划维修任务部分。区域部分计划维修任务，并提供其使用说明、间隔使用规则以及增强区域分析等特定内容的使用规则等。

(5) 闪电/高能辐射场(lightning/high intensity radiated field，L/HIRF)计划维修任务部分。L/HIRF 部分计划维修任务，并提供其使用说明、间隔使用规则等(此部分内容可并入系统和动力装置的计划维修任务部分)。

(6) 型号审定阶段产生的计划维修项目的说明。

(7) 分析项目清单。

(8) MTC、工作组和 MRB 联系人员名单。

(9) 计划维修任务来源的交叉索引清单。

(10) 区域划分和接近方式说明。

3.5.6　相关的国际合作流程和规范

当某一航空器型号因同时申请多个民航当局的型号合格审定，并且航空器制造厂家希望所有涉及民航当局同时开展计划维修要求的评审时，应当明确向中国民用航空局的 AEG 提出。

CAAC 局方的 AEG 在确认航空器制造厂家具备英文的文件编制和语言交流能力后，协调所涉及的民航当局按照国际维修审查委员会政策委员会的政策联合开展计划维修要求编制的评审工作。

在航空器型号一旦确定联合开展计划维修要求编制的评审工作后，航空器制造厂家应当在制订相关会议计划时充分考虑各民航当局协调的需要。

初始最低计划维修和检查要求包含对飞机机体、在翼发动机的维修方案，不包含对独立未装机发动机的维修方案。制造厂家在编制建议的维修审查委员会报告时，需要按照局方的相关规定和要求，制定飞机的计划维修要求。同时，制造厂家还应该和维修审查委员会建立有效的沟通机制，明确其工作要求和工作方法。

计划维修要求包括维修审查委员会的人员和机构组成，MRB 的主要职责、MRB 主席和成员的职责和工作方式，国外局方代表参加 MRB 工作，MRBR 的内容和格式，初始 MRBR 形成以及 MRBR 被批准发布实施的流程，MRBR 的修订要求方法和流程，ISC，MEWG，PPH 这 9 个方面的要求。其涉及的规章条款和指导性材料包括如下方面：

(1) MRB 的人员和机构组成，可参考 CAAC AC-91-26。

(2) MRB 的主要职责、MRB 主席和成员的职责和工作方式，可参考 CAAC AC-91-26/4、CAAC AEG-H/4.2。

(3) 国外局方代表参加 MRB 工作要求，可参考 CAAC AC-91-26。

(4) MRBR 的内容和格式，可参考 CAAC AC-91-26。

(5) 初始 MRBR 形成以及 MRBR 被批准发布实施的流程，可参考 CAAC AC-91-26。

(6) MRBR 的修订要求方法和流程，可参考 CAAC AC-91-26。

(7) ISC 的要求，可参考 CAAC AC-91-26/6.1、CAAC AC-121/135-67/8。

(8) MEWG 的要求，可参考 CAAC AC-91-26/6.1。

(9) PPH 的要求，可参考 CAAC AC-91-26/6.2、CAAC AC-91-26/8。

3.6　运行和持续适航文件的评审要求

为确保航空器能够被规范安全地运行、维修或维护，CAAC 局方在 CCAR-21R4 中明确要求，航空器制造厂家、设计更改批准持有人，需要为运营人、维修单位和维修人员提供航空器的相关运行和持续适航文件[12,13]。

3.6.1　航空器的运行文件

航空器的运行文件是保证航空器在经批准的运行范围内得到正确使用的关键文件资料。民航局方通常在型号合格审定的过程中以批准飞行手册的形式来具体明确航空器的运行限制和相关信息，并在运行审定时要求航空运营人根据飞行手册制定本公司的具体运行文件，以实现标准化飞行操作。

飞行手册的主要目的在于表明航空器经适航审定批准的能力和限制。除了设计简单的航空器外，飞行手册通常难以在运行中直接使用，也不便于航空运营人直接参照制定其运行文件。因此，航空器制造厂家一般会通过编制航空器运行文件的方式提供基础的标准化飞行操作程序，供航空运营人直接参考。此外，航空器在运行过程中还不可避免地会出现偏差放行、客舱安全和装载安全等实际问题，也需要作为研制者的航空器制造厂家提供航空器的基本使用程序和信息，为航空运营人制定相关的其他标准化操作程序提供参考依据。

3.6.1.1　对航空器制造厂家的基本要求

航空器制造厂家在所申请型号航空器交付或者首次颁发标准适航证之前，所申请型号航空器的运行文件需要获得局方的批准或认可。

所申请型号航空器交付时，航空器制造厂家需要向航空器所有人或运营人提供该航空器的相关运行文件。

航空器的运行文件必须是专用的，同一型号航空器的不同构型可以使用通用的文件，但必须在文件中具体注明和体现其构型差异。

3.6.1.2　航空器运行文件的范围和分类

航空器运行文件的范围应涵盖与航空器飞行、载运旅客或货物时所用设备有关的使用和操作说明，但不包括与航空作业(如摄影、探矿等)及所涉及特殊任务所用设备有关的使用和操作说明。

按照实际的用途，除飞行手册外，航空器的运行文件一般主要包括飞行机组操作手册、快速参考手册、载重平衡手册、偏差放行指南、客舱机组操作手册等。

1. 飞行机组操作手册

飞行机组操作手册主要用于为飞行机组提供在所有预计航线飞行过程中安全有效地操纵航空器所必需的使用限制、程序、性能和系统资料，为航空运营人提供建立标准化操作程序的基础，同时也可作为航空器飞行训练的全面参考。对于型号审定确定最小飞行机组为二人制机组或运行中要求配备副驾驶的航空器，一般都需要为该航空器编制飞行机组操作手册。

对于仅需单人驾驶的航空器，可采用飞行手册与飞行机组操作手册结合的方式(一般统称为飞行手册和驾驶员操作手册)，但必须确认涵盖飞行机组操作手册所要求的全部内容，并对缺少的内容进行适当补充(例如，系统资料因不在适航审定批准的范围内，可能未被包含在飞行手册中)。

2. 快速参考手册

快速参考手册主要用于为飞行机组提供在正常情况下驾驶航空器和处理非正常、紧急情况所需的快速参考资料。快速参考手册需要以简缩的形式给出安全有效地操纵航空器的最精简程序和动作。除飞行高度过低的仅需单人驾驶的航空器外，其他航空器都需要制造厂家为其编制快速参考手册。

对于某些设计了与飞行管理系统关联的电子化操作提示(如多功能显示器或电子飞行包)的航空器，如已获得了代替纸质文件的批准，可部分或全部偏离编制快速参考手册的要求。

3. 载重平衡手册

载重平衡手册主要为航空器的安全运行提供载重平衡方面的信息，通过有效的装载程序安全地分配最大业载。对于运输类航空器，需要编制载重平衡手册。对于非运输类飞机和旋翼机，载重平衡手册可参考其飞行手册或飞行机组操作手册中的相关内容。

4. 偏差放行指南

偏差放行指南主要用于为航空器设备、功能和构型在偏离设计状态情况下的放行，提供指导和具体的操作、维修程序。偏差放行指南一般包括主最低设备清单或构型缺损清单(configuration deviation list，CDL)。主最低设备清单的要求可参见 AC-91-037，构型缺损清单将作为飞行手册的一部分，并由适航审定部门批准。

5. 客舱机组操作手册

客舱机组操作手册主要用于为客舱机组实现标准化操作提供程序和信息，同时也可作为客舱机组训练的全面参考。对于配备客舱机组的航空器应当编制客舱机组操作手册。

3.6.1.3 航空器运行文件的格式、语言和内容要求

作为航空器运行文件的每本手册都必须包括手册控制部分，以方便使用者查阅、修订控制(包括临时修订)和掌握手册的修订历史。

航空器运行文件包括的手册可以使用中文或者英文编写，但应当明确呈交 CAAC 局方评估的每本手册所使用的语言(不同手册可以使用不同语言)。对经批准或认可手册的其他语言版本，需由航空器制造厂家负责审核这些语言版本手册的准确性。

1. 飞行机组操作手册的内容要求

除手册控制部分外，飞行机组操作手册还需至少包括手册使用说明、航空器系统说明、操作程序和性能数据等部分内容。

1) 手册使用说明

手册使用说明需包括适用的航空器说明或列表、使用注意事项、名词和术语(包括缩略语和图例)、使用规范、机组告警系统信息说明等。

2) 航空器系统说明

航空器系统说明需包括从飞行机组使用需要的角度介绍航空器的总体情况和各系统的基本构成、工作原理或逻辑、操作和显示以及其他相关提示信息，并配以必要的示意图辅助说明。

3) 操作程序

操作程序需包括使用限制、正常程序、非正常程序、应急程序和补充程序等飞行机组在各种情况下安全有效地操作航空器所必需的标准程序和相关信息，并明确机组分工。

4) 性能数据

性能数据需包括方便飞行机组直接参考的签派放行和飞行中的性能数据。

2. 快速参考手册的内容要求

除手册控制部分外，快速参考手册应当至少包括手册使用说明、正常检查单、非正常检查单、飞行中性能和快速索引等部分内容。

1) 手册使用说明

手册使用说明需包括适用的航空器说明或列表。

2) 正常检查单

正常检查单需包括按照飞行阶段描述需确认的关键检查项目。

3) 非正常检查单

非正常检查单需包括飞行机组应对非正常情况的动作和确认检查项目。非正常检查单包括非正常情况和紧急情况内容。

4) 飞行中性能

飞行中性能需包括需要飞行机组快速参考的速度、着陆距离、一台发动机不工作等有关的性能数据。

5) 快速索引

快速索引需包括机组能够快速查找到需要内容的索引方式，包括快速操作索引、紧急程序索引、按字母顺序编排的索引。

3. 载重平衡手册的内容要求

除手册控制部分外，载重平衡手册应当至少包括概述部分、审定的重量和重心限制、燃油、系统液体、机组及乘客重量、机舱内部安排、货物装载、顶升限制、牵引和地面操作限制、航空器称重、部件重量和力臂示意图表、装载计划及包线等部分内容。

1) 概述部分

概述部分需包括：具体说明适用的航空器；相关术语、单位换算、缩写的解释说明；航空器的外形尺寸、平衡基准系统的构成(包括平衡力臂、各舱门位置、平均气动弦长的概念和与力臂的换算公式、机身纵向剖线、水线)；影响性能和运行限制的因素(包括重心插值计算、运行重量重心要求和限制因素)。

2) 审定的重量和重心限制

审定的重量和重心限制部分需包括：最大滑行重量、最大起飞重量、最大着陆重量、最大无燃油重量、最小飞行重量；最小轮胎尺寸要求；重量重心包线图；起飞水平安定面配平设置、重量重心与安定面配平位置对比图表；起落架和襟翼的影响、收起落架力矩变化、收襟翼力矩变化。

3) 燃油

燃油部分需包括：油箱位置和容量、油箱位置示意图、最大燃油重量、可用燃油量和分布、不可用燃油量和分布、燃油加注程序、燃油密度限制、横向燃油量不平衡、燃油使用限制、燃油使用程序；各油箱燃油量及力臂表。

4) 系统液体

系统液体部分需包括：发动机系统工作用油、发电机用油、液压油、起落架系统用油、操纵系统用油、饮用水系统(包括水箱容量和位置)、废水处理系统(包括厕所数量和位置示意图、厕所工作用液体种类和体积、厕所位置对应力臂表)等相关内容。

5) 机组及乘客重量

机组及乘客重量部分需包括：乘客和机组人员及行李重量限制；机舱内部布局(包括驾驶舱布局图及机组平衡力臂表、客舱布局平衡力臂图、乘客平衡力臂表、乘务员平衡力臂表)。

6) 机舱内部安排

机舱内部安排部分需包括：驾驶舱和客舱力臂分布、乘客和客舱机组位置、厨房最大载重限制。

7) 货物装载

货物装载部分需包括：货舱装载限制、最大允许重量、前后货舱平衡力臂示意图；各货舱最大允许重量表(包括总重量限制、纵向装载限制和地板压强限制)；前后货舱位置、容积及平衡力臂表；前后货舱结构、容量示意图表；货舱门尺寸和允许通过行李尺寸(包括装载说明及示意图表)；货物捆绑限制。

8) 顶升限制

顶升限制部分需包括：航空器千斤顶支撑点位置图、最大允许载荷表、千斤顶工作重量重心限制包线；主起落架千斤顶支撑点力臂示意图。

9) 牵引和地面操作限制

牵引和地面操作限制部分需包括：牵引和地面操作防侧翻的考虑因素和限制、登机和离机防侧翻的考虑因素。

10) 航空器称重

航空器称重部分需包括：进行航空器称重的基本方法、称重所需的仪器设备；称重前的准备工作，应明确航空器构型完整一致，应确定所有液体(包括燃油、滑油、水、液压油等)的体积，称重区域和设备应确保避免错误和读数变化最小；航空器称重的程序及要求；非水平状态重心修正；航空器称重报告(应包括特定航空器的载重和平衡数据，这些数据包括制造厂家、机型、出厂序列号、注册号、实际重量、出厂构型清单等)。

11) 部件重量和力臂示意图表

部件重量和力臂示意图表部分需包括：机翼、水平尾翼、垂直尾翼、机身、主起落架、前起落架、发动机短舱等相关内容。

12) 装载计划及包线

装载计划及包线部分需包括：装载计划的作用、要求和示例等内容。

4. 偏差放行指南的内容要求

航空器偏差放行指南的设备、功能偏差部分应当与该航空器的 MMEL 一致，构型偏离的部分应当与飞行手册的构型缺损清单一致，具体操作和维修程序应当清晰、明确并具备可操作性。

5. 客舱机组操作手册的内容要求

除手册控制部分外，客舱机组操作手册应当至少包括如下内容：

1) 航空器介绍

航空器介绍需包括航空器的总体介绍、主要尺寸和客舱布局。

2) 控制面板

控制面板需包括位于客舱区域的各种控制面板的说明。

3) 客舱灯光

客舱灯光需包括客舱灯光、内部和外部应急照明的说明。

4) 客舱通信

客舱通信需包括客舱机组使用的航空器通信系统(包括客舱内话系统、旅客广播系统、旅客呼叫系统、盥洗室呼叫系统)的说明。

5) 客舱标记标牌

6) 盥洗设备

盥洗设备需包括盥洗室及其位置、水和污水系统、盥洗室烟雾探测和废物箱灭火瓶的说明。

7) 厨房设备

厨房设备需包括厨房设备、位置、有关的水和污水系统说明。

8) 门、滑梯和应急出口

门、滑梯和应急出口需包括登机门、应急出口和撤离滑梯的说明(包括从机内、外对舱门进行的正常和非正常操作)。

9) 应急设备

应急设备需包括航空器各位置的应急设备说明(包括应急设备标识、应急设备的位置、氧气系统、防护式呼吸装置、灭火瓶、应急定位发射机、其他各种应急设备)。

10) 非正常情况处置指南

非正常情况处置指南需提供防火和客舱灭火的一般指导；提供客舱机组应急着陆撤离和水上迫降撤离的建议指导，包括各出口位置引导乘客撤离的职责，以保证乘客和机组在最短时间内安全撤离航空器。

11) 其他

其他如便携式电子设备的使用控制，以防止对飞行控制、导航和通信系统的干扰。

3.6.1.4　航空器运行文件的编制、分发控制、持续修订和管理规范

1. 航空器运行文件的编制

航空器运行文件的初始编制应当基于合适的源头文件。飞行机组操作手册应

当基于飞行手册,或在飞行手册内容不完备前直接参考航空器的设计定义和分析、验证报告。快速参考手册应当基于飞行机组操作手册或飞行手册。载重平衡手册应当基于飞行手册的载重平衡数据和出厂载重平衡报告。偏差放行指南应当基于主最低设备清单和构型缺损清单。客舱机组操作手册应当基于经型号审定部门批准的客舱构型和有关符合性报告(如水上迫降、应急撤离程序等)。

除上述源头文件外,所有的运行文件还应当参考航空器型号统一的名词术语规范和构型控制文件。

航空器运行文件的编写需参考相应国际行业标准或规范(如 ATA-2300 或 GAMA 规范 1)的要求,可采用直接的文档编辑或采用数据库的模式。但不论采用哪种模式,都应当注明所参考的源头文件和版次,及时跟踪并记录源头文件和版次对运行文件内容的影响。

在内容编写完成后,航空器的运行文件需经过工程设计部门的审核,确定所编写内容符合相关的设计和分析、验证报告。

内容经过审核的运行文件,应当以草稿的形式予以内部出版编辑,并提供预期使用人员(如试飞人员、教员、运行支持人员等)进行必要的使用验证,确认运行文件的内容准确、可正确理解和具备可操作性。

航空器运行文件内容的试飞验证应当在确认不影响安全的情况下,由验证人员严格按照运行文件的内容进行操作,否则验证工作将被视为无效。

对于因研制过程中设计更改和验证问题造成的运行文件内容修订,需要重复上述审核和验证过程,直至航空器设计冻结后形成运行文件的初稿,并提供局方审核。

航空器运行文件的初稿经过进一步试飞验证和局方审核后形成定稿,并交付首批用户用作运行准备参考。

运行文件在草稿和初稿阶段,一般应以型号审定时包括的航空器所有构型为基础编写主手册,在定稿后则可以根据客户的选装构型编制客户化手册。

考虑到航空器研制过程与运行文件编制流程的配合,一般需要在首次试飞前即完成运行文件草稿的编制,在功能和可靠性试飞前完成初稿的编制,而在首架交付或获得标准适航证前完成定稿的编制。

2. 航空器运行文件的分发控制

航空器运行文件在编制完成后(包括草稿和初稿阶段),需及时分发给制造厂家内部相关部门,以便在相关的工作中参考并实施验证。

在航空器交付时,航空器制造厂家应将该航空器适用的运行文件一并提供给航空器所有人(或运营人),并可对该航空器的运行文件进行客户化或单机化出版编辑,但应当建立用于对这些运行文件实施有效控制的出版编辑规范,保证运行文件内容的适用性。

运行文件可以以纸质、电子文档(光盘、网络)或者其组合的方式分发,但当采用电子文档方式提供时,应当确保任何人在无意或者有意情况下都不能修改其内容。

为保证制造厂家内部相关部门和航空器的所有人(或运营人)及时获得和使用最新有效的运行文件,航空器制造厂家应当建立一个运行文件分发清单,并以合适的方式提供现行有效版本的查询,包括定期提供运行文件有效版次清单,或通过网络更新通知等方式。

3. 航空器运行文件的持续修订

航空器投入使用后,航空器制造厂家必须对运行文件的准确性、可用性、与设计的符合性进行全寿命的持续跟踪,并在发现或得到下述情况反馈时,及时修订涉及的运行文件内容:

(1) 存在错误或不准确的情况。

(2) 存在缺乏内容的情况。

(3) 存在不可操作的情况。

(4) 制造厂家对航空器设计更改后。

此外,航空器制造厂家也可以根据使用经验对航空器运行文件进行改进。

为保证运行文件持续跟踪和修订工作的有效进行,航空器制造厂家需要建立有效的信息收集方式和渠道,制定符合以下原则的修订工作规范:

(1) 对于不影响飞行安全的修订内容,可以结合定期修订计划(如每季度、每半年、每年等)一并进行修订;

(2) 对于可能影响飞行安全的修订内容,应当以临时修订页的方式及时进行修订,并结合下一次定期修订计划完成正式修订。

运行文件修订内容的编制流程和分发控制与初始编制的要求相同,但每次修订的内容都需要清晰记录摘要并给予突出显示或标记。

对某些可能对飞行运行有直接影响的特别注意事项或提示,在运行文件修订前,可以采用运行通告的方式快速通知相关的运营人或所有人,以保证及时引起注意。

采用运行通告发布的特别注意事项或提示,一般都会结合某个或某些运行中发生的事件而颁发,可能会最终转化为运行文件的修订,也可能不转化为运行文件的修订,而只是为相关人员提供参考。

4. 航空器运行文件的管理规范

为保证航空器运行文件编制、分发和修订责任的落实,航空器制造厂家需要通过制定管理体系文件的方式建立满足下述要求的运行文件管理规范:

(1) 明确运行文件管理的责任部门和人员,并明确相关部门的支持和配合要求;

(2) 建立规范的工作流程和标准。

3.6.1.5 航空器运行文件的局方认可

除 CAAC 局方批准的航空器运行文件或文件内容外，局方在评估确认满足以下条件的情况下对航空器型号的运行文件及其持续修订予以认可：

(1) 航空器制造厂家建立了合适的运行文件管理规范；

(2) 有记录表明运行文件的编制、分发和修订管理符合相应的管理规范；

(3) 通过抽查对运行文件完成了准确性、可用性和与设计的符合性的评估和验证。

由于航空器运行文件需要进行全寿命的持续跟踪和修订，航空器制造厂家建立和执行相应的管理规范将只是 CAAC 局方对运行文件认可的必要条件，所以仅完成了准确性、可用性和与设计的符合性的评估，也可能不能获得 CAAC 局方的认可。

在初始型号审定过程中初次认可运行文件时，航空器制造厂家需要向局方提交表明运行文件符合其编制、分发、持续修订管理规范要求的符合性报告，并作为 CAAC 局方认可相关运行文件的依据。

3.6.1.6 对其他设计更改的要求

除航空器制造厂家外，下述航空器的设计更改持有人应当负责运行文件中针对其更改涉及部分的影响评估和必要修订：

(1) 补充型号合格证；

(2) 重要改装方案批准。

上述设计批准持有人在申请局方的批准时，应当同时提交其更改对运行文件的影响评估。如有影响，则应当附有修订内容；如不影响或不更改现有的运行文件，则应附有现有运行文件仍然适用的声明。

航空器制造厂家之外的设计更改持有人对相应运行文件修订的认可，如果未包括在适航审定部门设计更改批准数据包中，则可以由设计更改持有人向局方航空器评审部门提出申请，或由实施该设计更改的运营人(或所有人)向其主管运行监察员提出申请。

3.6.2 航空器的持续适航文件

无论初始设计水平和可靠性有多高，航空器一经投入使用，正确地使用和维修将是保持其固有设计水平和可靠性的基础。而正确地使用和维修则需要通过航空器制造厂家制定准确详尽、便于使用的持续适航文件来保证。

对于持续适航文件的重要性，民航当局、航空器的制造厂家和使用人都有着足够的认识。CCAR-23 部第 23.1529 条、CCAR-25 部第 25.1529 条、CCAR-27 部第 27.1529 条、CCAR-29 部第 29.1529 条对持续适航文件都有明确的规定。对航空器持续适航文件的批准和认可是适航审定部门和飞行标准司 AEG 的共同职责。适航审定部门批准的文件主要作为支持型号合格证颁发的条件，一般必须在颁发型号合格证之前完成；飞行标准司 AEG 负责批准和认可的文件主要作为支持航空器投入运行的条件，如果在颁发型号合格证时没有全部完成，首架航空器交付或者颁发标准适航证前必须完成。

3.6.2.1　对航空器制造厂家的基本要求

航空器制造厂家在所申请型号航空器交付或者首次颁发标准适航证之前，该航空器的持续适航文件必须获得 CAAC 局方的批准或认可。而在所申请型号航空器交付或者首次颁发标准适航证时，航空器制造厂家应当向航空器所有人或运营人提供持续适航文件。

航空器的持续适航文件必须是专用的。同一型号航空器的不同构型可以使用通用的持续适航文件，但必须在文件中具体注明和体现其构型差异的要求。

除某些特定任务可以使用标准施工(或工艺)以外，航空器制造厂家不能依赖标准施工或其他通用的指导作为不同型号航空器唯一的使用、安装和维修说明。

3.6.2.2　航空器持续适航文件的范围和分类

航空器持续适航文件主要涉及以下方面的内容：

(1) 航空器使用、维修及其他保持航空器持续适航的限制、要求、方法、程序和信息。

(2) 航空器所安装的发动机、螺旋桨、机载设备与航空器接口的信息。

(3) 航空器机载设备和零部件的维修方法、程序和标准(可以直接使用机载设备和零部件制造厂家编制的单独手册)。

按照实际的文件用途，航空器持续适航文件一般分为维修要求、维修程序和构型控制等若干类型的文件。每一类文件都可以以一本或多本手册的形式编制，但下述手册或内容需要 CAAC 局方批准，并应当按照 CAAC 局方的相应要求单独编制：

(1) 适航性限制项目；

(2) 审定维修要求；

(3) 计划维修要求(scheduled maintenance requirements，SMR)；

(4) 结构修理手册(structural repair manual，SRM)；

(5) 适航审定部门要求批准的其他文件(如双发延程飞行运行涉及的构型、维修和程序，CCAR-26 部涉及的特殊持续适航文件等)。

3.6.2.3　航空器持续适航文件的格式和语言要求

航空器持续适航文件的每本手册都必须包括手册控制部分，以方便使用者查阅、修订控制(包括临时修订)和掌握手册的修订历史。

航空器持续适航文件包括的手册可以使用中文或者英文编写，但应当明确呈交局方评估的每本手册所使用的语言(不同手册可以使用不同语言)。对经批准或认可手册的其他语言版本，由航空器制造厂家负责这些语言版本手册的准确性。

航空器持续适航文件各手册之间相互引用、引用国家或者行业标准、引用发动机、机载设备制造厂家单独编制的文件时，必须保证内容的连贯性和协调一致，避免造成不便于使用的连续或者多层次引用。

3.6.2.4　航空器持续适航文件的内容要求

按照实际的用途，航空器持续适航文件的内容可以分为维修要求、维修程序、机载设备和零部件维修程序、构型控制等类别，这些内容通常被编写在组成航空器持续适航文件体系的各种手册文件中。

1. 航空器持续适航的维修要求文件

维修要求的主要目的是向航空器使用人或者运营人提供保持航空器的持续适航性和飞行安全的维修任务要求，航空器的维修要求一般包括：

(1) 航空器系统和动力装置(包括部件和 APU)重要维修项目的计划维修任务和维修间隔；

(2) 航空器结构重要项目的计划维修任务和维修间隔；

(3) 航空器各区域的计划检查任务和检查间隔；

(4) 特殊检查任务(如闪电和高辐射防护)及其检查间隔；

(5) 审定维修要求；

(6) 适航性限制项目。

维修要求必须根据航空器型号审定中明确的系统、设备和结构的预期可靠性水平来确定，应涵盖航空器所有的系统、设备和结构，并考虑但不仅限于潮热气候、含盐腐蚀气候、风沙和(或)灰尘、寒冷天气等特定运行环境的影响。

维修要求需要具体指明维修任务的类别、适用的项目或区域(系统、设备和结构项目以 ATA 章节的方式标明)，并以飞行小时、飞行循环、日历时间或其组合的方式明确维修或检查间隔。

除经局方特别批准采用的其他行业或国际规范外，计划维修任务应当采用MSG-3 的逻辑分析流程予以确定。对于运输类航空器和通勤类飞机，计划维修要求需经局方批准。计划维修要求的相关内容可参考 3.5 节或 AC-91-026 R1 中的具体要求。

维修要求可以包括在航空器维修手册中(通常该手册的第四章为适航性限制章节，第五章为根据 MSG-3 逻辑分析产生的维修任务)，也可以编制单独的文件，如维修计划文件(maintenance planning document，MPD)。

对于具备经局方批准计划维修要求的航空器，如果编制该航空器的维修计划文件，则应使用与局方批准的计划维修要求一致的术语和定义，并且维修计划文件的维修要求不少于或低于局方批准的计划维修要求内的要求。

2. 航空器持续适航的维修程序文件

航空器维修程序的主要目的是为航空器所有人或运营人提供一套航空器的维护说明书，以保证航空器的正常维护和维修要求的具体落实。航空器维修程序文件应当至少包括概述性资料、系统和安装说明、使用和操作说明、故障处理说明、维修实施程序、维修支持信息等方面的主要内容。

这些内容可采用多本手册的形式，如飞机维修手册(aircraft maintenance manual，AMM)、发动机安装手册(engine buildup manual，EBM)、故障隔离手册(fault isolation manual，FIM)，但不同航空器制造厂家的手册划分可以不必相同。

1) 概述性资料的编写原则和内容要求

对于航空器维修程序文件中的概述性资料内容，有如下的编写要求：

(1) 概述性资料的编写原则。

航空器概述性资料中涉及设计数据的内容应当源自型号审定的对应文件。为方便使用，在不同的维修程序手册中可能重复编写或者相互参考航空器的某些概述性资料，但必须保证相关资料的一致性。

(2) 概述性资料的内容要求。

航空器概述性资料应包括但不限于下述内容：

① 航空器特点和数据(包含但不限于)。

(A) 区域、站位；

(B) 各类重量数据；

(C) 各类尺寸数据；

(D) 地面发动机运转时的危险区域数据；

(E) 驾驶舱每个仪器仪表指示数据的说明；

(F) 客舱和(或)货舱中每个仪器仪表指示数据的说明；

(G) 电子舱或者设备舱每个仪表指示数据的说明；

(H) 航空器外表、系统部件的指示数据说明；

(I) 必要的产品部件的参数说明；

(J) 与航空器结构维修任务相关的数据(如结构尺寸、结构材料、因维护需要产生的结构区域载荷限制)。

② 勤务说明。

勤务说明包括勤务点、油箱和流体容器的容量、所用流体类型、各系统所采用的压力、检查和勤务口盖的位置、润滑点位置、所用的润滑剂、勤务所需的设备、牵引说明和限制、系留、顶起和调水平资料。

2) 系统和安装说明的编写原则和内容要求

对于航空器维修程序文件中的系统和安装说明内容，有如下的编写要求：

(1) 系统和安装说明的编写原则。

在航空器的系统和安装说明中，所涉及的系统组成和设计数据(如拧紧力矩)内容必须来自型号审定的对应文件，而所涉及的安装程序和图示内容则应当源于生产许可审定的对应文件。

(2) 系统和安装说明的内容要求。

系统和安装说明的内容要求应至少包括航空器各系统(包括发动机、螺旋桨和设备)的基本组成部件和各部件的功能、相互逻辑关系、系统显示，以及为了方便说明而提供必需的系统产品部件的性能数据和部件内部的工作原理。

对于发动机、机载设备和部件，其离位维修测试所涉及的使用和操作说明，应当包括在相关制造厂家编制的单独手册中。

3) 使用和操作说明的编写原则与内容要求

对于航空器维修程序文件中的使用和操作说明内容，有如下的编写要求：

(1) 使用和操作说明的编写原则。

航空器系统、部件的使用和操作说明中的内容，必须来自型号审定的对应文件。

(2) 使用和操作说明的内容要求。

使用和操作说明的内容要求应至少包括维修人员需要了解的航空器系统、部件在翼使用和操作说明(包括适用的特殊程序和限制)。

对于发动机、机载设备和部件，其离位维修测试所涉及的使用和操作说明应当包括在相关制造厂家编制的单独手册中。

4) 故障处理说明的编写原则和内容要求

对于航空器维修程序文件中的故障处理说明内容，有如下的编写要求：

(1) 故障处理说明的编写原则。

航空器可能发生的故障，必须来自型号审定过程中的系统安全分析，应当是航空器监控系统所能检测到的故障，同时包括机组和维修人员发现的故障。这些故障包括但不局限于以下方面：

① 驾驶舱内所有警告、警戒和告诫所对应的故障信息；

② 中央维护计算机系统中所有的故障信息；

③ 航空器产品部件上指示的故障信息；

④ 飞行员飞行中可能报告的故障；

⑤ 其他机组人员运行中可能报告的故障；

⑥ 维修人员例行检查时可能发现的故障。

航空器的故障处理说明，一般应当涵盖型号审定过程中系统安全分析得出的发生可能性大于 10^{-5} 的故障情况。

(2) 故障处理说明的内容要求。

故障处理说明的内容要求应至少包括针对每条故障现象列出的可能原因和失效部件(可能原因的排列一般可以按照先易后难的原则)，以及基于故障可能原因进行的隔离、判断和排故程序。

故障隔离和判断的先后逻辑不能影响航空器安全或造成人员伤害，并且不得导致可能的原因被漏判。

5) 维修实施程序的编写原则和内容要求

航空器持续适航文件中的维修实施程序涉及维修任务、维修可接近性说明、标准工艺和操作、无损检测文件、结构修理文件等方面的内容。

(1) 维修任务的编写原则和内容要求。

① 维修任务的编写原则。

航空器维修任务必须来自维修要求(计划维修任务)和其他持续适航文件所涉及的维修实施要求(非计划维修任务)，应包括但不局限于以下方面：

(A) 计划维修要求和维修计划文件中的计划维修任务；

(B) 故障处理涉及的排故程序；

(C) 主最低设备清单中涉及的维修程序；

(D) 可预计的意外损伤的处理(包括但不限于鸟击、雷击、水银泄漏、海鲜泄漏、重着陆、飞越火山灰、航空器空中机动过载等)；

(E) 部件拆卸安装后必要的维修任务；

(F) 数据统计分析产生的维修任务。

② 维修任务的内容要求。

每项维修任务的内容要求应至少包括计划维修任务或非计划维修任务所涉及的下述内容：

(A) 清洗、检查、调整、试验和润滑的具体实施程序，并提供适用的允差(如磨损、渗漏等)及推荐的补充工作内容；

(B) 拆卸与更换零部件的顺序和方法，以及应采取的必要防范措施(包括保证航空器和人员安全的必要措施)；

(C) 上述任务所涉及的工具设备、航材、材料等必要信息。

航空器维修任务中涉及的维修可达性、通用工艺和操作、专业性工作(如无损检测、结构修理)可通过与其他文件建立关联的方式说明。

(2) 维修可接近性说明的编写原则和内容要求。

① 维修可接近性说明的编写原则。

航空器的维修可接近性说明应当源于维修任务的可达性要求。

② 维修可接近性说明的内容要求。

维修可接近性说明的内容应包括完成所有维修任务需要的航空器接近口盖的图示和说明。如果没有接近口盖，则应该提供接近的具体方法和程序。

(3) 标准工艺和操作的编写原则和内容要求。

① 标准工艺和操作的编写原则。

标准工艺和操作须源于维修任务中的通用工艺和操作，包括但不限于：

(A) 结构紧固件的标识、报废建议和拧紧力矩；

(B) 各类结构、部件的静电接地的检查、安装、清洁；

(C) 各类管路的标识、安装、固定、检查的程序；

(D) 可拆卸标牌的清洁、安装；

(E) 钢索的检查和安装；

(F) 各类紧固件、连接件的保险；

(G) 各类勤务点的检查和安装；

(H) 各类密封、封胶、封严、封圈、备用封圈的安装和检查；

(I) 电气电子设备、线路、跳开关的清洁、检查和修理；

(J) 典型结构表面的检查、打磨、处理。

② 标准工艺和操作的内容要求。

标准工艺和操作的内容要求应包括具体每项工艺或操作的具体实施程序和标准，以及保证航空器和人员安全的必要措施，并提供所涉及的工具设备、航材、材料等必要信息。

(4) 无损检测文件的编写原则和内容要求。

① 无损检测文件的编写原则。

无损检测文件应当源于维修任务中要求实施无损检测的项目。

② 无损检测文件的内容要求。

无损检测文件的内容要求应包括根据航空器的结构特点所确定的如下内容：

(A) 各种 NDT 方法的特点(包括射线成像、涡流、渗透、磁粉、超声、热成像、内窥镜、声音等)和适用范围(位置、材料、损伤)；

(B) 维修任务要求的每个项目 NDT 检查的具体程序，包括所使用的设备和材料说明、检查的标准程序、标准试块的校验、判断检查结果的程序，以及必要的防止人员、航空器和设备伤害的措施。

一般情况下，NDT 方法主要应该用在航空器设备上原位验证维修程序，如果没有在航空器原位验证该程序，则应该在文件中注明"没有在航空器原位验证"。

(5) 结构修理文件的编写原则和内容要求。

航空器的结构修理文件描述航空器在服役中预期的结构修理种类和准则，是需经型号审定部门批准的一种持续适航文件，具体要求参见有关的适航标准法规文件。

6) 维修支持信息的编写原则和内容要求

航空器维修支持信息的内容主要涉及工具设备手册和供应商信息。

(1) 工具设备手册的编写原则和内容要求。

① 工具设备手册的编写原则。

工具设备手册中的工具设备应来自维修任务中涉及的专用的工具、夹具和测试设备。

② 工具设备手册的内容要求。

工具设备手册的内容要求应包括根据工具设备的特点所确定的如下适用内容：

(A) 标题、件号标设和所在的手册名称和位置(章/节/题目/页号组)；

(B) 可以简单和直接了解这些工具和设备的用途的详细说明资料；

(C) 每个工具和设备单元的图解示图和使用位置示图；

(D) 每个可修理和可更换件的图解零件清单；

(E) 如果可以由用户自制，则应提供完整的制造图纸；

(F) 维护说明；

(G) 对于庞大和笨重的工具设备，应当提供便于包装与运输的尺寸和重量说明。

对于大型和复杂的设备(如综合试验台等)，可以选择为其配备单独的使用手册。

(2) 供应商信息的编写原则和内容要求。

① 供应商信息的编写原则包括航材供应商信息应当源于维修任务中涉及的可更换零部件、原材料和专用工具设备。

② 供应商信息的内容要求。

供应商信息的内容要求应包括便于航空器所有人或运营人采购的如下内容：

(A) 索引部分，包括按照采购项目(如件号/型号、名称)索引和按供应商索引；

(B) 供应商信息(可按字母顺序排列)，包括联系人、地址以及产品保障体系。

供应商信息可结合产品构型控制文件(如 IPC)一同说明。

3. 航空器持续适航的机载设备和零部件维修程序文件

机载设备和零部件维修程序的主要目的是向航空器所有人或运营人提供一套机载设备和零部件的维护说明书，以确保落实具体的维修要求。机载设备和零部件维修程序的编制责任属于航空器制造厂家。

航空器机载设备和零部件维修程序一般采用部件维修手册的形式编制。航空器制造厂家可以选择直接使用机载设备和零部件制造厂家编制的单独手册或结合航空器维修程序一同编制。

航空器部件维修手册的编写原则和内容要求如下：

1) 部件维修手册的编写原则

对于航空器维修要求中涉及执行离位维修任务的机载设备和零部件，航空器制造厂家应当编写机载设备和零部件的维修程序。

2) 部件维修手册的内容要求

机载设备和零部件维修程序应当至少包括下述适用内容：

(1) 原理、功能和操作说明；

(2) 测试和校验程序；

(3) 修理和翻修(如适用)程序；

(4) 图解零件目录和线路图；

(5) 材料和工艺规程。

虽然可以直接使用机载设备和零部件制造厂家编制的单独手册，但机载设备和零部件维修手册的编制责任仍然属于航空器制造厂家。

4. 航空器持续适航的构型控制文件

航空器持续适航的构型控制文件用于规定航空器的构型设计标准，以保证在航空器维修过程中，符合经批准的设计规范。航空器构型控制文件主要包括图解零件目录和线路图册。

1) 图解零件目录的编写原则和内容要求

航空器的图解零件目录用于提供航空器部件装配、更换的上一级/下一级装配件(零件)关系，并提供零部件识别、供应、储备和领取的索引。

(1) 图解零件目录的编写原则。

图解零件目录应当源于型号审定过程中制造符合性检查确立的装配图解。

如果采用客户化的图解零件目录，则可以只包含适用特定客户或客户群的详细零件清单和数字索引信息，但需要在每页注明客户代码。

(2) 图解零件目录的内容要求。

图解零件目录应当至少包括航线可更换件的下述内容：

① 详细零件图解。

详细零件图解需包括每一部件项目组件图，以及进一步表明与上一级组件之间关系的分组件和具体零件级别的图解，并应当列至每一个可以分解、修理、重新装配或替换的具体零件。每一图解都应标明图号，并且分解项目应当注明项目号。

② 详细零件目录。

详细零件目录需要列出和图解对应的所有焊接和铆接件之外的连接零件。但是如果制造厂家考虑到这些焊接和铆接零件也需要正常更换，那么目录中也应包含焊接和铆接零件。

详细零件目录页中应当以表格的形式标明图和项目号、件号、航空公司库存号(如需要)、名称、每组件数量，以及原始制造厂家或销售商(销售商代码应以大写字母 V 打头)。在任何情况下，都不能将详细零件目录放在图解的前面或将详细零件目录与图解图分开。

③ 其他必要说明(包括但不限于下述内容)。

当通过贯彻服务通告对现有零件进行更改、返修或者安装附加的零件时，应在说明栏示出包括 SB 字样的服务通告号，在件号栏中应保留更改以前的件号。

如果两个或两个以上的组件大部分是由相同的零件组成的，或组件是包含左件和右件的对称(反向)组件，那么应在说明栏进行标识并依次列出。每组件栏中应当只注明一个组件所需的数量。

对于涉及延程运行批准的敏感项目，应当注明延程运行的批准状态。

对于标准件，应在件号栏列出标准号(包括对应的等效标准)，并在说明栏中列出可通过商业渠道采购的全部项目说明(如材料、钉头的类型、螺纹类型、尺寸和长度等)。

2) 线路图册的编写原则和内容要求

线路图册用于提供航空器电子电气线路的图解，并对相应的电路进行详细描述，供维修过程中对相关系统进行排故和维修时使用。

(1) 线路图册的编写原则。

线路图册应当源于型号审定过程中制造符合性检查确定的布线图。

(2) 线路图册的内容要求。

线路图册的内容要求应包括航空器所有电子电气线路构成的线路图、系统原理图、清单(包括电子/电气设备和导线)和位置图(包括必要的发动机、部件内部线路)，具体要求如下：

① 设备图表。

设备图表需包括所有主要的电子和电气设备的位置图表(可参照主要面板、站位线、水线、纵剖线和等效的位置系统等目标进行标设)；所有主要接线盒的图表(包括接线片、接地点、断开点，同时应标出它们相互之间正确的物理连接关系)；线束布线和端接图表(包括线束标设、走向和物理位置的图示)。

② 配电线路。

配电线路需包括所有的主汇流条和备用汇流条，以及这些汇流条给电子电气项目供电的断路器线路。对于如辅助动力装置和其他类似的大部件的线路，应在其单独的线路图中示出，并在这些大部件的安装分离点处中断线路。

③ 线路图和原理图。

线路图和原理图需包括所有按 ATA 章/节/标题号编排的线路图和原理图，所有系统、子系统、项目的功能均应在线路图上表示出来。必要时使用系统原理图、方框图、简化原理图、逻辑原理图和系统逻辑原理图进行补充说明。

系统原理图用于描述系统所有的设备、相关线路以及子系统或子-子系统的所有功能接口。方框图和简化原理图用于在手册说明部分对复杂系统进行简单描述。逻辑图和系统逻辑图分别用于描述设备和系统内部的逻辑电路。

④ 电子和电气设备清单。

电子和电气设备清单应包括按字母-数字顺序列出所有航线可更换的电子和电气设备组件及子组件清单，并注明设备位置、说明(名称和主要改型)、采用技术标准编号或其他等效编号(如适用)或者制造厂家的编号和有效性。

⑤ 导线清单。

导线清单应包括所有的连接导线、备用导线、导线套管、接线端、接头和接地块。

⑥ 标准线路操作。

标准线路操作的内容应包括但不限于下列信息：导线的端接、连接器和接头的安装、用于屏蔽的抽头和端接点的预加工、接地线和地线接线柱、导线和导线束的维修操作工艺；必要的用于电子电气线路连接、断开、端接的特殊的维修操作工艺；导线标记方法的详细说明。

3.6.2.5　航空器持续适航文件的编制、分发控制、持续修订和管理规范

1. 航空器持续适航文件的编制

航空器持续适航文件的初始编制应当基于合适的源头文件，如航空器的设计定义和图纸、系统安全分析文件、结构分析和实验报告、部附件供应商的分析和实验报告以及其他适用的工程设计文件等。除此类源头文件外，所有的持续适航文件还应当参考航空器型号统一的名词术语规范和构型控制文件。

航空器持续适航文件的编写应当采用相应的国际行业标准或规范(如 ATA-2200、S1000D 或 GAMA 规范 2)。编写可采用直接的文档编辑模式或采用基于数据库的模式，但不论采用何种模式，都应当注明参考的源头文件和版次，并及时跟踪、记录源头文件和版次对持续适航文件内容的影响。

航空器持续适航文件在内容编写完成后，应当经过工程设计部门的审核，确定所编写的内容符合相关的设计和分析验证报告。

对于经过审核的持续适航文件内容，应当以草稿的形式予以内部出版编辑，并提供给预期使用人员(如试飞维修人员、教员、工程支援人员等)进行必要的验证，以确认持续适航文件的内容可被正确理解和具备可操作性。

航空器持续适航文件的验证，应当在确认不影响安全的情况下，由验证人员严格按照持续适航文件的内容进行操作，否则将视为无效验证。

对于因研制过程中设计更改和验证问题造成的持续适航文件内容修订，必须重复上述审核和验证过程，直至航空器设计冻结后形成持续适航文件的初稿，并提交局方审核。

航空器持续适航文件的初稿经过进一步试飞验证和局方审核后形成定稿，并交付首批用户作为运行准备参考。

航空器持续适航文件在草稿阶段和初稿阶段，一般应以型号审定时包括的航空器所有构型为基础编写主手册，在定稿后则可以根据客户的选装构型编制客户化手册。

考虑到航空器研制过程与持续适航文件编写流程的配合，一般应当在首次试飞前即完成持续适航文件草稿的编制，在功能和可靠性试飞前完成初稿的编制，在首架交付或获得标准适航证前则完成定稿的编制。

2. 航空器持续适航文件的分发控制

航空器持续适航文件在编制完成后(包括草稿阶段和初稿阶段)，需要及时分发给制造厂家内部相关部门，以便在相关工作中参考并实施验证。

在航空器交付时，应当将适用的航空器持续适航文件一同提供给航空器的所有人(或运营人)，并进行客户化或单机化出版编辑，同时还需建立出版编辑规范，以对持续适航文件实施有效控制，保证内容的适用性。

持续适航文件可以采用纸质、电子文档(光盘、网络)或者其组合的方式分发，但以电子文档方式提供时，需要保证任何人在无意或有意情况下都不能修改其内容。

为保证制造厂家内部相关部门和航空器的所有人(或运营人)及时获得和使用最新有效的持续适航文件，应当建立一个持续适航文件分发清单，以合适的方式提供现行有效版本的查询渠道，包括定期提供持续适航文件有效版次清单或通过网络更新通知等方式。

3. 航空器持续适航文件的持续修订

航空器投入使用后，航空器制造厂家应当对持续适航文件的准确性、可用性和与设计的符合性进行全寿命的持续跟踪，并在发现或者得到下述情况反馈时，及时修订涉及的持续适航文件内容：

(1) 存在错误或不准确的情况；

(2) 存在缺乏内容的情况；

(3) 存在不可操作的情况；

(4) 制造厂家对航空器进行了设计更改后。

航空器制造厂家也可以根据使用经验对持续适航文件进行改进。

为保证对持续适航文件的持续跟踪和修订工作的有效进行，航空器制造厂家需要建立有效的信息收集方式和渠道，并制定符合以下原则的修订工作规范：

(1) 对于不影响飞行安全的修订内容，可以结合定期修订计划(如每季度、每半年、每年等)一并进行修订；

(2) 对于可能影响飞行安全的修订内容，应当以临时修订页的方式及时进行修订，并结合下一次定期修订计划完成正式修订。

持续适航文件修订内容的编制流程和分发控制与初始编制的要求相同，但每次修订的内容都应当清晰记录摘要，并突出显示或标记。

对已交付的航空器，因设计更改或使用困难而影响到持续适航文件时，应当以服务通告的方式通知运营人(或所有人)。

服务通告一般应当以内部工程处理的相关文件或指令为依据而颁发，内部工程处理的相关文件或指令应当获得适航审定的批准，服务通告仅作为获得适航审定批准的条件之一，而不作为适航部门直接批准的文件。

4. 航空器持续适航文件的管理规范

为保证航空器持续适航文件编制、分发和修订责任的落实，航空器制造厂家应当通过管理体系文件的方式，建立满足下述要求的持续适航文件管理规范：

(1) 明确持续适航文件管理的责任部门和人员，并明确相关部门的支持和配合要求；

(2) 建立规范的工作流程和标准。

3.6.2.6 航空器持续适航文件的局方认可

除 CAAC 局方批准的持续适航文件或文件内容外，局方将在评估确认满足下述条件的情况下对航空器型号的持续适航文件及其持续修订予以认可：

(1) 航空器制造厂家建立了合适的持续适航文件管理规范；

(2) 有记录表明持续适航文件的编制、分发和修订管理符合相应的管理规范；

(3) 通过抽查对持续适航文件完成准确性、可用性和与设计的符合性的评估和验证。

由于对持续适航文件需进行全寿命的持续跟踪和修订，航空器制造厂家建立和执行相应的管理规范将只是 CAAC 局方对持续适航文件认可的必要条件，所以仅完成准确性、可用性和与设计的符合性评估，也可能无法获得局方的认可。

在初始型号审定过程中初次认可持续适航文件时，航空器制造厂家需要向局方提交表明持续适航文件符合其编制、分发、持续修订管理规范要求的符合性报告，并作为局方认可相关持续适航文件的依据。

3.6.2.7 对其他设计更改的要求

除航空器制造厂家外，下述航空器的设计更改批准持有人应当负责对持续适航文件中更改所涉及部分进行影响评估和必要修订：

(1) 补充型号合格证；

(2) 重要改装方案批准。

上述设计更改批准的持有人在申请批准时，应当同时提交其更改对持续适航文件的影响评估。如有影响，应当附有修订内容；如不影响或无须更改现有的持续适航文件，也应附有现有持续适航文件仍然适用的声明。

航空器制造厂家之外的设计更改批准持有人对相应持续适航文件所做修订的认可，如果未包含在适航审定部门设计更改批准数据包中，则可以由设计更改批准持有人向局方航空器评审部门提出认可申请，或由实施该设计更改的运营人(或所有人)向其主管维修监察员提出认可申请。

3.7 驾驶舱观察员座椅的评审要求

驾驶舱观察员座椅通常是指在局方监察员执行航路监察任务时所使用的、由监察员指定的驾驶舱内或靠近驾驶舱的座椅。如果航空器驾驶舱内安装了一个以上的观察员座椅，那么此时由监察员指定用于执行航路监察的座椅即为驾驶舱观察员座椅。

驾驶舱观察员座椅的评审适航要求涉及安装位置、视野范围、脚踏板、舒适度、约束系统、配套设施、安全性，以及运行安全性和适用性评审要求等若干方面。涉及驾驶舱观察员座椅的规章和指导性材料主要有 CCAR-25 部的条款 25.561、25.562、25.785，CCAR-121 部的条款 121.589，以及 AC-121/135-FS-2008-28 等规章条款和咨询通告。

3.7.1 观察员座椅的安装位置和视野范围

驾驶舱观察员座椅的安装位置需要考虑如下的符合性要求：

(1) 应使观察员可以没有阻碍地观察到航空器仪表板，从而判断飞行员是否遵守运行规章和标准；

(2) 不能阻碍驾驶舱内飞行组或观察员从驾驶舱到客舱或驾驶舱窗口(如果用于应急撤离)、驾驶舱逃生安全舱口的应急撤离路线；

(3) 观察员座椅的安装位置要同时满足 CCAR-25 部规定的不同身高、体重人员的使用要求；

(4) 安装位置要给腿部和脚部提供足够的空间，应避免在其他机组人员调整座位时，观察员腿部和邻近物体或其他座位的碰撞。

对驾驶舱观察员座椅的视野范围，有如下的符合性要求：

(1) 观察员座椅在完全直立位置时，应当能够获得通过驾驶舱窗口的清晰视野；

(2) 观察员座椅需要能够保证观察员在所有飞行阶段帮助飞行机组识别其他航空器。

3.7.2 观察员座椅的脚踏板

驾驶舱观察员座椅在使用时会被持续占据一段时间，因此对脚部放置的位置应给予如下的考虑：

(1) 在飞行时，坐在该座椅上的人员脚部应能放置在一个固体表面，并能做一定程度的自由移动；

(2) 如果座椅上的人员脚部不能放置在一个固体表面，那么要考虑安装脚凳、固定或可伸缩脚踏板；

(3) 如果观察员座椅的安装位置会使座椅上的人员脚部接触到驾驶舱中央操纵台、飞机主要操纵或重要系统的区域，那么脚部放置位置的选择将十分重要，可以考虑安装脚部限制杆来防止脚部移动到航空器的重要控制区内。

3.7.3 观察员座椅的舒适度

驾驶舱观察员座椅在使用时会被占据并持续一段时间，需要考虑观察员座椅的舒适度。除满足航空器座椅相关规章和相关文件要求外，还需要考虑关于座椅的下述要求：

(1) 座椅垫中若含有挡火材料，则挡火材料必须完全包住座椅垫的泡沫芯料；

(2) 座椅垫试样的制作必须采用预定用于该坐垫的主要部件(即泡沫芯、浮材料、挡火材料(如果使用)和装饰罩)和制作工艺(典型的接缝和包边)；

(3) 座椅垫应能提供最佳舒适度和耐用性；

(4) 座椅垫应能提供足够的通风性能以降低不舒适感；

(5) 对观察员座椅舒适度的评估要在实际的飞行状态下进行，并考察观察员使用座椅的时间长度；

(6) 座椅面向前方，并装有用于承托手臂、肩、头和背脊的缓冲靠垫。

3.7.4 观察员座椅的约束系统

驾驶舱观察员座椅的约束系统需要满足如下的相关要求：

(1) 观察员座椅的约束系统需要满足 CCAR-25 部中关于驾驶舱机组座椅安全带和肩带的相关要求；

(2) 驾驶舱工作位置的每个座椅必须设有带单点脱扣装置的安全带和肩带组合式约束系统，使驾驶舱内的乘员就座并系紧安全带及肩带后，能够完成其在驾驶舱内的所有必要职能；

(3) 每根安全带必须装有金属对金属的锁紧装置；

(4) 观察员座椅应具有与其他驾驶舱机组座椅一样的 5 点快速释放安全带(腰、裆部和 2 个肩带)，以制止颠簸或碰撞时的移动；

(5) 观察员座椅的约束系统必须使就座于该座椅上的人员在特定飞行阶段、在不解除腰带的情况下解除肩带具有相同的灵活性；

(6) 观察员座椅约束系统的舒适度要在实际飞行的情况下进行评估。

3.7.5　观察员座椅的配套设施

驾驶舱观察员座椅的配套设施的要求主要涉及氧气、通信、灯光和通风等几个方面。

3.7.5.1　氧气

对驾驶舱观察员座椅的氧气配套设施，有如下的符合性要求：

(1) 观察员座椅应配备与其他驾驶舱机组座椅相同的速戴型氧气面罩和烟雾护目镜。

(2) 氧气面罩应在座椅上易于获取，并可在 5s 内戴上。

(3) 氧气面罩应提供与飞行和客舱机组间的通信。

(4) 满足呼吸保护装置的如下要求。

① 该装置需要确保在驾驶舱值勤的飞行机组成员和观察员免受烟雾、二氧化碳或其他有害气体的影响，免受飞机释压之外的原因所造成的缺氧环境的影响，并且在飞机上灭火时也应当确保观察员免受上述影响。

② 该装置应当按照设备制造厂家制定的检查准则和周期进行定期检查。

③ 该装置保护眼睛的部分，不得对视觉有明显的不利影响，还必须允许佩戴矫正视力的眼镜。

④ 如果该装置符合氧气设备标准，则也可以用来满足补充氧气要求。

⑤ 防护性呼吸供气持续时间和供气系统设备的要求如下：

(A) 该装置应当在 2400m(8000ft)气压高度上供给 15min 的呼吸用气体；

(B) 氧气系统本身及其使用方法，以及对其他部件的影响必须均无危险性；

(C) 对于化学氧气发生器以外的呼吸供气系统，应当有装置使机组在飞行前能迅速测定每个供气源中的呼吸用气体已经完全充满；

(D) 对于每一化学氧气发生器，其供气系统设备应当符合相应适航要求。

⑥ 满足要求的带有一个固定的或者便携式呼吸用气体源的呼吸保护装置，

应当安置在驾驶舱内方便的地方，使得观察员在其工作位置上易于取得并能立即使用。

3.7.5.2　通信

驾驶舱观察员座椅的通信配套设施，需要满足如下的符合性要求：

(1) 观察员座椅应具有专用的通信面板，使观察员可收听飞行和客舱机组之间以及飞行机组使用的所有其他通信通道；

(2) 包括飞行机组与地面维护人员、乘务员的联系和无线电通信等；

(3) 观察员座椅的安装位置应使观察员易于拿取并使用标准的耳麦；

(4) 满足所有关于呼吸保护装置通信要求并进行评估。该装置在使用时，应当允许观察员在其指定的工作位置上用飞机无线电设备通信和用机内通话器互相通话。还应当允许在驾驶舱观察员位置与每个客舱内至少一个客舱乘务员工作位置之间进行正常的机内通话器通话。

3.7.5.3　灯光

驾驶舱观察员座椅的灯光配套设施，需要满足如下的相关要求：

(1) 观察员座椅应具备专用灯光，该灯光在座位上应可控制和调节亮度；

(2) 调光开关在座位上应易于接近。

3.7.5.4　通风

驾驶舱观察员座椅的通风配套设施，需要满足如下的相关要求：

(1) 观察员应具有专用的通风口或类似出口的新鲜气流；

(2) 气流的控制装置在座位上应易于接近。

3.7.6　观察员座椅的安全性

3.7.6.1　座椅的安全性要求

驾驶舱观察员座椅需要满足如下的安全性要求：

(1) 当观察员座椅收放的操作方法较复杂时，应在座椅上或旁边张贴使用方法说明，方便观察员使用；

(2) 观察员座椅的收放控制手柄应采用与背景色形成对比的色彩标识；

(3) 与飞机机身纵轴垂直平面夹角大于18°的座椅，必须采用安全带和承托臂、肩、头和背脊的缓冲靠垫来保护其上乘员的头部免受伤害，或采用安全带和肩带防止头部触及任何致伤物体。机上任何其他座椅上的乘员，必须用安全带以及根据座椅形式、位置和面向的角度采用以下一种或几种措施来保护头部免受伤害：

① 防止头部触及任何致伤物体的肩带；

② 去除头部能撞到的半径范围内的任何致伤物体；

③ 承托臂、肩、头和背脊的缓冲靠垫。

3.7.6.2　座椅的安全性设计要求

驾驶舱观察员座椅的安全性设计，需要满足如下要求：

(1) 座椅、安全带、肩带以及附近的飞机部分，其设计必须保证在应急着陆中正确使用这些设施的人不会因惯性力而受到严重伤害。

(2) 观察员座椅应设计成在坐下时不能收缩的形式。

(3) 为防止因制动装置的偶然错误动作而导致观察员座椅折叠，观察员座椅不应采用悬浮式挂钩装置的向下折叠式结构。

(4) 观察员座椅不应设计成带有尖锐边角或夹指的结构。

(5) 座椅和约束系统的设计必须满足应急着陆时，在下列条件下能保护乘员：

① 正确使用在设计中规定得有的座椅、安全带和肩带；

② 乘员受到 CCAR-25 部 25.562 条(b)款中的动态条件所产生的载荷。

(6) 凡批准在起飞和着陆时用于机组成员和乘客的每种座椅型号设计，必须成功地完成动力学试验，或根据类似型号座椅的动力学试验结果经合理分析给予证明。座椅的动力学试验必须采用适航当局认可的拟人试验模型模拟乘员，其名义重量为 77kg(170 磅)，并坐在正常的向上位置。座椅的动力学试验要满足 CCAR-25 部 25.562 条(c)款中的性能指标要求。

3.7.7　观察员座椅的运行安全性和适用性评审要求

航空器制造厂家应向 CAAC 的航空器评审组提出驾驶舱观察员座椅安装的运行安全性和适用性评审申请。

航空器制造厂家提交观察员座椅的运行安全性和适用性评审申请时，应提供该观察员座椅已按 CCAR-25 部进行审查，并且是型号合格证、修订的型号合格证或补充型号合格证的一部分的证明。观察员座椅的安装符合性检查应在航空器评审组地面和飞行评审前完成，还应证明持续适航文件审查已经被作为观察员座椅安装审查过程的一部分包括进来。

如果观察员座椅设计成在使用前要求观察员做一些准备(如收放)，那么评估要求应包括相关的准备步骤、建议的资格和训练要求，以及在观察员座椅失效时应采用的维修和运行措施。

在航空器评审组完成对观察员座椅的运行安全性和适用性评审后，申请方应撰写评审总结报告，评审总结报告应包括对观察员座椅使用的限制。该报告可以被相关的型号合格证或补充型号合格证数据单引用。任何对观察员座椅的限制需要在飞机飞行手册中标明，并在座椅上或旁边公布和说明。

3.8　飞行机组机上休息设施的评审要求

为保障飞行运行安全，防止因机组人员疲劳而诱发飞行安全事件，CAAC 局方在 CCAR-121 部对大型运输类航空器的机组人员值勤期、飞行和休息时间有严格的规定和要求。为使大型运输类航空器能够在满足局方规章要求的情况下实施远程航线运行，航空器需要采用扩编飞行机组的方式来实施运行。扩编飞行机组的远程航线运行，要求航空器必须配备飞行机组人员的机上休息设施(含睡眠区)。

扩编飞行机组是指飞行机组成员数量超过飞机机型所要求的操纵飞机的最小值，从而可以在飞行运行中根据需要由机上其他合格的飞行机组成员替换某一飞行机组成员，被替换的飞行机组成员可在飞行中休息。扩编飞行机组中通常需要至少包含一名具备机长资格和一名具备巡航机长或以上资格的人员。

机上休息设施是指安装在飞机内可以为机组成员提供休息机会的铺位或座位。机上休息设施有 1 级、2 级和 3 级共三个等级。

1 级休息设施是指休息用的铺位或可以平躺的其他平面，独立于驾驶舱和客舱，机组成员可控制温度和光线，不受干扰和噪声的影响。

2 级休息设施是指飞机客舱内的座位，至少可以利用隔帘与乘客分隔，避免被乘客打扰，可以平躺或接近平躺，能够遮挡光线、降低噪声。对于满足 1 级休息设施的其他要求，但不满足睡眠表面大小(长或宽最低值)要求的休息设施，视为 2 级休息设施。

3 级休息设施是指飞机客舱内或驾驶舱内的座位，应可倾斜 40°，并可为脚部提供支撑，或者符合局方要求的其他方式。对于满足 2 级休息设施其他要求，但不满足与乘客分隔要求的，视为 3 级休息设施。

涉及飞行机组成员机上休息设施的规章和指导性材料主要有 CCAR-25 部、CCAR-121 部以及 AC-121-FS-2018-008R1 等相关规章条款和咨询通告。

3.8.1　机上休息设施的基本条件和要求

在航空器上设置飞行机组机上休息设施对飞行运行安全有一定的影响，因此需要考虑以下几个方面，确保飞行机组能在适合的环境下获得较高质量的睡眠：

(1) 应提供足够数量的睡眠表面，以供同一时间内需要睡眠的每一机组成员使用；

(2) 对于机组成员休息设施，应提供足够的空间供其睡眠，个人睡眠空间大小建议至少为 1.0m³(35ft³)；

(3) 在睡眠表面旁边，用于进出和更衣的自由空间建议至少为 1.85m³(65ft³)。

3.8.1.1　机上休息设施的睡眠表面要求

睡眠表面是指机上休息设施中用于飞行机组人员睡眠的任何表面，如床位或座位。对机上休息设施的睡眠表面，局方规定了如下的标准：

(1) 1 级休息设施的睡眠表面。

1 级休息设施的每个睡眠表面的尺寸至少为 1.98m×0.76m(长和宽最小值)。睡眠表面的设计要求是平的，并且在巡航期间保证其为水平状态。应提供适当方式确保使用者在每个睡眠表面区域的隐私，如安装分隔帘。

(2) 2 级休息设施的睡眠表面。

2 级休息设施的睡眠表面是指飞机客舱内可以平躺或接近平躺的座位表面，如通常所称的平躺式座椅(可略带倾斜)。2 级休息设施的睡眠区应保证能够适度地免受乘客或其他机组成员的干扰。

(3) 3 级休息设施的睡眠表面。

3 级休息设施的睡眠表面是指飞机客舱内或驾驶舱内可至少向后倾斜 40°且具备脚部支撑的座位的表面。

3.8.1.2　机上休息设施的隔离要求

对飞行机组机上休息设施的隔离要求，局方规定了如下的标准：

(1) 1 级休息设施的隔离要求。

机组成员休息设施应位于干扰性的噪声、气味和振动对睡眠影响最小的地方，设施内应不存在令人烦躁的声响。需要特别注意邻近区域的舱门、乘客服务设备、旅客广播系统等，确保其对机组人员的睡眠产生最小的影响。巡航期间的噪声不大于 75dB 是睡眠区的合理噪声等级设计要求。

(2) 2 级休息设施的隔离要求。

仅供机组成员休息使用的座位不能与乘客座位相连，应通过隔帘或隔板与乘客区域隔离，并且应能够提供较暗且减弱声音的睡眠环境。

3.8.1.3　对 1 级休息设施的其他要求

对 1 级休息设施，局方还提出了其他方面的相关要求：

(1) 环境。气流和温度控制应提供稳定的通风，免受穿堂风、较冷的区域和温度不稳定变化的影响。

(2) 旅客广播系统。旅客广播系统或其他广播方式应具备相应功能，向在休息设施内的机组成员只提供必需信息(如飞行中飞机释压等紧急情况、通知隔间使用者为着陆做好准备等)。

(3) 应急照明。在机组成员休息设施内应提供应急照明。

(4) 存放和固定。为机组成员休息设施内每个睡眠表面和座椅的使用者提供适当的个人物品存放空间和使用者限制装置。

(5) 应急设备和其他设备。应向使用睡眠表面和机组成员休息座椅的每个机组成员提供已获批准的氧气设备,以及唤起睡眠中机组成员的声音警报。在每个睡眠表面和位于机组成员休息设施内座椅的使用者的视野范围内,应有一个或多个点亮的系好安全带的标识。出于睡眠目的,这些点亮的标识的亮度应较暗。应张贴一个或多个禁止吸烟的标牌,使每个睡眠表面和位于休息设施内座椅的使用者清晰可见。驾驶舱机组成员必须有一种手段,如内话,使其可以唤醒正在睡眠的机组成员并与其进行沟通。

3.8.2 机上休息设施的评定与审定

在使用具有机上休息设施的航空器进行扩编飞行机组的运行前,航空器合格证持有人应确保航空器的机上休息设施获得 CAAC 局方的评定和审定,即应符合 CCAR-121 部规定的 3 个等级机上休息设施中的某一等级标准。

航空器合格证持有人还应将机上休息设施的使用政策列入其运行手册中,根据机上飞行机组休息设施的评级来制定运行程序和安排飞行机组成员的数量。航空器扩编飞行机组运行程序,至少应包括扩编飞行机组运行最大飞行值勤期限制、最低设备清单程序(如适用)、失压、应急通信、客舱冒烟、休息设施内起火、紧急撤离等内容。

航空器机上休息设施的等级评定和审定通常按照下列程序进行:

(1) 对于 1 级休息设施,航空器制造厂家可以向航空器评审组提出申请,对机上休息设施进行评审。依申请对航空器机上休息设施及相关设备进行符合要求的检查和评估后,航空器评审组发布含有航空器机上休息设施内容的评审结论,包括对有关设施附近环境的评估。之后,如果机上休息设施附近的环境发生改变,则需要对机上休息设施进行重新评估。除非对机上休息设施或对其某个部件进行更改,否则评审结论中有关机上休息设施的内容将持续有效。

航空器合格证持有人可依据航空器评审组发布的评审结论以及扩编飞行机组的运行程序,向负有合格证管理责任的局方提出修改其运行手册的申请。该合格证持有人的主任运行监察员组织依照 CCAR-121 部要求和 AC-121-FS-2018-008R1 的内容进行审定后,局方可以批准其运行手册相应内容的修改。

(2) 对于 1 级、2 级、3 级休息设施,航空器合格证持有人均可提供相应的技术参数以及扩编飞行机组的运行程序，向负有合格证管理责任的局方申请补充合格审定。该合格证持有人的主任运行监察员组织依照 CCAR-121 部要求和 AC-121-FS-2018-008R1 的内容进行审定。

对于 1 级休息设施的审定，主任运行监察员可以咨询航空器评审组。对于 2 级、3 级休息设施的审定，应组织进行现场验证、目视监察以确定休息设施符合要求。同时，如果休息设施的设计在使用前需要机组做准备，如展开床位或座位或展开脚部支撑物，则审定应包括适当的准备程序、培训要求，以及休息设施中的任何零件或部件不工作时建议采取的行动。审定合格后，可以批准航空器合格证持有人对运行手册相应内容的修改。

(3) 机上休息设施的更改和维修。

对机上休息设施最初规格中的任何部分进行的更改和维修，都可能使其不再符合之前评定的等级。如果不工作的零件或部件不包含在航空器合格证持有人经局方批准的最低设备清单中，在与机上休息设施相关的不工作的零件或部件得到维修并重新启用之前，航空器只可用于非扩编飞行机组的运行。

如果与休息设施相关联的不工作的零件或部件包含在航空器合格证持有人经局方批准的最低设备清单中，并且依照合格证持有人的程序对其进行故障保留，合格证持有人必须遵守适用的故障保留程序。一旦故障保留被撤销，休息设施将恢复其等级，无须重新进行审定。

3.9　电子飞行包的评审要求

电子飞行包是一种由硬件和软件组成，用于驾驶舱或客舱以支持飞行运行的电子信息系统。EFB 能显示多种航空信息数据或进行基本的性能、配载等计算。EFB 的主要功能，在以往都是通过采用纸质材料或是由航空公司的飞行签派向机组提供数据来完成的。EFB 显示运行信息的方式需要与其计划替代的传统方式具有同等的可达性、可用性和可靠性。

EFB 作为航空公司运行信息使用和管理的发展革新，目前已在世界各国的航空公司得到了广泛应用。为适应 EFB 技术的快速发展，推动 EFB 的规范应用，特别是便携式 EFB 的使用，国际民航组织(International Civil Aviation Organization, ICAO)采纳了关于 EFB 的标准和建议措施(standards and recommended practices, SARPs)并发布了相应的指导手册，美国联邦航空局、欧洲航空安全局等多个国家或地区的民航当局也相应地对其 EFB 运行规章进行了修订。中国民用航空局的 EFB 应用现已进入快速发展阶段。

EFB 的运行批准涉及 EFB 分级、EFB 的软硬件、EFB 的管理、EFB 的批准或接受流程、获批 EFB 的修改等方面的要求。

涉及电子飞行包的规章条款和指导性材料包括 CAAC 的 CCAR-121 部 121.529、121.133 条款，以及 AC-121-FS-2018-031R1。

3.9.1　EFB 的软硬件分类要求

EFB 通常由硬件和应用软件组成。

3.9.1.1　EFB 的硬件分类

目前使用的 EFB 硬件类型主要分为便携式 EFB 和安装式 EFB 两类。

1) 便携式 EFB

便携式 EFB 属于能够显示 EFB 应用软件的便携式电子设备(portable electronic devices，PED)。便携式 EFB 应能满足如下要求：

(1) 飞行机组必须可控，无须工具和维护活动即能从固定装置上方便地移除或连接到固定装置上；

(2) 能够临时连接到现有的飞机电源插座为 EFB 电池充电；

(3) 可以连接到安装式飞机电源、数据接口(有线或无线)或天线。

如果支持 EFB 功能的组件按照 CCAR-21 部或者被作为适当改装而按照 CCAR-43 部纳入航空器的型号设计，则被视为安装式组件。其他组件(如便携式固定装置、外部全球定位系统、便携式无线发射器、线缆等)，不管间隔多长时间才被从飞机上移除一次，都被视为便携式组件。

适航规章不适用于便携式 EFB 组件。EFB 应用软件在安装式显示器上的显示要与安装式航电设备的显示有一定的差别，使机组能够分辨安装式航电显示和补充或辅助的 EFB 显示。

当一个便携式 EFB 未显示 EFB 应用软件时，该设备不再具有便携式 EFB 的功能，应被视为一个普通的 PED。在飞机上使用任何 PED 都应遵循 PED 的相关规章(CCAR 条款 91.23 条、121.573 条、135.145 条等)，以确保 PED 不会以任何方式干扰飞机的运行。

2) 安装式 EFB

按照相应适航规章安装的 EFB，被视为航空器的一部分。

3.9.1.2　EFB 的软件分类

EFB 应用软件分为 A 类和 B 类，可以加载在便携式 EFB 或安装式 EFB 上。只要保证未经适航批准的应用软件不会对经批准的应用软件产生不利影响，就可以安装在安装式 EFB 上。EFB 应用软件开发应遵循 AC-121-FS-2018-031R1 附件 D 或等效的软件质量保证要求。

1. A 类应用软件

满足如下要求的 EFB 应用软件可视为 A 类应用软件：

(1) 失效状况类别为无安全影响，AC-121-FS-2018-031R1 附件 A 列出了可接受的 A 类应用软件；

(2) 不能替代或取代任何适航或运行规章要求的纸质材料、系统或设备；

(3) 不要求特别的使用批准，A 类应用软件不需要在运行规范中列出和管控。

2. B 类应用软件

满足如下要求的 EFB 应用软件可视为 B 类应用软件：

(1) 失效状况类别为轻微危害，AC-121-FS-2018-031R1 附件 B 列出了可接受的 B 类应用软件；

(2) 可以替代或取代要求的用于签派放行或飞机上应携带的纸质信息产品，但不能替代或取代任何适航或运行规章要求的安装设备；

(3) 要求特定的运行使用批准，每个 B 类 EFB 应用软件需由局方在运行规范中单独批准。

3. 其他应用软件

与飞行运行无直接关系的其他应用软件，不能对 EFB 的运行产生不利影响。EFB 管理员需对其他应用软件进行管控。

3.9.2　便携式 EFB 的硬件要求

对便携式 EFB 硬件的评审涉及 EFB 的电磁兼容性、快速释压测试、电源、控制设备、显示器、存放、便携式固定装置等多方面的相关要求。

3.9.2.1　EFB 的电磁兼容性

运营人必须证明所有的便携式 EFB 组件与飞机导航和通信系统电磁兼容。如果运营人已经按照 AC-121-FS-2018-129(机上便携式电子设备使用评估指南)在飞机上开放使用便携式电子设备，则无须再进行电磁兼容性(electromagnetic compatibility，EMC)演示验证，否则运营人必须通过下述三种方法之一，以演示证明便携式 EFB 在所有飞行阶段与飞机的电磁兼容性。

1. 飞机具有 PED 容忍性(方法 1)

如果飞机具有对发射式和非发射式 PED 的容忍性，则不需要对其进行特别的 EMC 地面测试或飞行测试。确定飞机对 PED 的容忍性必须基于批准的飞机审定数据，如果运营人能够证明某些特定机型依照 RTCA DO-307《飞机的便携式电子设备容忍性的设计和认证》具有 PED 容忍性，则对这些机型无须再进行 EFB 的 EMC 地面测试或飞行测试。

2. PED 的安全风险评估(方法 2)

飞机运营人可以选择依照 RTCA DO-363 扩大 PED 的使用范围至所有飞行阶段。如果飞机运营人已按照 RTCA DO-363 顺利完成 PED 的安全风险评估，允许在所有飞行阶段无限制地使用 PED，则不必进行便携式 EFB 的 EMC 地面测试或飞行测试。

3. 飞机的 EMC 测试(方法 3)

运营人的飞机按上述的方法 1 未被确定为具有 PED 容忍性，或者按上述的方法 2 进行的飞机运营人的安全风险评估要求限制 PED 的使用时，运营人必须使用本方法，具体的测试要求如下：

1) 射频发射

运营人必须通过现行的 RTCA DO-160《机载设备的环境条件和测试程序》第 21 章(射频能量发射)中的射频发射测试或一个等效的射频发射测试标准获得 PED 的射频发射特性。

运营人必须使用 RTCA DO-160 第 21 章 L、M 或 H 类的发射限制。仅使用第 21 章 B 类限制的测试是不充分的，难以保证 PED 不会干扰飞机的无线电或电子电气系统。经验表明，满足这些类别的限制可以很好地保证这些设备不会干扰飞机的无线电或其他电子电气设备及系统。

2) 充电测试

如果飞机运营人允许便携式 EFB 在飞行中充电，那么测试方案就必须包括充电状态下的测试。如果没有在充电状态的射频发射测试数据，那么运营人需要在充电状态下重新测试该 PED 或者完成 EMC 地面测试。

3) EMC 地面测试

如果 PED 的射频发射测试数据显示有潜在干扰，或者运营人缺少完整的所有设定工作状态下的射频发射数据，则必须完成飞机的 EMC 地面测试。测试时飞机应处于准备滑行状态，各舱门、口盖关闭，地面电源断开。测试期间，飞机的电子电气系统必须由飞机发电机供电。AC-121-FS-2018-031R1 附件 C 提供了用作 EFB 的 PED 的电磁兼容性评估检查单。

飞机 EMC 地面测试应演示证明便携式 EFB 与运行该 EFB 的各个品牌、型号和系列(M/M/S)飞机所使用的导航和通信系统具有电磁兼容性。在飞机上运行特定的便携式 EFB 设备，证明没有飞机设备被干扰的情况发生。飞机 EMC 地面测试需演示证明 EFB 设备的射频发射不会干扰与安全相关的飞机系统，特别是对飞机的无线电接收机以及规章要求的飞机系统，如飞行数据记录器(flight data recorder, FDR)。这些 EMC 地面测试应基于一个干扰源-被干扰设备表，表中便携式 EFB 为潜在的干扰源，与安全相关的和规章要求的飞机系统为潜在的被干扰系统。干扰源-被干扰设备表应明确便携式 EFB 的工作模式和潜在的被干扰系统。

模拟飞行中的运行情况可能需要特殊的测试设备。

如果已经按 RTCA DO-160 第 21 章进行了射频发射测试,则必须通过检查飞机无线电接收机频段的发射测试结果,选择飞机无线电接收机频道。

对于某些没有接收机性能直接指示的无线电接收机,如应答机和全球导航卫星系统(global navigation satellite system,GNSS)接收机,可能需要特定的程序或仪器来确定其可接受的性能。

如果便携式 EFB 包括了一个发射机,如 Wi-Fi、蜂窝或蓝牙发射机,运营人必须演示证明在飞机的 EMC 地面测试过程中,便携式 EFB 发射机不会对其他的飞机系统造成不利影响。在飞机的 EMC 地面测试中,便携式 EFB 发射机应设置工作在其最大射频输出功率。

如果便携式 EFB 要连接到飞机为其供电或给电池充电,则必须在便携式 EFB 与飞机电源相连的情况下完成 EMC 地面测试。

4) 飞机的 EMC 飞行测试

当上述 EMC 地面测试未能充分地模拟空中环境,或者对系统的敏感性评估不能在地面完成时,运营人必须进行 EMC 飞行测试。如果需要进行 EMC 飞行测试,则必须在目视气象条件(visual meteorological conditions,VMC)下进行。

3.9.2.2　EFB 快速释压测试

CAAC 局方对于便携式 EFB 的快速释压测试提出了如下要求:

1. 代表性样机

为在一定程度上保证释压后的功能正常,必须在开机条件下完成对 EFB 代表性样机的释压测试。对于每个 EFB 设备制造厂家和型号,运营人应至少在一台代表性样机上完成释压测试,并提供证明文件。

为防止测试中可能对设备造成未知损害,测试中使用过的 EFB 不应在实际运行中使用。

2. 快速释压测试

当批准 EFB 用于增压的航空器时,必须完成快速释压测试,并建立使用程序,以确保 EFB 在快速释压过程中是安全的,并且仍然可以运行使用。

快速释压测试必须遵照 RTCA DO-160 第 4 章(温度和高度)中的快速释压测试指南,采用的飞行高度直至使用 EFB 的航空器的最大运行高度。如果一个特定品牌和型号的 EFB 与一个已经过测试的 EFB 相似,也可用于满足该要求,运营人负责提供证明其相似的依据。

3.9.2.3　EFB 的电源

EFB 设计必须考虑各 EFB 电源的独立性以及对独立电池电源的潜在需求。电池供电的 EFB 如果有可用的飞机电源为其充电，则可认为具备了适当的备份电源。如果使用驾驶舱现有电源插座为电池充电，运营人应保证其审定电力特征(如负载、电压、频率)与 EFB 预期使用相兼容，以避免损坏 EFB 或其他飞机系统。运营人必须建立程序确保电池的安全充电，没有电池电源的 EFB 应连接到专用的航空器电源。航空器电源的设计和安装，需要获得适航批准。

1. 电池供电的 EFB

对于采用电池供电的 EFB，运营人必须确定并书面说明 EFB 所使用电池的供电能力。提供 B 类应用软件、电池供电的 EFB，在离开机位前必须至少满足下列条件之一：

(1) 建立了在飞行运行中利用航空器电源为电池充电的程序；

(2) 电池或电池组的总有效使用时间，能够确保在滑行和包括飞行中可能的备降和合理延误在内的飞行运行中的 EFB 运行；

(3) 具有经批准的缓解措施，能够保证在整个飞行期间航空信息可用。

2. EFB 电池的更换

EFB 电池的更换间隔必须达到或高于 EFB 设备制造厂家的更换标准。如果 EFB 设备制造厂家没有指定电池的更换间隔，则必须遵守原始电池制造厂家指定的更换间隔。

3. EFB 用的锂电池

可充电锂电池已普遍用作 EFB 的主电源或备份电源。锂离子和锂聚合物电池是两种常用于为 EFB 供电的可充电锂电池。本节所指的 EFB 电池是指电池组及其电池单元和电路。对于锂电池，需要考虑如下几方面的要求：

1) 安全考虑

锂电池对于导致过热的过度充电和过度放电十分敏感。过热会导致热失控，进而造成燃烧熔化的锂或易燃电解质的释出。一旦电池组有单体电池进入热失控状态，产生的热量就足以导致相邻单体电池也进入热失控状态。当单体电池破裂和释出其内部物质时，燃烧会反复爆发，运营人应建立锂电池起火的应急处置程序。

2) 设计建议

可充电锂电池的设计，建议遵照电气和电子工程师协会 IEEE 1625—2008《移动计算设备的可充电多单元电池标准》的相关条款。该标准要求设计时应考虑系统完整性、电池单元、电池组、主设备和系统总体的可靠性，同时包含了如何保持与时间、环境、极端温度和组件失效管理等相关的重要运行参数。

3) 锂电池的安全和测试标准

位于航空器驾驶舱的便携式 EFB 使用可充电锂电池需要满足下列测试标准。运营人必须提供下列测试标准的证明，以确定为 EFB 供电的可充电锂电池的使用和充电是否可接受。运营人必须提供满足下列测试标准(1)和(2)、(3)、(4)三者之一的证明。

(1) 联合国运输规章。联合国欧洲经济委员会关于危险品运输建议的测试和标准第五版。

(2) 保险商实验室(Underwriter Laboratory, UL)标准。UL 1642《锂电池标准》、UL 2054《家用和商用电池标准》，以及 UL 60950-1《信息技术设备—安全》，符合 UL 2054 即表示符合 UL 1642。

(3) 国际电工委员会(International Electrotechnical Commission, IEC)。国际标准 IEC 62133《含碱性或非酸性电解液的单体蓄电池和电池组和便携式密封单体蓄电池及电池组的安全要求》。

(4) RTCA DO-311《可充电锂电池系统的最低运行性能标准》。适当的适航测试标准如 RTCA DO-311 可用来处理过度充电、过度放电和电池单元组件的易燃性问题。虽然 RTCA DO-311 用于永久安装设备的测试，但对 EFB 可充电锂电池也是适用的。

4) 符合性证明

在批准使用 EFB 的过程中，运营人必须有证明 EFB 电池符合这些电池标准的文档。这些文档可从 EFB 设备制造厂家或电池制造厂家获得。

5) 可充电锂电池的维护、储存和功能检查

运营人应书面说明可充电锂电池的维护程序，这些程序必须满足或高于电池制造商的建议要求。应当说明电池供电能力、储存与取用和安全措施等。应该有确保可充电锂电池以适当的时间间隔充分充电的方法。应该有定期的功能检测，以防止由长期存放造成的电荷保持能力降级或其他损坏。这些程序应当包含避免电池误操作的预防措施，误操作可能引起短路、损坏或其他无意的泄漏，造成人员伤害或财产损失。所有可充电电池的替换件必须来源于电池制造厂家，不得对电池进行修理。

4. 航空器电源的使用

便携式 EFB 的电源连接必须要有适当的标识，以识别电源插座的电力特征(如 28V 直流电、1500mA、60Hz 或 400Hz)。应对典型的 EFB 设备进行电力负载分析，以保证给 EFB 供电或充电不会对其他航空器系统产生不利影响，并且电力需求保持在预定的供电负载内。

3.9.2.4　EFB 的控制设备

所有的 EFB 控制设备必须位于坐在驾驶舱内的机组成员视线和能触及的范围内。EFB 不能妨碍其他控制设备和仪表的视线。

在选择和设计键盘、触摸屏或光标控制等输入设备时，运营人应考虑输入类

型和驾驶舱环境因素，例如，颠簸和正常振动对输入设备使用的影响。

对于触摸屏，飞行员可能需要借助一些实体结构(如座椅扶手)来稳固其手臂、手和手指以保证精确输入。应保证触摸屏不会对飞行员造成不可接受的工作负荷和错误率。一般来说，光标控制设备的性能参数应适合设定的应用功能和驾驶舱环境。

输入设备应提供反馈来提示什么时候可使用。触摸屏几乎不提供触觉反馈或控制运动，因此视觉和听觉或其他触摸激活反馈特别重要。其他需考虑因素包括选择触摸屏的触摸技术(如电阻式或电容式触摸屏)、控制屏的污染(如皮肤油脂、汗液等会降低可读性)和减少误操作。

3.9.2.5　EFB 的显示器

对典型用户在拟定的观看距离和驾驶舱预期的各种照明条件下(包括白天阳光直射下和夜间)，EFB 显示的内容应该易于阅读。在驾驶舱其他显示器之外，用户应能独立调整 EFB 屏幕的亮度，亮度必须能逐级微调。另外，当具有自动亮度调节功能时，应能在驾驶舱内每个 EFB 上独立使用。按钮和标识应有充分的照明以适合夜间使用。所有控键必须对它们的设定功能有合适的标识。应考虑到磨损和老化使显示器长期使用后出现的降级。

EFB 不得产生令人不适的眩光或反光，影响飞行员的视觉环境。必须能从偏置角度阅读显示内容，以防止 EFB 在驾驶舱内的安放困难。当使用屏幕保护装置时，必须进行维护并证明不影响屏幕的可视性。

如果使用触摸笔操作 EFB，则触摸笔必须存放在方便取用的位置，同时必须配备一支方便取用的备用触摸笔。如果使用触摸屏，则必须评估它是否容易使用。触摸屏必须具有适当的响应灵敏度，既无须多次尝试即可进行一项选择，也不能因过度灵敏产生错误的选择。

3.9.2.6　EFB 的存放

没有安放在固定装置上的 EFB 应存放好，对于没有提供固定装置的 EFB，应在不使用时或在关键飞行阶段时存放好。

存放方式必须能够防止 EFB 的不必要移动，以避免该设备因颠簸、机动飞行或其他动作而移动，卡阻飞行操纵系统、损坏驾驶舱设备或伤害机组成员。

存放区域不得妨碍对控制设备和显示器的观察和使用、机组进出以及外部视野。便携式 EFB 的一个可接受的存放位置为飞行员飞行资料箱的里层。

3.9.2.7　EFB 的便携式固定装置

EFB 的便携式固定装置是指用于稳定安放便携式 EFB 的便携式设备，必须保证固定好的便携式 EFB 对飞行员是可视的。

某些类型的 EFB 便携式固定装置(如粘扣带、吸盘)的固定能力会随使用时间的增长或环境的变化而下降,应通过检查和维护活动来保证其固定能力在可接受限度内。

便携式固定装置不得干扰飞行操纵机构的运动、妨碍对控制设备和显示器的观察和使用、机组进出。应减少对风挡的遮挡,保证飞行员有一个清晰的重要外部参考(如在地面运行、滑行、起飞、进近和着陆期间)。

训练和程序必须说明具体和可接受的便携式固定装置的安置方法。

3.9.3　EFB 应用软件要求

CAAC 局方对于 EFB 的应用软件提出了如下方面的诸多要求:

1. 数据信息的完整性

EFB 中的数据与信息对于设定的功能必须足够完整,不会产生错误或危险的误导信息。运营人可通过数据更新、软件修订程序、机组反馈和运行监察等流程来维持数据与信息的完整性。来自用户的持续故障或异常情况报告,对实施 EFB 运行十分重要,运营人在合格审定批准过程中应建立相应的程序。

2. 应用软件的可用性

评估 EFB 中人的因素和飞行员界面特征,应特别关注可能影响飞行员操作的特殊之处。EFB 应在应用软件内部以及各应用软件之间提供一致的直观的用户界面、数据输入方法、颜色代码原则、术语和符号使用等。

EFB 上显示的信息必须以一种明确和清晰的方式提供。EFB 应用不得分散机组的注意力(通过视觉或声音的通知)。应在运营人拟用的 EFB 平台上对各种 EFB 应用软件进行评估,验证信息显示方式的一致性。

3. 应用软件的响应

当用户输入被接受时,EFB 的软件系统应为用户提供明确、清晰和积极的反馈。如果系统内部任务忙,不能即时处理用户输入(如计算、自检或数据刷新),EFB 应显示系统忙指示(如时钟图标)来告知用户不能立即处理输入信息。系统响应用户输入的及时性应与应用软件的设定功能、机组任务一致。反馈和系统响应时间应可预见,以避免机组分心和不能确定系统工作状态。

4. 屏幕外文本和内容

如果在缩放或平移等操作过程中,文档的某些部分不能在可用的显示区内完全看见,应以一致的方法明确指示屏幕外存在其他内容。对于某些应用软件,不能看见文档的某些部分是不可接受的。评估应基于特定的应用和设定功能。如果有光标,则应在使用中的屏幕上一直可见。在任何主动操作(如缩放、平移或清理)之后,都能很容易地恢复到缺省位置。

5. 活动区

活动区是用户指令适用的特定区域。活动区可以是文本、图像、窗口、框架或其他对象，如使用活动区，则这些区域应被清楚指示。

6. 多个应用软件和文档的管理

如果系统支持同时打开多个文档，或系统允许打开多个应用软件，EFB 应提供活动应用软件或文档的持续提示。活动应用软件或文档是当前显示和响应用户操作的应用软件或文档。在非紧急或正常运行情况下，用户应能对已打开的应用软件或文档选择激活。用户应能知道哪个应用软件正在运行，并能方便地切换到另一个应用软件。用户还应能够快速和方便地打开一个新的应用软件。当用户返回到后台正在运行的应用软件时，除与后台的任务进展或完成情况有关的差异外，应用软件的状态应与用户离开该应用软件时一样。

7. 系统错误信息

如果一个应用程序完全失效或部分失效，用户不可见或不能访问，应根据请求给用户一个明确的状态指示。信息应该与运行相关，并且对飞行机组人员工作负荷的不利影响最小。EFB 状态和故障信息应划分优先级别，该优先级别设定应被评估和书面说明。在显示信息时，如果队列中有其他当前未被显示的信息，应该给出提示。

8. 数据输入筛选和出错信息

如果用户输入数据不是应用软件所需的正确格式或类型，EFB 不应接收这些数据。EFB 应提供出错信息提示，清楚地告知飞行机组哪项输入存疑，并指出期望的数据类型。EFB 和应用软件应有输入错误检查功能，在输入时尽早发现输入错误，而不是在输入完成后才发现输入错误。

9. 错误和失效模式

1) 飞行机组错误

应用软件的系统设计应使飞行机组出错的可能性和影响降至最低，对出现的错误能够及时发现和处理。例如，经纬度输入的数据类型或格式在整个系统中应是相同的。数据输入方式、颜色编码原则和符号使用在各种 EFB 应用软件中应尽可能一致。应当对 EFB 所有应用软件中未被检测出的错误的影响进行评估，评估必须涵盖用户界面的适当性，控制设备的可达性，控制设备、信号牌、显示器和打印机的可视性，以及对飞行机组工作量和低头时间的影响。评估也应当就飞行机组(程序上的)错误造成的影响听取飞行员的意见。

2) 失效识别模式

EFB 应能警告飞行机组可能的 EFB 应用软件或系统故障。

10. 飞行机组的工作负荷

EFB 软件设计应当使机组工作负荷和低头看的时间最少。EFB 的放置、使用和存放不应导致不可接受的飞行机组工作负荷。在滑行、起飞、下降、进近、着陆等非巡航飞行阶段，应避免复杂的、多步骤的数据输入。

在评估 EFB 应用软件时，应定性评估飞行员在单独使用 EFB 应用软件时，以及同时使用 EFB 应用软件与其他航空器系统界面时，工作负荷的增加量及其安全性。如果 EFB 的设定功能用于滑行、起飞、下降、进近、着陆等非巡航飞行阶段或不正常和紧急情况，应通过模拟或实际运行来评估 EFB 在这些状态下的使用。

11. 航图的电子显示

电子航图应能提供与纸质航图同等水平的信息，可以采取比纸质航图更灵活有效的方式提供信息。

所描述的目视、仪表和机场图(参见 ICAO 附件 4)应包含采用适当形式的必要信息，以便在运行时至少具有与纸质航图相当的安全水平。必须演示证明屏幕尺寸与分辨率，能实现与拟取代的纸质航图和数据可比的方式显示信息。在较亮和较暗的条件下，显示的信息应与被取代的纸质航图具有同等的易读性。

屏幕显示必须采用与出版的纸质航图相似的、可接受的航图格式显示仪表进近程序(instrument approach procedure，IAP)图。屏幕必须足够大，能一次显示整个标准格式的仪表进近程序图，易读性和清晰性与纸质航图相当。本要求并不意味着排除平移和缩放功能，而是为了防止在进近阶段增大工作负荷。对于仪表进近程序图的其他表示方法，需要针对其功能和人的因素，评估其运行适用性。

目视航图、高/低空航路图、区域图和其他终端区图需评估其运行适用性。对这些 B 类应用软件，允许进行平移、滚屏、缩放、旋转或其他操作。如果原始的纸质机场航图是展开的详图(可折叠)，EFB 显示屏可能无法呈现整个机场航图，此时可能需要地图置中功能，但仍需满足易读性要求。机场航图必须包括机场运行的所有有用信息，在任何主动操作(如缩放、平移或清理)之后，都能很容易地返回到缺省位置。

如果飞行标准委员会报告或运行适合性报告(operational suitability report，OSR)中包含有相关电子航图的内容，则可作为运行合格审定中的参考材料。

12. 数据库精度和质量

相比于 EFB 系统的其他错误，数据库错误会对飞行机组产生更为严重的影响。因此，EFB 系统的数据库应具有精度标准，并需建立适当的质量控制系统，以避免出现危险的误导信息。在处理数据库和制定数据质量要求时，推荐使用 RTCA DO-200《航空数据处理标准》。对于使用栅格航图的数据库，应使用 RTCA DO-257A《电子地图标绘导航信息的最低运行性能标准》附录 F 中的指南或其他等效标准来确定其精度等级和支持的分辨率，此外还应遵循关于栅格航图合理使用颜色的指南。必须提供识别数据库版本、生效日期和有效使用周期的方法。数据库制作商关于其质量控制过程和数据库精度的声明可用于确定数据库误差。

13. 电子飞行包自身位置显示

仅当机载的飞行导航显示器在标绘飞机自身位置时，才允许在 EFB 上显示 EFB 自身位置，安装的 EFB 显示器，需要包含型号设计考虑。

1) 正确使用 EFB 自身位置

运营人必须确保机组能够正确使用 EFB 自身位置，包括配合使用的要求和区别对待的原则。在空中，飞行机组操纵飞机主要参考机载的主飞行、导航显示器，辅助的便携式、安装式或通过机载航电显示器共享的 EFB 自身位置显示只用于增强飞行机组情景意识。在地面运行中，参照外部目视参考已经足够满足操纵飞机的运行需要。

2) EFB 自身位置显示功能的相关要求

(1) 位置源选择。

建议使用来自安装的 GNSS 位置源的位置数据。便携式 EFB 更容易遭遇信号阻塞、信号降级和性能降级。来自便携式 GNSS 位置源的位置数据是可以接受的，但从可用性和一致性出发，建议运营人使用外部 GNSS 位置源，而不是便携式 EFB 内部的 GNSS 位置源。

(2) EFB 自身位置的方向性。

当航迹或航向不可用时，必须将航空器自身位置改变成一个无方向性(环形)的标志。

(3) GNSS 数据流。

如果位置信息不可用或不足以支持应用软件，则必须清除 EFB 自身位置。这是为了防止出现由 EFB 的位置源信号丢失或失去电源引起的自身位置冻结，清除时间不应超过 3s。

(4) EFB 自身位置的地面使用精度。

对于机场航图应用软件，申请人应选择具有 5m 甚至更高精度的数据库。对于目前缺少该精度数据的机场，数据库精度不得低于 30m。结合最大位置源误差(与安装的 GNSS 位置源误差相当)，总误差估计为 50m。50m 的精度要求约相当于 ICAO 附件 14 中代码 E 机场滑行道间距值的 50%。

在机场地面显示 EFB 自身位置的功能用于 B 类应用软件时，应符合飞行机组滑行操作程序。

(5) 地图缩放。

应用软件的设计应能在显示器上指示当前的缩放等级。该设计必须确保缩放幅度与自身位置标志的位置精度相匹配。

14. 数据链支持的应用软件

1) 气象信息和航空情报服务

产品经批准的气象数据源可通过数据链支持的应用软件显示天气和航空数

据。这些产品增强了情景意识，但缺少飞行机动决策所必需的服务可靠性和更新率。例如，在规避不利的天气、空域或障碍物危险时，数据链气象信息和航空情报服务产品不得用于事关飞行安全的飞行机动决策(如确定穿越危险天气区域路径)，仅用于支持飞行规划决策(如选择绕飞危险天气区域的大体路线)。

2) 图形天气信息

数据链图形天气信息可能来源于经批准的天气信息咨询源，只能用于飞行规划。不得将数据链图形天气信息用于飞行机动决策，因为其数据质量并未按航空使用来进行控制。不得将数据链图形天气数据源用作机载气象雷达或雷暴探测装置的替代。

15. 载重和性能平衡应用软件

1) 载重平衡应用软件

B 类载重平衡应用软件是为简化航空器载重平衡计算，通过数据调用和数学计算，使用局方批准的飞机飞行手册、飞行员操作手册或载重平衡手册中现有信息的应用软件。该软件必须遵循经批准的现有数据，并在整个航空器运行包线内验证其准确性。载重平衡应用软件可使用算法程序或电子数据表计算结果，可在获批数据内部进行插值计算，但不得进行外推插值。制造厂家或运营人必须测试并证明算法能够准确地表示经批准的 AFM 数据。

2) 性能应用软件

B 类性能应用软件是为简化航空器性能数据计算，通过数据调用和数学计算，使用局方批准的 AFM、POH 或性能手册中现有数据的应用软件。该软件必须遵循经批准的公布数据，并在整个航空器运行包线内验证其准确性。性能应用软件可使用算法程序或电子数据表计算结果，可在获批数据内部进行插值计算，但不得超出当前公布的数据范围向外插值。必须对算法进行测试和验证，以确保符合经批准的 AFM 性能数据。性能应用软件不得使用超出经批准的 AFM 数据包线的计算条件(包括但不限于气压高度、温度和重量)来外插计算或推算结果。

3) 演示验证

在电子飞行包投入运行之前，需要对 B 类载重平衡和性能应用软件进行演示测试。对于使用电子数据表的应用软件，针对输入/输出的各个数据，必须验证其能被正确地调用。对基于算法的应用软件，必须验证输出结果能准确地表示其所取代的经批准的 AFM 数据。不允许新建算法取代经批准的 AFM 数据。B 类应用软件必须遵循与经批准的 AFM 数据相同的数据方法，应能被演示证明可追溯到经批准的 AFM 数据。当输入超出 AFM 数据包线时，B 类应用软件不得计算和输出。根据应用软件的构架，必须测试和书面记录足够多的数据点，以证明应用软件是准确地遵循且限于经批准的 AFM 数据包线。只有当 B 类应用软件能准确地再现 AFM 数据时，才能证明该应用软件是适用的。

16. 电子签名

为使电子签名与手写或其他形式的签名具有同等效力，运营人应建立局方可接受的电子签名程序，以证明：

1) 唯一性

签名应能识别电子签名人身份，而且很难被复制。

2) 签名意向

使用电子签名时应采取有意识且可辨识的方式完成电子签名。

3) 信息范围

电子签名人和随后的阅读人员应能清晰地确认电子签名所确认的信息范围。

4) 安全性

电子签名应具备与手写签名同等的安全性水平，确保电子签名很难被其他人复制或更改。

5) 不可抵赖

电子签名应能防止电子签名人否认其签署事实，签名越难以被复制或更改，则越有可能为电子签名人所签。

6) 可追溯性

电子签名应能够追溯到电子签名人。

只要满足以上要求，使用个人身份识别码(personal identification number，PIN)或有时效的密码系统是可以被接受的。

17. 增加其他 EFB 应用软件或功能

对于一个新开发的应用或新增的功能，申请人应当向局方提供功能危害性评估(function hazard analysis，FHA)报告，以便评审。如果局方认同其失效状况类别为轻微或无安全影响，则可被认定为 EFB 应用软件或功能。

3.9.4 EFB 项目管理

为确保安全规范地使用 EFB，局方对 EFB 项目提出了相应的管理要求。

3.9.4.1 纸质材料移除政策

如果运营人的 EFB 项目有经局方批准的足够缓解措施，或对现有 EFB 项目进行修改制定了达到同等安全水平的足够缓解措施，防止 EFB 故障造成飞行运行所需航空信息的丧失，则可从飞机上部分或全部地移除纸质材料。

在向少纸化、无纸化驾驶舱过渡的阶段，运营人需要建立可靠的备份方式，向飞行机组提供规章所要求的信息，并确保与现行纸质产品相当的安全性和完整性水平。可接受方案包括如下方面：

(1) 在一定时期内携带纸质产品，用定量手段证实 EFB 的可靠性；

(2) 使用打印设备打印所有飞行所需数据;

(3) 使用航空器传真设备向驾驶舱上传与纸质文件相当的信息;

(4) 局方认可的其他备份方式。

已获批开展少纸化、无纸化驾驶舱运行,若申请新的 EFB 运行,则可采用经局方批准的确保同等安全水平的 EFB 作为备份。

3.9.4.2　运行程序

局方从如下几方面对 EFB 的运行程序提出了相关要求:

1) EFB 硬件和应用软件的运行程序

EFB 项目必须包含在航空器上使用 EFB 的运行程序。这些程序必须明确飞行机组、客舱机组、签派员等的职责,包括但不限于:

(1) 机组在地面运行和各种飞行条件下如何使用 EFB 每个功能的程序;

(2) 飞行机组人员报告 EFB 硬件或应用软件异常情况,以及根据飞行机组人员反馈修改现有政策、流程等的程序;

(3) 飞行机组在正常、不正常和紧急情况下使用的程序;

(4) 飞行机组在空中遇到 EFB 应用软件密码失效或无法登录等情况下能够一次性使用 EFB 主要功能到落地的应急程序;

(5) 任何 EFB 项目修改的通知程序。

运行程序必须包含飞行前 EFB 功能确认和使用,飞行中的使用、存放、供电保证以及关闭程序。

2) EFB 与驾驶舱其他系统一起使用的程序

程序和训练应包括 EFB 与驾驶舱其他系统提供的信息不一致时,或不同 EFB 间提供的信息不一致时,应采取的行动。如果 EFB 与驾驶舱现有的航电显示器同时显示信息,程序必须包含适当的型号设计考虑以确保差异化,并确认主要信息源和辅助信息源。EFB 的显示应尽可能支持现有的驾驶舱设计理念,同时确保机组知道为达到某种目的应使用哪个系统,特别是当 EFB 和其他航空器系统提供相似信息时。

3) 飞行机组确认 EFB 软件和数据库修订的程序

运营人应制定程序使得飞行机组能在每次飞行前确认 EFB 上所安装数据库和软件的有效性。当发现 EFB 中安装的应用软件或数据库过期时(如航图数据库修订周期为 28 天),飞行机组的确认程序应规定要采取的行动。

飞行机组无须确认不影响飞行运行的其他数据库的修订日期,如维修日志表、机场代码列表等。

4) 减轻和控制工作量的程序

应制定程序以减轻和控制使用 EFB 所产生的额外工作量。

5) 明确性能和载重平衡计算的责任

应制定程序明确飞行机组和签派在创建、检查和使用 EFB 性能与载重平衡计算中的作用和责任。

3.9.4.3　管理程序

CAAC 局方对 EFB 项目修改、构型控制、软件修订过程、数据库更新过程、数据存储和恢复等提出了相关管理要求。

1) EFB 项目修改

EFB 项目必须依照 AC-121-FS-2018-031R1 中的指南(参见 3.9.5.2 节)，制定识别和评估 EFB 硬件和软件修改的程序。

2) EFB 构型控制

运营人必须建立 EFB 构型控制的工作程序，确保在系统更新和修改过程中保持对 EFB 的构型控制，对 EFB 构型文件的任何修改都必须有记录保存且能随时向局方提供。EFB 构型文件必须至少包含每个制造厂家、型号和系列航空器上所使用 EFB 的下列信息：

(1) EFB 硬件制造厂家和型号；

(2) 当前版本的操作系统；

(3) 当前版本的应用软件；

(4) 数据库更新源。

对于 EFB 内部主要器件有跟踪过程的 EFB 硬件的制造厂家和型号，这些内部器件的替换、升级可能需要另外进行无干扰测试。对于没有可替换内部组件的永久封装的平板计算设备，应通过制造厂家和型号或设备硬件的部件号来跟踪。对于由多个 EFB 应用软件组成的软件包或集成软件，对软件包和其中的 EFB 应用软件都要进行跟踪和记录。

3) EFB 软件修订过程

运营人及应用软件供应商应负责确保 EFB 操作系统和应用软件能实现其设定的功能。未经授权，对任何拟用于运行的软件的修改、新的或其他软件的加装都不被允许，除非这些软件能够证明与原先设计的功能一致。在用于飞行之前，必须对应用软件、操作系统的修改和系统构型设置进行控制和测试。

机长需负责核实 EFB 上数据版本都是现行有效的版本。

4) EFB 数据库更新过程

运营人应建立修订 EFB 数据库和验证每次更新的方法。数据修订方法必须确保被装载数据的完整性，不会对 EFB 运行产生负面影响。必须制定防止破坏 EFB 数据的程序，尤其在使用互联网和无线连接方式的环境中。数据库修订不包括应用软件和操作系统的修改。在滑行、起飞、飞行中和着陆等运行中，不得变更数据库和应用软件。运行中，气象信息和航空情报服务数据链服务可以实现信息更新。

运营人还需要建立修订控制程序，以便飞行机组和其他人可以保证数据库数据的现行有效和完整。这些修订控制程序可以与纸质或者其他储存媒介的修订控制程序类似。对于有修订周期控制过程的数据，使用者应能很容易地从 EFB 中得到当前的修订周期信息。

5) 数据存储和恢复

运营人应该建立相应程序来获取或保留历史数据。存档数据时间的长短取决于所保存数据信息的类别，如维修的历史数据，应该在此飞机的使用寿命期限内加以保存。存档数据必须在其保存期内都可以获取，这可能需要对旧数据进行转换，以便使用当前工具可以访问。运营人应至少每周下载维修缺陷日志并保存于永久记录介质。

EFB 应可使局方或其授权的代表以合理的要求获取、查看或打印 EFB 中包括的任何信息。如果局方要求运营人提供 EFB 相关信息，运营人应以这些机构能使用的格式提供数据。

3.9.4.4　维修程序

运营人有责任保证所有的 EFB 硬件(如便携式固定装置、电池和显示器)在其计划使用周期内可以得到妥善维修。

3.9.4.5　安全程序

运营人应该通过安全风险评估证明，有足够的安全措施来防范对 EFB 操作系统、应用软件、任何用于支持应用软件的数据库或数据链路等遭受未被授权的修改、外部病毒的侵害。必须通过分析和(或)测试的方法来证明 EFB 的安全性，并建立在 EFB 整个运行使用周期内维持其安全水平的程序。

EFB 所需安全等级取决于 EFB 应用的重要程度。在保证 EFB 正常运行的基础上，安全等级还需考虑 EFB 的其他特性，如与其他系统的连接。必须说明 EFB 连接到飞机系统的安全影响以及特殊情况的考虑。

典型的安全防御包括但不限于以下方面：

(1) 个人防火墙；

(2) 加入域的、具有相似安全标准的系统集群；

(3) 数据加密和认证；

(4) 病毒扫描；

(5) 保持最新的操作系统；

(6) 建立允许访问的互联网域名白名单(清单)；

(7) 虚拟专用网络；

(8) 根据需要授予访问权限；

(9) 在制定故障排除程序时，必须将安全威胁作为 EFB 异常的潜在致因，并制定相应措施以有效防御以后的攻击；

(10) 虚拟化；

(11) 取证工具和程序。

3.9.4.6 运营人训练

当引入的 EFB 运行和 EFB 硬件或软件有任何修改时，EFB 项目必须包含飞行机组人员的训练。EFB 训练可合并到现有的初始、转机型、复训等训练模块中。训练内容应包括但不限于以下方面：

(1) EFB 硬件使用，包括相应组件和外围设备；

(2) 应用软件的使用；

(3) 对新的 EFB 程序的了解；

(4) EFB 运行理论，包括 PED 和 EFB 的区别；

(5) EFB 信息的使用限制，包括 EFB 和传统航空电子设备之间的关系，以及当 EFB 不可用时，所有飞行阶段的限制条件；

(6) EFB 故障和相应操作程序的描述，包括获取备份的程序；

(7) 安全性描述，如运行程序或安全程序；

(8) EFB 程序使用的机组资源管理(crew resource management, CRM)训练，包括 EFB 系统的飞行前检查、EFB 功能的使用、数据输入和计算结果的交叉检查。

如果使用同类 EFB 设备和功能的非机组成员与机组成员进行互动，则 CAAC 局方建议对相关的非机组成员进行 EFB 训练，如签派员、维修人员、配载人员和航务代理。训练应强调与机组成员的协同程序。

对显示在安装设备上的 EFB 应用软件可能有额外的训练要求。训练大纲应包含飞机飞行手册、飞机飞行手册补充、飞行标准化委员会报告、运行适合性报告或者其他形式文档中定义的其他条件、限制和程序。必须在训练中包括以下方面：

(1) 使用 EFB 时，经批准的运营人特殊的机动飞行、操作和程序；

(2) 使用基于 EFB 信息的任何特殊的飞行员/管制员程序；

(3) 如适用，经批准的进行特定 EFB 运行的地理区域；

(4) 经批准的 EFB 设备保留故障放行的方法。

运营人训练应提供实际或模拟 EFB 设备和显示器进行教学、演示和实践。飞行模拟机或其他经批准的训练设备(如程序练习器)可以作为训练机组使用 EFB 的工具。一旦 EFB 项目获得批准，全动飞行模拟机中 EFB 的使用和性能必须反映实际的飞行运行。

3.9.4.7　模拟机和飞行评估

模拟机或其他经批准的训练设备作为评估训练质量或评价 EFB 性能的工具，其逼真水平是由所需的用途或要求的可信度所决定的。应通过模拟机来评估的 EFB 特性和驾驶舱整合性，包括机组对显示器的使用、EFB 控制的使用、对提示和告警的反应、显示范围的自动配置、自检、机组程序和失效模式分析。

在获得运行批准前，验证特定 EFB，包括其功能应用，所需的飞行评估次数应基于飞机型号、飞机系统结构、机组工作量考虑、以往批准使用情况，以及以往的模拟机和地面测试等情况而定。

需要针对每个申请对实际飞行测试的需求进行评估。局方监察员将确定该演示验证是否可以使用一个已获批准的训练设备完成，或者是否需要进行实际的飞行评估。例如，首次运行批准一般都要求进行一次飞行评估。对 EFB 的后续改进，如果在地面或模拟机中不能被充分评估，则可能需要进行飞行评估。

3.9.4.8　放行要求和用户反馈要求

如果少纸化、无纸化驾驶舱运行中要使用 B 类应用软件，则签派放行时通常需要两套运行的 EFB。放行时如果只有一套运行的 EFB，则必须具备足够的缓解措施。A 类应用软件则无须遵循此要求。安装式 EFB 硬件应遵循最低设备清单。

CCAR-121 部和 CCAR-135 部的运营人，应建立流程来收集 EFB 项目的反馈意见，包括任何的不正常情况、失效或经验教训。在设计、安装、改装或对程序和训练的改进中，同样应使用该流程。

3.9.5　EFB 项目的批准过程

CCAR-121 部和 CCAR-135 部的运营人在驾驶舱和客舱中引入和使用 EFB，需要得到局方的批准。需要局方评估的内容包括所有操作程序、相关的训练模块、检查单、运行手册、训练手册、维修方案、最低设备清单以及其他相关文件和报告程序。

3.9.5.1　EFB 批准或接受的一般过程

CAAC 局方批准 EFB 包括预先申请、正式申请、文件审查与临时批准、验证测试以及最终批准五个阶段。

1) 预先申请阶段

运营人向 CAAC 局方申请运行批准，局方和运营人应就运营人做的工作、局方的作用和工作、运营人必须准备好的报告和文件等方面达成共识。

2) 正式申请阶段

运营人向 CAAC 局方提交正式审定申请。局方必须确保在进行彻底的审查和分析以前，运营人所提交的申请材料是完整且符合格式要求的。局方指定监察员开展审定工作，若需要，应协调 AEG 和航空器审定部门。运营人所提交的申请材料一般应包括：

(1) EFB 构型文件；

(2) 公司 EFB 使用政策和管理制度；

(3) 适航审定文件(如适用)；

(4) AEG 评估报告(如适用)；

(5) 飞机飞行手册(如适用)/公司相关运行手册，包括系统限制、非正常程序、正常程序(含飞行前和飞行后检查单)、硬件和软件系统描述；

(6) 训练大纲；

(7) 最低设备清单(如适用)；

(8) 工程管理手册(如适用)；

(9) 维修方案及维修手册文件(如适用)；

(10) 信息安全管理文件；

(11) 风险评估报告；

(12) EFB 应用软件开发报告。

3) 文件审查与临时批准阶段

CAAC 局方对运营人所提交申请材料在规章符合性、安全运行程序、工作计划合理性及相关人员训练等几个方面进行深度审查和分析。

在文件审查期间，运营人应组织开展桌面推演，并在停放的飞机或经过认证的模拟机上进行演示，以评估 EFB 的实际运行情况。局方完成 EFB 评审后，向运营人授予临时批准，进入一般不少于 6 个月的验证测试阶段。

4) 验证测试阶段

验证测试阶段是运行批准程序的主要阶段并涉及有效性测试。在本阶段，运营人将执行特定的运行，以便于数据的采集或监察员的观察。运营人收集数据并达到计划目标后，可以申请减少运行测试时间。但测试期少于 6 个月的，需要由 CAAC 局方决定。在验证测试结束前，局方应开展飞行评估。在运行测试结束后，运营人应出具运行评估报告。如果运营人提供了达到所有计划目标的充分证据，或者运营人不能令人满意地完成计划，验证测试阶段即可结束。

5) 最终批准阶段

验证测试成功完成(或终结)之后，CAAC 局方正式批准计划中成功完成的项目，或对未完成(或终结)的项目不予批准并书面告知运营人。对于 CCAR-121 部和 CCAR-135 部运营人，局方通过颁布运行规范 A0046 对 EFB 授予批准。

3.9.5.2　已批准 EFB 项目的修改

CAAC 局方对已批准 EFB 项目的修改，给出了如下的要求：

1) 小的修改

允许运营人自行评估小的修改并纳入批准的 EFB 项目，不需要局方的检查和评估。小的修改包括：

(1) 增加/更新 A 类 EFB 应用软件；

(2) 更新 B 类 EFB 应用软件；

(3) 操作系统更新；

(4) 对现有 EFB 应用软件用户界面的小的修改。

B 类 EFB 应用软件和 EFB 操作系统的更新可能包含飞行机组训练、程序和使用的重要修改。如果对项目修改存疑，除非运营人通过联系局方监察员确定为小的修改，否则应视为重要修改。

2) 重要修改

如果不属于小的修改，则在纳入已批准的 EFB 之前需要局方的正式检查和评估。不同于 EFB 的初始申请，对已获批 EFB 的修改可由局方监察员酌情简化，原则上不需要再次进行飞行评估。

3.10　应急撤离演示的评审要求

为降低或避免在航空器可能发生的不安全运行事件中机上人员的伤亡损失，各国的民航当局对于载客人数超过规定数量的航空器都要求满足相应的应急撤离要求。局方的应急撤离要求涉及对此类航空器的应急撤离设施要求和应急撤离程序要求。相关航空器在投入运营之前，申请人可采用应急撤离演示的方式验证该航空器的应急撤离程序对相关规章的符合性。应急撤离演示的评审是 AEG 的重要评审内容之一。

CAAC 局方对应急撤离程序演示要求通常包括应急撤离设施要求、参与应急撤离的人员要求以及应急撤离程序演示准则等。

涉及应急撤离程序演示的规章条款和指导性材料主要包括 CCAR-25 部的 25.801、803、807、809、810、811、812、813、815、817、819、820 和 CCAR-121 部的 121.309、310 等应急撤离设施要求，CCAR-25 部的附录 J 和 CCAR-121 部的 121.161、391、397、419、567、附件 C 等的应急撤离相关能力、程序、演示参与人员、演示准则等方面的要求。

CCAR-121 部 121.161 条要求航空运营人应当进行应急撤离程序的实际演示，证明在载客飞行中所用的旅客座位数大于 44 座的每个型号的飞机，能够使包括机组成员在内的满载量乘员在 90s(含)以内撤离飞机。但是，如果该型号飞机已被证明符合 CCAR-121 部附件 C(a)款规定或者适用的型号合格审定标准，可以不实施实际演示。

因此，为确保航空运营人能够满足局方规定的相关应急撤离要求，相关航空器的制造厂家有必要在航空器投入运营前确保相关型号航空器的应急撤离能力达到局方的相关要求，为航空器运营人构建该型号航空器的应急撤离能力奠定基础。

3.10.1　应急撤离设施要求

根据 CCAR-25 部和 CCAR-121 部中应急撤离的规章要求，应急撤离设施要求一般涉及应急出口、应急撤离辅助设施与撤离路线、应急照明等方面的要求。

3.10.1.1　应急出口要求

应急出口相关要求包括应急出口类型、布置、标识以及通路等方面的要求。

1. 应急出口类型要求

CAAC 局方对应急出口类型通常有如下的一些要求：

1) 类型

对 CCAR-25 部的运输类飞机而言，应急出口的类型规定如下：

(1) I 型应急出口。此型应急出口是与地板齐平的出口，具有宽不小于 610mm(24in)、高不小于 1220mm(48in)、圆角半径不大于 203mm(8in)的矩形开口。

(2) II 型应急出口。此型应急出口是宽不小于 510mm(20in)、高不小于 1120mm(44in)、圆角半径不大于 178mm(7in)的矩形开口。II 型出口必须是地板齐平的出口，但位于机翼上方者除外。在此情况下，出口在机内的跨上距离不得大于 250mm(10in)，在机外的跨下距离不得大于 430mm(17in)。

(3) III 型应急出口。此型应急出口是宽不小于 510mm(20in)、高不小于 910mm(36in)、圆角半径不大于 178mm(7in)的矩形开口。其机内跨上距离不大于 510mm(20in)。如果出口位于机翼上方，则其机外跨下距离不得大于 690mm(27in)。

(4) IV 型应急出口。此型应急出口是宽不小于 480mm(19in)、高不小于 660mm(26in)、圆角半径不大于 160mm(6.3in)、位于机翼上方的矩形开口。其机内跨上距离不大于 740mm(29in)，机外跨下距离不大于 910mm(36in)。

(5) 机腹型应急出口。此型应急出口是由客舱经过承压壳体和机身下部蒙皮的出口。此型出口的尺寸和实际构型必须在飞机处于正常地面姿态且起落架放下时具有至少与 I 型应急出口同样的撤离率。

(6) 尾椎型应急出口。此型应急出口是由客舱经过承压壳体和承压壳体之后可打开的机身锥体的后部出口，打开尾椎的措施必须简单明了，而且只需要一个操作动作。

(7) A 型应急出口。此型应急出口是宽不小于 1066mm(42in)、高不小于 1829mm(72in)、圆角半径不得大于 178mm(7in)的与地板齐平的矩形开口。

(8) B 型应急出口。此型应急出口是宽不小于 813mm(32in)、高不小于 1829mm(72in)、圆角半径不得大于 152mm(6in)的与地板齐平的矩形开口。

(9) C 型应急出口。此型应急出口是宽不小于 762mm(30in)高不小于 1220mm (48in)、圆角半径不得大于 250mm(10in)的与地板齐平的矩形开口。

2) 跨下距离

跨下距离是指该开口的底部到机身向外延伸的可用踏脚处之间的实际距离,该踏脚处的尺寸应大到足以不需要用目光和感觉探索即起作用。

3) 超尺寸应急出口

大于 CCAR-25 部 25.807 条款所规定尺寸的开口, 无论是否是矩形均可采用, 只要 CCAR-25 部 25.807 条规定的矩形开口能内接在此开口内, 而且被内接矩形开口的底部满足规定的跨下高度和跨上高度要求。

4) 不对称性

成对应急出口不需要完全位置相对和尺寸一致。但是本小节中所许可的乘客座位数应基于两个应急出口中较小的那一个。

5) 均匀性

应急出口应考虑乘客座椅的分布, 尽可能均匀布置。

6) 位置

每一个所要求的乘客应急出口必须易于接近, 并且其布置能为乘客提供最有效的撤离措施。

如果每侧仅提供一个与地板齐平的应急出口, 而飞机又没有尾椎型应急出口或机腹型应急出口, 那么与地板齐平的应急出口必须位于客舱的后部, 除非其他位置能提供乘客更有效的撤离措施。

如果每侧提供的与地板齐平的应急出口多于一个, 并且飞机不是客货混合构型, 那么客舱每侧的每端至少要有一个与地板齐平的应急出口。

对于要求在机身每侧要有多于一个以上乘客应急出口的飞机, 在机身每一舱段每侧的相邻出口的距离不得超出 18m(60ft), 测量应在两个最近的出口边缘平行飞机纵向轴线进行。

7) 要求的应急出口类型和数量

许可的最大乘客座椅数取决于机身上每侧的应急出口类型和数量。机身每侧的特定类型出口最大许可乘客客座量规定如表 3-11 所示。

表 3-11　最大许可乘客客座量规定

应急出口形式	客座量/座
A 型	110
B 型	75
C 型	55
I 型	45
II 型	40
III 型	35
IV 型	9

(1) 对于客座量为 1～9 座的，至少在机身每侧要有一个 IV 型或更大的机翼上方应急出口。如果在机翼上方不能提供出口，那么至少要在机身每侧有一个满足最小 III 型应急出口。

(2) 对于客座量多于 9 座的，每一出口必须是 III 型或大于 III 型。

(3) 对于客座量是 10～19 座的，在机身每侧至少要有一个 III 型或更大的出口。

(4) 对于客座量是 20～40 座的，在机身每侧至少要有两个出口，其中一个必须是 II 型或更大的出口。

(5) 对于客座量是 41～110 座的，在机身每侧至少要有两个出口，其中一个必须是 I 型或更大的出口。

(6) 对于客座量多于 110 座的，在机身每侧的应急出口必须至少包括两个 I 型或更大的出口。

(7) 所有 III 型出口许可的最大组合客座量是 70 座，由少于三排座椅分开的机身每侧的两个 III 型出口，所能许可的最大组合客座量为 65 座。

(8) 如果设有 A 型、B 型或 C 型出口，那么在机身每侧至少要有两个 C 型或更大出口。

(9) 如果设有旅客用机腹型出口或尾椎型出口，而且飞机处于因一根或几根起落架折断而造成的最不利出口开启条件下这些出口能提供至少与 III 型应急出口相同的撤离率，则可以允许按下列规定增加客座量：

① 一个机腹型出口，可增加 12 个客座；

② 一个尾椎型出口(在承压壳体上具有宽不小于 510mm(20in)、高不小于 1524mm(60in)、圆角半径不大于 178mm(7in)的与地板齐平的出口，并具有符合第 25.810 条(a)款的经批准辅助设施，可增加 25 个客座；

③ 一个尾椎型出口(在承压壳体的开口尺寸、跨上及跨下距离至少与 III 型应

急出口相等,并且开口顶部距客舱地板的高度不小于 1420mm(56in),可增加 15 个客座。

8) 额外出口

下列出口还必须满足应急出口布置、应急撤离辅助设施与撤离路线、应急出口标记、应急出口照明等要求,并且必须易于接近。

(1) 客舱中超出应急出口最少数量要求的每一个紧急出口。

(2) 从客舱可进入的、大于或等于 II 型应急出口但是小于 1170mm(46in)宽的任何其他与地板齐平的门或出口。

(3) 任何其他机腹型或尾椎型出口。

9) 水上迫降旅客应急出口

无论是否申请水上迫降合格审定,必须根据下列规定设置水上迫降应急出口:

(1) 客座量(不包括驾驶员座椅)等于或小于 9 座的飞机,飞机每侧水线以上要有一个至少符合 IV 型尺寸的出口。

(2) 客座量(不包括驾驶员座椅)等于或大于 10 座的飞机,对每 35 名旅客(或不足 35 名的尾数)在飞机侧面水线以上要有一个至少符合 III 型尺寸的出口,但客舱内此类出口不得少于两个,飞机每侧各一个。可以通过采用更大出口或其他措施提高客座量与出口之比,只要能表明在水上迫降期间飞机的撤离能力有相应提高。

(3) 如果侧面出口不能设在水线以上,则必须用同等数量、尺寸不小于 III 型尺寸的出口,易于接近的顶部带盖舱口来代替侧面出口,但对于客座量(不包括驾驶员座椅)等于或小于 35 座的飞机,只需要一个顶部带盖舱口来代替所要求的两个 III 型侧面出口。

10) 飞行机组应急出口

对于旅客应急出口与飞行机组区的靠近程度不能为飞行机组撤离提供方便和易于接近的措施的飞机,以及客座量大于 20 座的所有飞机,飞行机组应急出口应设置在飞行机组区。此类出口的尺寸和位置应足以使飞行机组迅速撤离。在飞机两侧必须各有一个出口,或代之以一个顶部带盖舱口。每个出口必须包含一个至少为 483mm×510mm(19in×20in)的无障碍矩形出口,除非能通过一名典型的机组成员圆满地演示出口的实用性。

2. 应急出口布置要求

对于应急出口的布置,CAAC 在 CCAR-25 部的 25.809 条款中给出了如下的相关要求:

(1) 每个应急出口,包括飞行机组应急出口在内,必须是机身外壁上能提供通向外部的无障碍开口的活动舱门或带盖舱口,并且每个应急出口必须具有在出口关闭时能够观察外部状况的设施。该观察设施可以在出口上或者在出口附近,并且在出口和观察设施之间无障碍，还必须提供设施，能够观察撤离人员接地的可能区域。在起落架放下和起落架折断的所有条件下，在所有照明条件下，撤离人员接地的可能区域必须是可见的。

(2) 每个应急出口必须能从内外两侧开启，但如果从飞行机组区域能方便而迅速地接近其他经批准的出口，则该区域的滑动窗户应急出口不必能从外侧开启。在下列条件下，当机身无变形时，必须能打开每个应急出口：

① 飞机处于正常地面姿态和在一根或几根起落架支柱折断时的每一种姿态；

② 从开门装置启动到出口完全打开，不超过 10s；

③ 即使在飞机内侧有人拥挤在门上。

(3) 开启应急出口的措施必须简单明了且不得要求特别费力，并且必须被安排和标记成能够易于定位和操作，即使在黑暗中。飞行机组应急出口可以采用按顺序多次操作(如操作双手柄或多个锁闩或解开几个保险钩)的内部开启措施，前提是有理由认定这些措施对于受过使用训练的机组成员是简单明了的。

(4) 如果在应急情况下操作一个以上出口的主系统是单个助力或单个动力操作系统，则每个出口必须能在主系统失效的情况下满足上述(2)中的要求。主系统失效后对出口进行人力操作是可以接受的。

(5) 每个应急出口必须用试验或分析结合试验，来表明满足上述(2)和(3)中的要求。

(6) 当以合适的操作程序使用时，每个应急出口的门必须位于使用它们的人不会被螺旋桨打伤的位置。

(7) 必须有措施使应急出口在轻度撞损着陆中因机身变形而被卡住的概率减至最小。

(8) 对于任何大型涡轮喷气客机，CAAC 局方有关营运规定所要求的每个机腹型出口和尾椎型出口必须符合下列规定：

① 其设计和构造应确保在飞行中不能将其打开；

② 在靠近出口开启措施的醒目位置，设置从相距 760mm(30in)处可辨读的标牌，说明该出口的设计和构造使其在飞行中是不能打开的。

(9) 每个应急出口必须具有设施，一旦在紧急情况下打开该出口则能够保持该出口处于打开位置。打开出口时，该装置不得需要独立的动作来锁定，并且必须需要明确的动作来解锁。

3. 应急出口标记要求

CAAC 局方对 CCAR-25 部航空器应急出口的标识，主要有如下方面的要求：

(1) 每个旅客应急出口的接近通路和开启措施，必须有醒目的标识。

(2) 必须能从距离等于座舱宽度处认清每个旅客应急出口及其位置。

(3) 必须有措施协助乘员在浓烟中找到出口。

(4) 必须用沿客舱每条主过道走近的乘员能看见的标示，来指明旅客应急出口的位置。下列部位必须有标示：

① 在每个旅客应急出口近旁的每条主过道上方必须有旅客应急出口位置的标示。如果净空高度不足，则必须把标示设在高过头部的其他可行位置。如果能从某个标示处方便地见到多个出口，则该标示可用于指示多个出口。

② 紧靠每个旅客应急出口必须有旅客应急出口标示。如果能从某个标示处方便地见到两个出口，则该标示可用于指示两个出口。

③ 在挡住沿客舱前后视线的每个隔框或隔板上，必须有标示来指示被隔框或隔板挡住的应急出口。如果不能做到，则指示可以设置在其他适当的位置上。

(5) 操作手柄的位置和从机内开启出口的说明，必须以下述方式显示：

① 在每个旅客应急出口上或其附近，必须有一个从相距 760mm(30in)处可辨读的标记。

② 每个 A 型、B 型、C 型、I 型旅客应急出口的操作手柄，必须符合下列规定：

(A) 自身发亮，其初始亮度至少为 0.51cd/m²(160μlambert)[①]；

(B) 位于醒目处，并且即使有乘员拥挤在出口近旁也能被应急照明灯照亮。

③ 对每个 A 型、B 型、C 型、I 型或 II 型旅客应急出口，如果其锁定机构是靠转动手柄来开启的，则必须作如下标记：

(A) 绘有红色圆弧箭头，箭身宽度不小于 19mm(3/4in)，箭头 2 倍于箭身宽度，圆弧半径约等于 3/4 手柄长度，圆弧范围至少为 70°。

(B) 当手柄转过全行程并开启锁定机构时，手柄的中心线落在箭头尖点±25mm(±1in)的范围内。

(C) 在靠近箭头处，用红色书写"开"字。汉字字高至少为 40mm，英文字高为 25mm(1in)。

(6) 每个要求能从外侧打开的应急出口及其开启措施，必须在飞机外表面进行标记，此外，采用下列规定：

① 机身侧面旅客应急出口的外部标记，必须包括一条圈出该出口的 50mm(2in)宽的色带。

② 包括色带在内的外部标记，必须具有与周围机身表面形成鲜明对比的、容易区别的颜色。其对比度必须满足：如果深色的反射率等于或小于15%，则浅色的反射率必须至少为 45%；如果深色的反射率大于 15%，则深色的反射率和浅色的反射率必须至少相差 30%。反射率是物体反射的光通量与它接收的光通量之比。

③ 非机身侧面的出口(如机腹或尾椎出口)的外部开启措施(包括操作说明在

---

① 1lambert = 3.18310×10^3 cd/m²。

内，如果适用)必须醒目地用红色作标记，如果背景颜色使红色不醒目，则必须用鲜明的铬黄色作标记。当开启措施仅设置在机身一侧时，必须在另一侧上有同样效果的醒目标记。

(7) 上述(4)中要求的每个标示，在文字上可用出口两字来代替应急出口这一术语。

4. 应急出口通路要求

每个所要求的应急出口必须是旅客可到达的，而且其位置能保证有效撤离。应急出口必须考虑到旅客的分布情况尽可能均匀，但座舱两侧出口的大小和位置不必对称。

当规定每侧只需一个与地板齐平的出口而飞机又没有尾椎型应急出口或机腹型应急出口时，该与地板齐平的出口必须设置在客舱后段，除非其他位置使其成为更有效的旅客撤离口。

当规定每侧需要一个以上与地板齐平的出口时，每侧必须至少有一个与地板齐平的出口设置在靠近座舱的每一端头，但这一规定不适用于客货混装布局。

此外，应急出口通路还必须满足下列要求：

(1) 必须有通道从最近的主过道通往每个 A 型、B 型、C 型、I 型或 II 型应急出口和连通各个旅客区域。通往 A 型和 B 型应急出口的每条通道不得有障碍物，宽度至少为 914mm(36in)。旅客区之间的通道以及通往 I 型、II 型或 C 型应急出口的通道不得有障碍物，宽度至少为 510mm(20in)。

除客舱内有两条或多条主过道的情况外，每个 A 型或 B 型应急出口的位置必须能使旅客从前后两个方向沿主过道通向该出口。当有两条或多条主过道时，两条主过道之间必须设置若干宽度至少为 510mm(20in)的无障碍横向过道，其设置要满足以下要求：

① 必须有一条横向过道通向最近的主过道与 A 型、B 型应急出口之间的每一条通道。

② 必须有一条横向过道通向最近主过道与 I 型、II 型或 III 型应急出口之间的每一条通道的邻接区。

③ 当连续三排座椅之内有两个 III 型应急出口设置于两排座椅之间时，可以只用一条横向过道，但此横向过道必须通向从最近主过道到每个应急出口的两条通道之间的邻接区。

(2) 必须按下列规定提供足够的空间，便于机组人员协助旅客撤离：

① 每个地板上的辅助空间必须是矩形，必须有足够空间使机组成员在直立时能够有效地协助撤离者。该辅助空间不得使通道的无障碍宽度减小到低于出口所要求的无障碍宽度。

② 对于每个 A 型、B 型应急出口，无论是否有 CCAR-25 部第 25.810 条(a)

款要求的辅助设施，都必须在出口的每一侧设置辅助空间。

③ 对于安装在客座量超过 80 座的飞机中的每个 C 型、I 型或 II 型应急出口，无论是否有 CCAR-25 部第 25.810 条(a)款要求的辅助设施，都必须在通道的一侧提供辅助空间。

④ 对于每个 C 型、I 型或 II 型应急出口，如果有 CCAR-25 部第 25.810 条(a)款要求的辅助设施，都必须在通道的一侧提供辅助空间。

⑤ 对于根据 CCAR-25 部第 25.807 条(g)款中(9)(ii)可以增加 25 座客座的尾锥型出口，如果有第 25.810 条(a)款要求的辅助设施，则必须提供一个辅助空间。

⑥ 下列情况下，在每个辅助空间处必须有一个或多个手柄，其位置应能使得机组成员能够稳定自己：

(A) 当手动启用辅助设施(如适用)时；

(B) 当撤离过程中帮助旅客时。

(3) 对于每个 III 型或 IV 型应急出口，必须提供符合下列要求的通路：

① 从最近过道到每个出口的通路，此外，对于客座量等于或大于 60 座的飞机，其每个 III 型应急出口还必须符合以下规定：

(A) 除下面(B)中的要求外，对于与过道应急出口一侧相邻的每排座椅不超过 2 个的舱内布局，必须提供宽度至少为 254mm(10in)的无障碍通道作为通路；而对该区域相邻的每排座椅为 3 个的布局，上述宽度至少为 510mm(20in)。通道宽度必须在相邻座椅调节到最不利位置时测定。所要求的通道宽度中心线相对应应急出口中心线的水平偏离不得大于 127mm(5in)。

(B) 可用两条通道(仅用于椅排之间)代替一条 254mm(10in)或 510min(20in)的通道，但其每条的宽度必须至少为 152mm(6in)，并要直接通向每一应急出口前的无障碍空间(相邻出口不得共用一条通道)。通道宽度必须在相邻座椅调节到最不利位置时测定。出口前的无障碍空间范围，垂直方向必须从地板直至天花板(或至侧壁行李箱底部)，前后必须从前通道前缘至后通道后缘，从出口向内的距离则不得小于机上最窄旅客座椅的宽度。应急出口的开口必须完全处在无障碍空间的前后边界范围之内。

② 除了通路之外，还有以下补充要求：

(A) 对于客座量大于或等于 20 座的飞机，在距出口不小于机上最窄旅客座椅宽度的一段距离内，座椅、卧铺或其他突出物(包括处于最不利位置的椅背)均不得阻挡该出口的投影开口或妨碍出口的开启。

(B) 对于客座量等于或小于 19 座的飞机，如果有补偿措施能保持出口的有效性，则在上述区域可以有小的障碍物。

③ 对于每个 III 型应急出口，无论其飞机的客座量大小，都必须有符合下列要求的标牌：

(A) 能让所有坐在出口通道附近并面朝通道的人辨读。

(B) 准确地说明或图示出口开启方法，包括手柄操作。

(C) 如果出口为可卸舱盖，说明舱盖重量，并指出舱盖卸下后的妥当安放位置。

(4) 如果从客舱中任一座椅到达任何规定的应急出口要经过客舱之间的通道，则该通道必须是无障碍的，但可以使用不影响自由通行的帘布。

(5) 在起飞和着陆时允许坐人的任一旅客座椅与任一旅客紧急出口之间不可设置舱门，致使舱门横穿任何撤离路径(包括过道、横向过道和通道)。

(6) 如果需要经过将起飞和着陆时坐人的任一机组成员座椅(驾驶舱座椅除外)与任一紧急出口分开的门，则此门必须具有将其闩住在打开位置的措施。锁闩装置必须能承受当门相对周围结构受到 CCAR-25 部第 25.561 条(b)款所述的极限惯性力时所造成的载荷。

3.10.1.2　应急撤离辅助设施与撤离路线要求

CAAC 局方在 CCAR-25 部的第 25.810 条中对应急撤离辅助设施与撤离路线规定了如下方面的要求：

(1) 当陆上飞机起落架放下停在地面时，对于每个非机翼上方的 A 型、B 型和 C 型应急出口和离地高度超过 1.83m(6ft)的任何其他非机翼上方的应急出口，必须有经批准的设施协助乘员下地。

① 每个旅客应急出口的辅助设施必须是自行支承式滑梯或等效设施，当为 A 型或 B 型出口时，该设施必须能同时承载两股平行的撤离人员。此外，辅助设施的设计必须满足下列要求：

(A) 必须能自动展开，而且必须在从飞机内部启动开门装置至出口完全打开期间开始展开。但是如果旅客登机门或服务门兼作旅客应急出口，则必须有手段在非应急情况下，从内侧或外侧正常打开时防止辅助设施展开。

(B) 除 C 型应急出口的辅助设施外，必须能在展开后 6s 内自动竖立。C 型应急出口的辅助设施必须要在应急出口的开启设施被启动后 10s 内自动竖立。

(C) 在完全展开后，辅助设施的长度必须能使其下端自行支承在地面，并且在一根或几根起落架支柱折断后，能供乘员安全撤离到地面。

(D) 必须能够在风向最不利、风速 25kn 时展开，并能在完全展开后仅由一个人扶持，就能供乘员安全撤离到地面。

(E) 对于每种辅助设施的系统安装(装在实体模型或飞机上)，必须连续进行五次展开和充气试验(每个出口)而无失败。每五次上述连续试验中，至少有三次必须使用装置的同一个典型抽样来进行。各抽样在经受 CCAR-25 部第 25.561 条(b)款规定的惯性力后，必须能用该系统的基本手段展开和充气。如在所要求的试验中该系统的任何部分发生损坏或工作不正常，则必须确实排除损坏或故障的原因，此后必须再进行完整的连续五次展开和充气试验而无失败。

②　飞行机组应急出口的辅助设施，可以是绳索或任何其他经过演示表明适合于此用途的设施。如果辅助设施是绳索或一种经过批准的等效装置，则必须满足下列要求：

(A)　辅助设施应连接在应急出口顶部(或顶部上方)的机身结构上，对于驾驶员应急出口窗上的设施，如果设施在收藏后或其接头会减小飞行中的驾驶员视界，则也可连接在其他经批准的位置上。

(B)　辅助设施(连同其接头)应能承受 1765N(180kg；400 磅)的静载荷。

(2)　每个位于机翼上方并具有跨下距离的 A 型、B 型应急出口必须有从座舱下到机翼的辅助设施，除非能表明无辅助设施的此型出口的旅客撤离率至少与同型非机翼上方的出口相同。当要求有辅助设施时，它必须能在出口打开的同时自动展开和自动竖立。对于 C 型应急出口，它必须要在出口的开启装置启动之后 10s 内自动支承。对于其他类型应急出口，必须要在展开之后 6s 内自行支承。

(3)　必须制定从每个机翼上方应急出口撤离的撤离路线，并且(除了可作为滑梯使用的襟翼表面外)均应覆以防滑层。除了提供疏导撤离人流装置的情况外，撤离路线必须满足以下要求：

①　A 型、B 型应急出口处的撤离路线，或两个 III 型应急出口处的任何共用撤离路线，必须至少为 1066mm(42in)宽。任何其他应急出口必须至少为 610m(24in)宽。

②　撤离路线表面的反射率必须至少为 80%，而且必须用表面对标记的对比度至少为 5 : 1 的标记进行界定。

(4)　位于机翼上方的 C 型应急出口和所有当飞机放下起落架停在地面上，上述(3)中要求的撤离路线在飞机结构上的终点离地面高度大于 1.83m(6ft)时，必须要为撤离者到达地面提供辅助设施，并且：

①　如果撤离路线经过襟翼，则必须在襟翼处于起飞或着陆位置(取离地高度较大者)时测量终点的高度。

②　辅助设施必须能在一根或几根起落架支柱折断后，风向最不利、风速 25kn 的条件下仍然可以使用并自行支承。

③　供每条从 A 型、B 型应急出口引出的撤离路线使用的辅助设施，必须能同时承载两股平行的撤离人员。对任何其他类型的出口，其辅助设施能同时承载的撤离人员股数必须与所要求的撤离线路数目相同。

④　供每条从 C 型应急出口引出的撤离路线使用的辅助设施，必须能在出口的开启机构被启动后 10s 内自动竖立，对于任何其他类型的出口，其辅助设施必须在竖立系统启动之后的 10s 内自动竖立。

(5) 如果作为旅客应急出口的旅客登机门上装有整体式梯子，则该梯子必须设计成在下列情况下不会降低旅客应急撤离的有效性：

① 舱门、整体式梯子和操纵机构受到 CCAR-25 部第 25.561 条(b)款(3)中所规定的相对于周围结构分别作用的惯性力。

② 飞机处于正常的地面姿态和一根或几根起落架支柱折断的每一姿态。

3.10.1.3 应急照明要求

CAAC 局方在 CCAR-25 部的第 25.812 条中对应急照明规定了如下方面的要求：

(1) 必须设置独立于主照明系统的应急照明系统，但是，如果应急照明系统的电源与主照明系统的电源是独立分开的，则应急照明和主照明两个系统中提供座舱一般照明的光源可以公用。应急照明系统必须包括下列项目：

① 有照明的应急出口标记和位置标示，座舱一般照明光源、机内应急出口区域的照明和地板附近应急撤离通道标记；

② 机外应急照明。

(2) 应急出口标示必须按下列规定设置。

① 对于客座量(不包括驾驶员座椅)等于或大于 10 座的飞机，应满足下列要求：

(A) CCAR-25 部第 25.811 条(d)款(1)中要求的旅客应急出口位置标示和第 25.811 条(d)款(2)中要求的旅客应急出口标示，必须用至少高 38mm(1.5in)的红字衬在有照明的白底上，白底面积至少为 135cm²(21in²)(不包括字的面积)。被照亮的白底与红字的对比度必须不小于 10∶1。字高与笔画宽度之比为 7∶1～6∶1。这些标示必须采用内部电照明，白底的亮度至少为 85.7cd/m²(25ft·L[①])，其明暗部的对比度不大于 3∶1。

(B) CCAR-25 部第 25.811 条(d)款(3)中要求的用于指示被隔框或隔板挡住的旅客应急出口标示，必须用至少高 38mm(1.5in)的红字衬在白底上，白底面积至少为 135cm²(21in²)(不包括字的面积)。这些标示必须采用内部电照明或非电的自身发亮，其初始亮度必须至少为 1.27cd/m²。如果设置非电的自身发亮式标示，则可以采用红底白字。

② 对于客座量(不包括驾驶员座椅)等于或小于 9 座的飞机，旅客应急出口位置标示和旅客应急出口标示以及用来指示被隔框或隔板挡住的应急出口标示，必须用至少高 25mm(1in)的红字衬在至少高 50mm(2in)的白底上。这些标示可以采用内部电照明或非电的自身发亮，其初始亮度至少为 0.51cd/m²(160μlambert)。如果设置非电的自身发亮标示，则可以采用红底白字。

---

① 1ft·L = 3.42626cd/m²。

(3) 必须提供客舱的一般照明，使得沿客舱主过道中心线和连接主过道的横向过道中心线，在座椅扶手高度上按间隔 1000mm(40in)进行测量时，平均照度不小于 0.538lx(0.05fc[①])，但每一测量点处的照度不小于 0.108lx(0.01fc)。沿机身从最前的旅客应急出口或座舱乘员座椅(两者中取最前者)至最后的旅客应急出口或座舱乘员座椅(两者中取最后者)的过道，应视为客舱主过道。

(4) 各主过道和出口之间通向与地板齐平的旅客应急出口的通道，其地板必须有照明，沿旅客撤离路线的中心线且平行于地板相距 150mm(6in)以内测得的照度不得小于 0.215lx(0.02fc)。

(5) 当高于座舱通道地板 1.2m(4ft)以上的所有照明光源完全被遮蔽时，地板附近应急撤离通道标记必须能引导乘客应急撤离。在黑夜里，地板附近应急撤离通道标记必须保证每一乘客：

① 在离开座椅后，能目视辨认出沿座舱通道地板通向最近出口或座椅前后两个出口的应急撤离通道。

② 仅参照不高于座舱地板 1.2m(4ft)的标记和目视特征能很快辨认出应急撤离通道的每一出口。

(6) 除了按下述(8)设置的仅供给一个辅助设施使用，并独立于飞机主应急照明系统的分系统(该分系统在辅助设施竖立时能自动接通)之外，应急照明系统必须按照下列要求设计：

① 必须能从飞行机组的工作位置和从客舱中空中服务员正常座位易于接近的地点，对灯光进行手控。

② 必须有飞行机组警告灯，当飞机电源接通而应急照明控制装置未处于准备状态时，该灯发亮。

③ 驾驶舱内的控制装置必须有接通、断开和准备三种位置。当该装置置于准备位置，或者驾驶舱或空中服务员处的一个控制装置置于接通位置时，一旦飞机正常电源中断(撞损着陆时机身横向垂直分离引起的中断除外)，灯发亮或保持发亮。必须有保险措施以防止处于准备或接通位置的控制装置被误动。

(7) 外部应急照明必须设置如下：

① 每个机翼上方应急出口的照度必须满足下列要求：

(A) 在撤离者可能向座舱外跨出第一步的 0.2m²(2ft²)区域内，照度不得小于 0.323lx(0.03fc)(垂直于入射光方向测量)。

(B) 沿第 25.810 条(c)款要求的防滑撤离路线，在其离出口最远的 30%的一段，对于机翼上方的 A 型应急出口，最小宽度为 1067mm(42in)；对于所有其他机翼上方的应急出口，最小宽度为 610mm(2ft)，照度不得小于 0.538lx(0.05fc)(垂直

---

① 1fc = 1.07639 × 10lx。

于入射光方向测量)。

(C) 在起落架放下状态，在撤离者利用规定的撤离路线通常可能首先接触的地面上，照度不得小于 0.323lx(0.03fc)(垂直于入射光方向测量)。

② 第 25.810 条(a)款不要求装下地辅助设施的每个非机翼上方应急出口，在起落架放下状态下撤离者可能首先接触的舱外地面上，照度不得小于 0.323lx(0.03fc)(垂直于入射光方向测量)。

(8) 第 25.810 条(a)款(1)和(d)款要求乘员下地辅助设施必须有照明，使得从飞机上能看见竖好的辅助设施。

① 如果辅助设施用外部应急灯光照明，当飞机处于一根或几根起落架支柱折断所对应的每一种姿态时，在撤离者利用规定的撤离路线通常可能首先着地的地方，辅助设施竖立后接地端的照度不得小于 0.323lx(0.03fc)(垂直于入射光方向测量)。

② 如果辅助设施用独立的应急照明分系统照明(该系统不供别的辅助设施使用、独立于主应急照明系统，并能在辅助设施竖立时自动接通)，则该照明设施必须满足下列要求：

(A) 不得因收藏受到不利影响；

(B) 当飞机处于一根或几根起落架支柱折断所对应的每一种姿态时，在撤离者通常可能首先着地的地方，辅助设施竖立后接地端的照度不得小于 0.323lx(0.03fc)(垂直于入射光方向测量)。

(9) 每个应急照明装置的能源在应急着陆后的临界环境条件下，必须能按照度要求提供至少 10min 的照明。

(10) 如果用蓄电池作为应急照明系统的能源，它们可以由飞机主电源系统充电，其条件是充电电路的设计能防止蓄电池无意中向充电电路放电的故障。

(11) 应急照明系统的部件，包括电池、线路继电器、灯和开关，在经受第 25.561 条(b)款所规定的惯性力作用后，必须能正常工作。

(12) 应急照明系统必须设计成在撞损着陆情况下，发生任何单个的机身横向垂直分离后，能满足下列要求：

① 除由于分离而直接损坏者外，全部电照明应急灯中不能工作者不超过 25%。

② 除由于分离而直接损坏者外，第 25.811 条(d)款(2)中紧靠旅客应急出口的每个电照明标示仍继续工作。

③ 除由于分离而直接损坏者外，机身每侧至少有一个所要求的外部应急灯仍继续工作。

3.10.2 应急撤离程序演示准则

对于进行 CCAR-121 部运行的 CCAR-25 航空器，其应急撤离演示需按照 CCAR-121 部附录 C 规定的应急撤离程序演示准则进行。该准则包括了地面中断起飞应急撤离演示和水上迫降演示两部分。

3.10.2.1 地面中断起飞应急撤离演示

根据局方要求，地面中断起飞应急撤离演示时，主要有如下方面的要求：

(1) 演示应当在黑暗的夜间进行，或者在白天模拟黑夜的情况下进行。如果在白天于室内进行演示，应当在遮盖所有窗户和关闭房门的情况下进行，以尽可能减少日光的影响。可以采用地板或者地面照明，但应当为低亮度的并有遮挡，以防光线射入飞机窗户或者舱门。

(2) 飞机应当处于起落架放下的正常地面姿态。

(3) 除非飞机装备有滑下机翼的设备，否则可以使用台架或者扶梯帮助人员从机翼下至地面。为保护参加演示的人员，可以在地面放置垫子或者反放的救生筏等安全设备。不得使用非飞机应急撤离部分的其他设备来帮助参加演示的人员到达地面。

(4) 应当切断飞机正常电源。

(5) 涉及载运旅客运行的所有应急设备应当按照合格证持有人的手册安装。

(6) 每一外部舱门和出口，以及每一个内部舱门或者门帘应当处于模拟正常起飞的状态。

(7) 应当使用正常健康人群的代表性旅客载荷。妇女应当至少占旅客载量的 40%，超过 50 岁的旅客至少占 35%，超过 50 岁的妇女至少占 15%。不算在总载客量之内的三个真人大小的玩具婴儿应当由旅客怀抱以模拟两岁以下的婴儿。维修或者操作飞机的机组成员、机务人员和经训练的其他人员，不得充当旅客。

(8) 除局方要求者外，任何旅客不得被指派到某个特定座位上。除下述第(12)项中所要求的机组成员之外，合格证持有人的任何雇员不得坐在紧邻应急出口的座位上。

(9) 安全带和肩带应当按照要求系好。

(10) 在开始演示之前，大约占总数 50% 的手提行李、毯子、枕头和其他类似物品，应当扔放在过道和通往应急出口的道路上，以造成轻微障碍。

(11) 飞机的乘客密度和配置应当代表合格证持有人飞机的最大载客量形式。

(12) 每个机组成员应当是正常航班机组的成员，但飞行机组成员可以是正常航班机组成员之外其他了解该飞机的人员。每个机组成员应当坐在通常指定的起飞座位上，并且在接到开始演示的信号之前，不得离开该座位。

(13) 任何机组成员或者旅客不得事先被告知该次演示所用的应急出口。

(14) 合格证持有人不得对参加演示人员就该次演示进行实习、排练或者讲解，任何参加演示人员也不得在前 6 个月之内参加过这种类型的演示。

(15) CCAR-121 部第 121.569 条所要求的起飞前旅客简介可以按照合格证持有人的手册进行。还可以告诉旅客应当遵循机组成员的指令，但不得解释在演示中拟遵循的程序。

(16) 如果提供上述第(3)项所允许的安全设备，为防止暴露可用的应急出口，所有客舱和驾驶舱窗口都应当遮挡起来，或者所有应急出口处都配备安全设备。

(17) 在满足适用于该飞机必需应急出口所有要求的机身两侧的应急出口中，可以用作演示的不得超过 50%。在演示中不使用的应急出口，应当使其手柄不能工作，或者在应急出口外面用红灯、红带或者其他可以接受的方式表明由于失火或者其他原因，这些应急出口是不能使用的。使用的应急出口应当在该飞机所有应急出口中有代表性，且应当由合格证持有人指定并经局方批准，应当至少使用一个地板高度的出口。

(18) 除按照上述第(3)项规定外，所有撤离人员应当通过作为飞机设备一部分所提供的设施撤离飞机。

(19) 合格证持有人的经批准程序以及正常装备的所有应急设备，包括滑梯、绳索、灯光和麦克风，应当在演示中充分利用，但飞行机组成员在演示中不得实际帮助客舱中的其他人员。

(20) 当最后一名旅客撤离飞机并到达地面时，撤离时间段即结束。如果采用台架或者扶梯的撤离人员比例不大于在飞机实际坠毁情况下利用飞机上的设施从机翼上下落的人员比例，则当撤离人员使用并处于上述第(3)项所允许的台架或者扶梯上时，可以认为其已处于地面上。

3.10.2.2　水上迫降演示

应当假定该演示在白天进行，而且所有必需的机组成员在演示时都在场。

(1) 如果合格证持有人手册要求由旅客帮助释放救生筏下水，则所需的旅客应当在飞机上并按照手册参加演示。

(2) 应当在每一应急出口和机翼处放置一个台架，其平台顶部的高度应模拟飞机在水上迫降后的水平面。

(3) 收到水上迫降信号后，每一个撤离人员应当按照合格证持有人手册的要求穿上救生衣。

(4) 应当按照合格证持有人手册的要求，将每一只救生筏放下水并充气，并将其他必需的应急设备放在救生筏上。

(5) 每一个撤离者应当登上救生筏，指派到每一只救生筏上的机组成员应当指明放于救生筏上的应急设备的位置并说明其用途。

(6) 应当使用飞机、模型飞机或者模拟客舱的漂浮装置。

① 如果利用模型飞机,它应当模拟目前合格证持有人使用的或者计划使用的飞机,而且其内部布置应当全尺寸真实模拟,并应当装备有充分的座椅供撤离人员使用。应急出口和应急舱门的使用应当严格模拟在飞机上的使用情况。在机翼上方出口外部应当有足够的翼面以演示撤离。

② 如果采用模拟客舱的漂浮装置,则应尽可能模拟运行中使用的飞机客舱。应急出口和应急舱门的使用应当严格模拟在飞机上的使用情况。在机翼上方出口外部应当装有足够的翼面以演示撤离。该装置应当装备飞机上安装的相同救生设备,以容纳参加演示的所有人员。

(7) 实施不要求旅客参加但要在局方观察下进行的演示,以验证其机组成员应急生存训练和应急撤离程序的有效性。

3.10.3　参与应急撤离演示的人员要求

参与应急撤离演示的人员要求包括机组人员要求和旅客要求两个方面。

3.10.3.1　机组人员要求

在应急撤离中,关于机组人员的主要要求如下:

(1) 为保证安全运行,合格证持有人在每架载运旅客的飞机上,应当按照下列要求配备客舱乘务员:

① 对于客座量为 20～50 座的飞机,至少配备 1 名客舱乘务员;

② 对于客座量为 51～100 座的飞机,至少配备 2 名客舱乘务员;

③ 对于客座量超过 100 座的飞机,在配备 2 名客舱乘务员的基础上,按照每增加 50 个客座增加 1 名客舱乘务员的方法配备,不足 50 座的余数部分按照 50 座计算。

(2) 如果按照应急撤离程序演示准则进行的应急撤离演示中,合格证持有人使用的客舱乘务员人数,多于按照上述第(1)项对演示所用飞机的最大客座量所要求的客舱乘务员人数,则该合格证持有人应当按照下列条件配备客舱乘务员:

① 飞机为最大客座量布局时,客舱乘务员人数至少应当等于应急撤离演示期间所用的人数;

② 飞机为任一减少了客座量的布局时,客舱乘务员人数至少应当基于上述第(1)项对该布局客座量要求的客舱乘务员人数之外,再增加应急撤离演示期间所用客舱乘务员人数与基于上述第(1)项对原布局所要求人数之差。

(3) 在起飞和着陆过程中,要求的客舱乘务员应当尽可能地靠近所要求的地板高度出口,而且应当在整个客舱内均匀分布,以便在应急撤离时最有效地疏散旅客。

(4) 申请方提供两组机组成员，他们是来自机场的正常航班的机组成员。演示开始前由审查方挑选一组进行演示。

(5) 演示中飞行机组不得主动对舱内其他人员提供协助。

(6) 演示中飞行机组应穿着制服。

(7) 对于水上迫降演示还需增加水面救护人员、现场秩序维护人员、医护人员。

(8) 申请方需要制定应急撤离机组培训大纲和教材，并且规范机组成员应急撤离操作程序(局方航空器评审的关注重点)。

① 申请方制定培训大纲和教材，以保证机组成员经过培训后参与的应急撤离能够满足局方的时间等要求；

② 申请方制定的培训大纲和教材，提供给航空公司等用户，作为用户自身应急撤离程序演示的保证；

③ 保证机组人员经过培训，并且机组能够按照应急操作程序进行演示。

3.10.3.2 旅客要求

应当使用正常健康人群的代表性旅客载荷。参与应急撤离演示的旅客，其组成要求如下：

(1) 女性至少占旅客载量的 40%；

(2) 50 岁以上的旅客至少占 35%；

(3) 50 岁以上的女性至少占 15%；

(4) 不算在总载客量之内的三个真人大小的玩具婴儿，应当由旅客怀抱以模拟两岁以下的婴儿。携带者在应急撤离时必须将玩具婴儿带下飞机，玩具婴儿的身高不小于 80cm，重量不小于 12kg。玩具婴儿数量不包括在旅客人数之内。

试验前参加人员名单将经审查方审查确认，但是下列人员不能成为旅客志愿者：

(1) 维修或者操作飞机的机组成员、机务人员和经训练的其他人员；

(2) 参与应急撤离系统的设计和适航取证的工作人员；

(3) 参与应急撤离机组人员培训的工作人员；

(4) 指导过应急撤离演示的工作人员；

(5) 演示前六个月内参加过演示的人员。

另外，申请人的雇员不坐在应急出口旁边。

第4章 航空器评审项目符合性验证方法和验证计划制定方法

在确定航空器评审的审定基础、明确航空器评审的要求后，应针对具体的验证项目，确定符合性验证方法和执行程序。在型号合格审定阶段，对应的适航符合性验证方法为 MOC0～MOC9。相较于 TC 审定，航空器评审关注的是运行和使用要求，因此本章中的航空器评审符合性验证方法加入书面验证，并对维修相关要求提出整机、非整机地面操作验证。

4.1 航空器评审项目符合性验证方法

根据局方的相关要求和指导材料，同时参考借鉴国外先进民用航空器制造厂家的经验以及作为航空器用户的航空公司的运行需求，航空器评审项目的符合性内容需要进行验证。

航空器评审项目的符合性验证工作总体上可分为书面验证及操作验证两大类。正常情况下，要先进行书面验证，待书面验证通过后，才能进行操作验证。

书面验证，是指将航空器评审相关项目的文件内容与设计数据、试飞数据、工艺规范、飞机实际技术状态等进行书面比对，审查文件内容的技术依据和数据来源，确保文件内容的正确性。根据书面验证的内容不同，书面验证方法可细分为三种(表 4-1)。

表 4-1 航空器评审项目符合性验证方法

代码	验证类型	方法名称	使用说明
MV1	书面验证	书面验证 1	航空器评审项目符合性验证内容为文件专有内容，如目录、有效页清单、缩略语、前言和介绍等，采用验证方法 MV1 予以验证，适用验证程序 PV1
MV2		书面验证 2	航空器评审项目符合性验证内容涉及技术说明、工艺规范、材料规范、工程图纸、示意图等相关数据源的引用，或涉及带有标记的图片、计算方法、证明方案、飞机手册、维修文件、合格审定计划和产品构型定义文件等，采用书面验证方法 MV2，适用验证程序 PV2
MV3		书面验证 3	航空器评审项目符合性验证内容如果需要进行实际操作验证，而此内容之前已进行过实际操作验证，采用验证方法 MV3 进行验证，适用验证程序 PV3

续表

代码	验证类型	方法名称	使用说明
MV4	操作验证	非整机地面操作验证	航空器评审项目符合性验证内容如果可以在地面非整机状态下实施操作验证，采用验证方法 MV4 进行验证，适用验证程序 PV4
MV5		整机地面操作验证	航空器评审项目符合性验证内容需要在地面整机状态下实施操作验证，采用验证方法 MV5 进行验证，适用验证程序 PV5
MV6		飞行试验验证	航空器评审项目符合性验证内容涉及飞机操作程序，需要通过飞行试验验证，采用操作验证方法 MV6 进行验证，适用验证程序 PV6
MV7		飞行模拟器验证	航空器评审项目符合性验证内容涉及飞机操作程序，并且可以利用相应型号的飞行模拟器进行操作程序验证，采用操作验证方法 MV7 进行验证，适用验证程序 PV7
MV8		地面试验验证	航空器评审项目符合性验证内容可以在地面进行操作验证的操作程序，采用操作验证方法 MV8 进行验证，适用验证程序 PV8

　　操作验证是指对航空器评审相关项目中的飞行操作程序和维修操作程序通过实际操作试验加以验证，确保所验证操作程序的可操作性。根据验证内容和验证对象的不同，操作验证方法可分为飞行试验验证、飞行模拟器验证、地面操作验证或地面试验验证等验证形式(表 4-1)。

　　书面验证由各相关专业人员对其进行检查，要通过内部流程进行确认。操作验证进度和时间要结合之前的书面验证情况、试飞的进度及总装试飞实际情况等，才能最终确定。

　　地面操作验证是指飞机在地面时，进行维修操作程序的机上或地面操作验证，包括拆装程序、定检项目，润滑项目和排故项目等。

　　飞行试验验证是指结合试飞科目进行航空器评审相关项目的验证，包括验证正常操作程序、非正常操作程序、主最低设备清单等内容。

　　飞行模拟器验证是指利用产品型号飞行模拟器对部分运行操作程序进行验证。飞行模拟器验证可用于可能会导致安全伤害和设备损坏的运行操作程序的验证或其他可以通过飞行模拟器来实施的验证。

　　地面试验验证是指利用相关设备所进行的运行程序的地面试验操作验证。

　　通过对文件验证内容的分析梳理，结合航空器评审相关项目的自身特点，表 4-1 中归纳和确定了用于航空器评审项目符合性验证的具体方法。为了便于编制计划和文件，对每种文件验证方法定义相应的代码。

4.2　航空器评审项目符合性验证程序

为便于开展航空器评审项目符合性验证工作，本节给出航空器评审项目符合性内容验证方法所适用的一般验证程序。表 4-2 中给出了航空器评审项目符合性验证方法和适用验证程序对照清单。

表 4-2　航空器评审项目符合性验证方法和适用验证程序对照清单

验证类型	验证方法代码	验证方法	适用验证程序
书面验证	MV1	书面验证 1	PV1
	MV2	书面验证 2	PV2
	MV3	书面验证 3	PV3
操作验证	MV4	非整机地面操作验证	PV4
	MV5	整机地面操作验证	PV5
	MV6	飞行试验验证	PV6
	MV7	飞行模拟器验证	PV7
	MV8	地面试验验证	PV8

4.2.1　验证方法 MV1 适用的验证程序 PV1

如果航空器评审项目需要验证的内容涉及具体文件专有的内容，如目录、有效页清单、缩略语、前言和介绍等，则可采用验证方法 MV1 予以验证。其所适用的验证程序 PV1 如图 4-1 所示，验证审查工作单如表 4-3 所示。

表 4-3　方法 MV1 验证审查工作单

第　　页(共　　页)

飞机型号		任务号	
文件/手册名称		任务名称	
文件/手册版本号		工作单编号	
与此项验证内容相关的其他工作单编号		是否文文相符	□ 符合验证要求 □ 不符合验证要求
执行此项验证的相关准备文件、工卡、影像资料等	(填写相关文件编号，具体文件作为本工作单的附件，如没有填写无)		
验证内容	验证结果		验证不符合项描述
手册内容版面格式	□ 符合验证要求　　□ 不符合验证要求		

续表

手册内容和数据描述	□ 符合验证要求	□ 不符合验证要求	
手册内容和数据易查找性	□ 符合验证要求	□ 不符合验证要求	
术语的使用	□ 符合验证要求	□ 不符合验证要求	
其他验证内容	□ 符合验证要求	□ 不符合验证要求	
	□ 符合验证要求	□ 不符合验证要求	
	□ 符合验证要求	□ 不符合验证要求	

注：□中，符合验证要求填写√，不符合验证要求填写×，并填写不符合项描述，具体说明不符合的原因或理由

验证结论	(验证结论为符合验证要求或不符合验证要求，若不符合验证要求，则提出改正措施) 　　　　　　　　　　　　　　　　　验证人员签字：　　　　　　年　　月　　日
备注	(此栏可填写未包含在上述各栏的信息，包括相关资料的编号等)

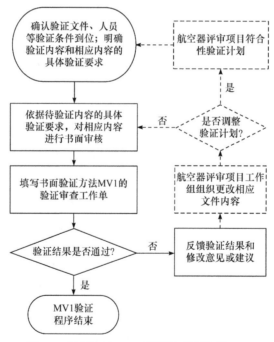

图 4-1　验证方法 MV1 适用的验证程序 PV1

PV1 程序的执行步骤包括：

(1) 确认验证文件、人员等验证条件到位；明确验证内容和相应内容的具体验证要求。

(2) 书面审核并填写验证审查工作单。

(3) 判断验证结果是否通过，若通过，则 MV1 验证程序结束。

(4) 若不通过，则需反馈验证结果和修改意见或建议。

整个 PV1 程序步骤分为以上 4 步，图 4-1 中虚线部分提供程序闭环流程，实际不属于 PV1 程序所需步骤，PV2～PV8 的使用类似 PV1。

4.2.2　验证方法 MV2 适用的验证程序 PV2

如果航空器评审项目需要验证的内容涉及技术说明、工艺规范、材料规范、工程图纸、示意图等相关数据源的引用，或涉及带有标记的图片、计算方法、证明方案、飞机手册、维修文件、合格审定计划和产品构型定义文件等，则可采用书面验证方法 MV2，其所适用的验证程序 PV2 如图 4-2 所示，验证审查工作单如表 4-4 所示。

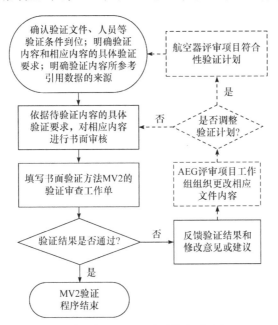

图 4-2　验证方法 MV2 适用的验证程序 PV2

表 4-4　方法 MV2 验证审查工作单

第　　页(共　　页)

飞机型号		任务号	
文件/手册名称		任务名称	
文件/手册版本号		工作单编号	
原始数据文件编号			
与此项验证内容相关的其他工作单编号		是否文文相符	□ 符合验证要求 □ 不符合验证要求

续表

执行此项验证的相关准备文件、工卡、影像资料等	(填写相关文件编号，具体文件作为本工作单的附件，如没有填写无)	
验证内容	验证结果	验证不符合项描述
手册内容版面格式	□ 符合验证要求　　□ 不符合验证要求	
手册内容和数据描述	□ 符合验证要求　　□ 不符合验证要求	
手册内容和数据易查找	□ 符合验证要求　　□ 不符合验证要求	
手册的编排	□ 符合验证要求　　□ 不符合验证要求	
术语的使用	□ 符合验证要求　　□ 不符合验证要求	
系统主要功能的阐述	□ 符合验证要求　　□ 不符合验证要求	
手册内容与原始数据的一致性	□ 符合验证要求　　□ 不符合验证要求	
其他验证内容	□ 符合验证要求　　□ 不符合验证要求	
	□ 符合验证要求　　□ 不符合验证要求	
	□ 符合验证要求　　□ 不符合验证要求	

注：□中，符合验证要求填写√，不符合验证要求填写×，并填写不符合项描述，具体说明不符合的原因或理由

验证结论	(验证结论为符合验证要求或不符合验证要求，若不符合验证要求，则提出改正措施) 　　　　　　　　　　　验证人员签字：　　　　　　　年　　月　　日
备注	(此栏可填写未包含在上述各栏的信息，包括相关资料的编号等)

4.2.3　验证方法 MV3 适用的验证程序 PV3

　　如果航空器评审项目需要验证的内容是在 TC 取证阶段已经过实际验证的操作程序，则可采用验证方法 MV3 进行验证，其所适用的验证程序 PV3 如图 4-3 所示，验证审查工作单如表 4-5 所示。

表 4-5　方法 MV3 验证审查工作单

第　　　页(共　　　页)

飞机型号		任务号	
文件/手册名称		任务名称	
文件/手册版本号		工作单编号	
原操作验证相关情况	原相关文件单编号 原操作验证所用飞机架次或部件设备名称编号等＿＿＿＿＿＿ 原操作验证结论		

续表

与此项验证内容相关的其他工作单编号		是否文文相符	□ 符合验证要求 □ 不符合验证要求
执行此项验证的相关准备文件、工卡、影像资料等	(填写相关文件编号，具体文件作为本工作单的附件，如没有填写无)		
验证内容	验证结果	验证不符合项描述	
验证项目操作要求与原操作验证的一致性	□ 符合验证要求　　□ 不符合验证要求		
其他 验证 内容	□ 符合验证要求　　□ 不符合验证要求		
	□ 符合验证要求　　□ 不符合验证要求		
	□ 符合验证要求　　□ 不符合验证要求		

注：□中，符合验证要求填写√，不符合验证要求填写×，并填写不符合项描述，具体说明不符合的原因或理由

验证 结论	(验证结论为符合验证要求或不符合验证要求，若不符合验证要求，则提出改正措施) 　　　　　　　　　　　　　　　　验证人员签字：　　　　　年　　　月　　　日
备注	(此栏可填写未包含在上述各栏的信息，包括相关资料的编号等)

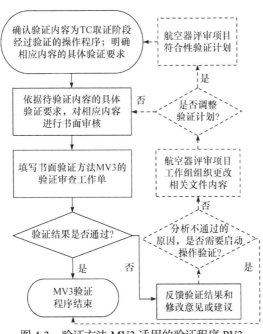

图 4-3　验证方法 MV3 适用的验证程序 PV3

4.2.4 验证方法 MV4 适用的验证程序 PV4

如果航空器评审项目需要验证的内容涉及的是地面非整机状态下的操作程序，则可采用验证方法 MV4 进行验证，其所适用的验证程序 PV4 如图 4-4 所示，验证审查工作单如表 4-6 所示。

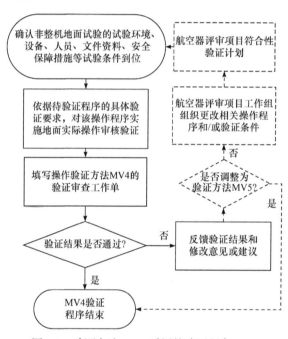

图 4-4　验证方法 MV4 适用的验证程序 PV4

表 4-6　方法 MV4 验证审查工作单

第　　页(共　　页)

飞机型号		任务号	
文件/手册名称		任务名称	
文件/手册版本号		工作单编号	
验证飞机架次			
与此项验证内容相关的其他工作单编号		是否文文相符	□ 符合验证要求 □ 不符合验证要求
执行此项验证的相关准备文件、工卡、影像资料等	(填写相关文件编号，具体文件作为本工作单的附件，如没有填写无)		
验证内容	验证结果		验证不符合项描述
	□ 符合验证要求　　□ 不符合验证要求		
	□ 符合验证要求　　□ 不符合验证要求		

续表

验证内容		验证结果		验证不符合项描述
		□ 符合验证要求	□ 不符合验证要求	
		□ 符合验证要求	□ 不符合验证要求	
其他验证内容		□ 符合验证要求	□ 不符合验证要求	
		□ 符合验证要求	□ 不符合验证要求	
		□ 符合验证要求	□ 不符合验证要求	
注：□中，符合验证要求填写√，不符合验证要求填写×，并填写不符合项描述，具体说明不符合的原因或理由				
执行该项任务所花费的时间(累计时间)				
验证结论	(验证结论为符合验证要求或不符合验证要求，若不符合验证要求，则提出改正措施) 验证人员签字：　　　　　年　　月　　日			
备注	(此栏可填写未包含在上述各栏的信息，包括相关资料的编号等)			

4.2.5　验证方法 MV5 适用的验证程序 PV5

　　如果航空器评审项目需要验证的内容涉及的是地面整机状态下的操作程序，则可采用验证方法 MV5 进行验证，其所适用的验证程序 PV5 如图 4-5 所示，验证审查工作单如表 4-7 所示。

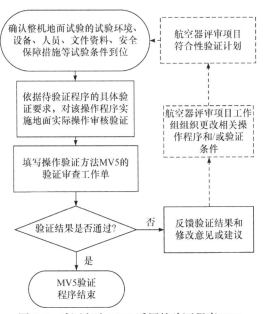

图 4-5　验证方法 MV5 适用的验证程序 PV5

表 4-7 方法 MV5 验证审查工作单

第　　页(共　　页)

飞机型号		任务号	
文件/手册名称		任务名称	
文件/手册版本号		工作单编号	
验证飞机架次			
与此项验证内容相关的其他工作单编号		是否文文相符	□ 符合验证要求 □ 不符合验证要求
执行此项验证的相关准备文件、工卡、影像资料等	(填写相关文件编号，具体文件作为本工作单的附件，如没有填写无)		

验证内容		验证结果	验证不符合项描述
		□ 符合验证要求　　□ 不符合验证要求	
		□ 符合验证要求　　□ 不符合验证要求	
		□ 符合验证要求　　□ 不符合验证要求	
		□ 符合验证要求　　□ 不符合验证要求	
其他验证内容		□ 符合验证要求　　□ 不符合验证要求	
		□ 符合验证要求　　□ 不符合验证要求	
		□ 符合验证要求　　□ 不符合验证要求	

注：□中，符合验证要求填写√，不符合验证要求填写×，并填写不符合项描述，具体说明不符合的原因或理由

执行该项任务所花费的时间(累计时间)	
验证结论	(验证结论为符合验证要求或不符合验证要求，若不符合验证要求，则提出改正措施) 验证人员签字：　　　年　　月　　日
备注	(此栏可填写未包含在上述各栏的信息，包括相关资料的编号等)

4.2.6 验证方法 MV6 适用的验证程序 PV6

如果航空器评审项目需要验证的内容涉及飞机操作程序，需要通过空中试飞验证的，则采用操作验证方法 MV6 进行验证，其所适用的验证程序 PV6 如图 4-6 所示，验证审查工作单如表 4-8 所示。

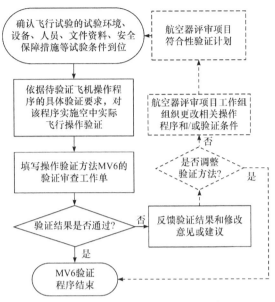

图 4-6　验证方法 MV6 适用的验证程序 PV6

表 4-8　方法 MV6 验证审查工作单

第　　页(共　　页)

飞机型号		任务号	
文件/手册名称		任务名称	
文件/手册版本号		工作单编号	
验证飞机架次			
与此项验证内容相关的其他工作单编号		是否文文相符	☐ 符合验证要求 ☐ 不符合验证要求
执行此项验证的相关准备文件、工卡、影像资料等	(填写相关文件编号，具体文件作为本工作单的附件，如没有填写无)		
验证内容	验证结果		验证不符合项描述
运行操作条件、环境与型号设计要求的一致性	☐ 符合验证要求　　☐ 不符合验证要求		
运行操作程序引用数据与适用的工程源数据的符合性	☐ 符合验证要求　　☐ 不符合验证要求		
运行操作程序清楚地表明对机组人员(包括飞行人员和空乘人员)的要求	☐ 符合验证要求　　☐ 不符合验证要求		
相关的工作区域都进行了标识	☐ 符合验证要求　　☐ 不符合验证要求		
在执行可能伤害工作人员或损伤飞机的步骤时是否有明确的警告、告诫或注意事项，是否易懂并使用恰当	☐ 符合验证要求　　☐ 不符合验证要求		

续表

其他验证内容		□ 符合验证要求　　□ 不符合验证要求	
		□ 符合验证要求　　□ 不符合验证要求	
		□ 符合验证要求　　□ 不符合验证要求	
注：□中，符合验证要求填写√，不符合验证要求填写×，并填写不符合项描述，具体说明不符合的原因或理由			
执行该项任务所花费的时间(累计时间)			
验证结论	(验证结论为符合验证要求或不符合验证要求，若不符合验证要求，则提出改正措施) 验证人员签字：　　　　　年　　月　　日		
备注	(此栏可填写未包含在上述各栏的信息，包括相关资料的编号等)		

4.2.7　验证方法 MV7 适用的验证程序 PV7

对于航空器评审项目需要验证的内容可以利用相应型号的飞行模拟器进行操作程序验证的，则采用操作验证方法 MV7 进行验证，其所适用的验证程序 PV7 如图 4-7 所示，验证审查工作单如表 4-9 所示。

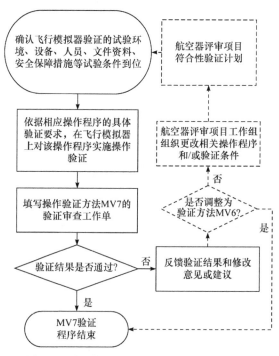

图 4-7　验证方法 MV7 适用的验证程序 PV7

表 4-9 方法 MV7 验证审查工作单

第　　　页(共　　　页)

飞机型号		任务号	
文件/手册名称		任务名称	
文件/手册版本号		工作单编号	

验证飞行模拟器编号			
与此项验证内容相关的其他工作单编号		是否文文相符	☐ 符合验证要求 ☐ 不符合验证要求
执行此项验证的相关准备文件、工卡、影像资料等	(填写相关文件编号,具体文件作为本工作单的附件,如没有填写无)		

验证内容	验证结果		验证不符合项描述
运行操作条件、环境与型号设计要求的一致性	☐ 符合验证要求	☐ 不符合验证要求	
运行操作程序引用数据与适用的工程源数据的符合性	☐ 符合验证要求	☐ 不符合验证要求	
运行操作程序清楚地表明对机组人员(包括飞行人员和空乘人员)的要求	☐ 符合验证要求	☐ 不符合验证要求	
相关的工作区域都进行了标识	☐ 符合验证要求	☐ 不符合验证要求	
在执行可能伤害工作人员或损伤飞机的步骤时是否有明确的警告、告诫或注意事项,是否易懂并使用恰当	☐ 符合验证要求	☐ 不符合验证要求	
其他验证内容	☐ 符合验证要求	☐ 不符合验证要求	
	☐ 符合验证要求	☐ 不符合验证要求	
	☐ 符合验证要求	☐ 不符合验证要求	

注:☐中,符合验证要求填写√,不符合验证要求填写×,并填写不符合项描述,具体说明不符合的原因或理由

执行该项任务所花费的时间(累计时间)	
验证结论	(验证结论为符合验证要求或不符合验证要求,若不符合验证要求,则提出改正措施) 验证人员签字:　　　　　　年　　月　　日
备注	(此栏可填写未包含在上述各栏的信息,包括相关资料的编号等)

4.2.8 验证方法 MV8 适用的验证程序 PV8

如果航空器评审项目需要验证的内容可以采用地面试验进行操作验证的操作

程序，则可以采用操作验证方法 MV8 进行验证，其所适用的验证程序 PV8 如图 4-8 所示，验证审查工作单如表 4-10 所示。

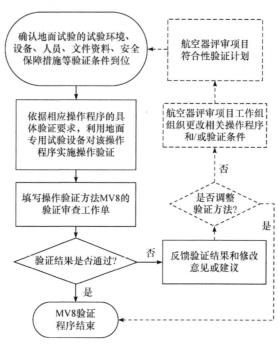

图 4-8　验证方法 MV8 适用的验证程序 PV8

表 4-10　方法 MV8 验证审查工作单

第　　页(共　　页)

飞机型号		任务号	
文件/手册名称		任务名称	
文件/手册版本号		工作单编号	

地面验证试验设备编号			
与此项验证内容相关的其他工作单编号		是否文文相符	□ 符合验证要求 □ 不符合验证要求
执行此项验证的相关准备文件、工卡、影像资料等	(填写相关文件编号，具体文件作为本工作单的附件，如没有填写无)		

验证内容	验证结果		验证不符合项描述
运行操作条件、环境与型号设计要求的一致性	□ 符合验证要求	□ 不符合验证要求	
运行操作程序引用数据与适用的工程源数据的符合性	□ 符合验证要求	□ 不符合验证要求	

验证内容	验证结果		验证不符合项描述
运行操作程序清楚地表明对机组人员(包括飞行人员和空乘人员)的要求	□ 符合验证要求	□ 不符合验证要求	
相关的工作区域都进行了标识	□ 符合验证要求	□ 不符合验证要求	
在执行可能伤害工作人员或损伤飞机的步骤时是否有明确的警告、告诫或注意事项,是否易懂并使用恰当	□ 符合验证要求	□ 不符合验证要求	
其他验证内容	□ 符合验证要求	□ 不符合验证要求	
	□ 符合验证要求	□ 不符合验证要求	
	□ 符合验证要求	□ 不符合验证要求	

注:□中,符合验证要求填写√,不符合验证要求填写×,并填写不符合项描述,具体说明不符合的原因或理由

执行该项任务所花费的时间(累计时间)	
验证结论	(验证结论为符合验证要求或不符合验证要求,若不符合验证要求,则提出改正措施) 验证人员签字:　　　　　　　年　　月　　日
备注	(此栏可填写未包含在上述各栏的信息,包括相关资料的编号等)

4.3　航空器评审项目符合性验证方法确定流程

在选择验证方法时,应考虑具体项目航空器评审的特点和提交文件的编写要求,并由局方审查人员和飞机制造厂家文件编写人员共同协商确定。对于其中较为复杂的评审项目也可同时采用几种验证方法来验证其符合性,只要是在实践中可行的、局方审查部门认可的验证方法都可以采用。

基于书面验证和操作验证这两种验证方式,结合具体项目航空器评审的特点,验证方法又可分为以下两种情况:

(1) 纯粹的书面验证。

(2) 书面验证与运行操作验证结合。

具体航空器评审项目符合性验证方法确定流程如图 4-9 所示。

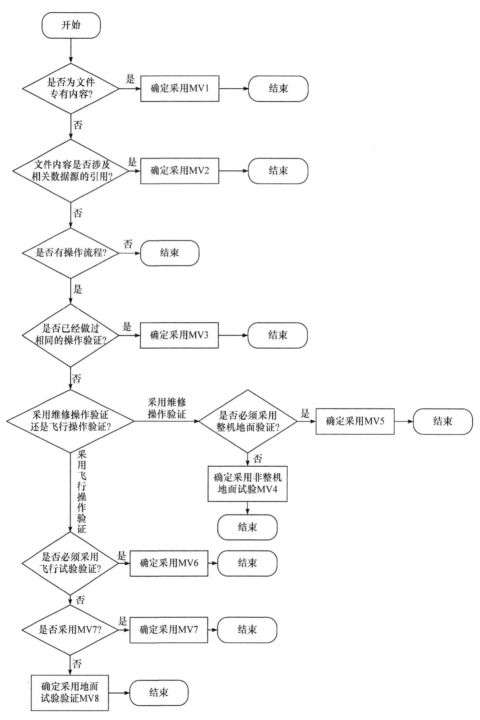

图 4-9　航空器评审项目符合性验证方法确定流程

4.4　航空器评审验证计划制定方法

在确定了航空器评审项目的符合性要求和符合性验证方法后，应着手开展具体项目的验证实施。航空器评审具体验证项目包括十大模块(第 3 章所述)，每一模块的评审验证都是复杂的，如何科学地组织安排验证，才能在完成验证的同时节约时间、精力、物力和人力，是航空器评审验证计划需要考虑的问题。

4.4.1　航空器评审项目验证方法

航空器评审符合性验证主要包括规章符合性和内容正确性的验证，其中，规章符合性验证方法可参考表 4-11 CCAR-91-R2 部运行符合性检查清单示例，通过对内容正确性验证方法进行研究，提出航空器评审项目内容正确性的验证方法。

表 4-11　CCAR-91-R2 部运行符合性检查清单

飞机型号					检查清单编号			
填写日期					检查清单版本号			
任务号					任务名称			
依据文件								
规章条款	项目	符合性说明			符合性检查			
第91.401条	民用航空器的合格证要求(燃油排泄和排气、噪声要求)	安装要求/要求		实际安装/说明	飞机架次/状态	符合性检查方法	检查结论	检查人员签字
		涡轮动力飞机符合CCAR-34部的燃油排泄和排气要求、CCAR-36部的噪声要求			架次/状态： 说明文件：	MV1 □ MV2 □ MV3 □ MV6 □ MV8 □		
第91.403条	按目视飞行规则运行的仪表和设备	子项目	安装要求/要求	实际安装/说明	飞机架次/状态	符合性检查方法	检查结论	检查人员签字
		磁罗盘	一个		架次/状态： 说明文件：	MV1 □ MV2 □ MV3 □ MV6 □ MV8 □		

续表

规章条款	项目	符合性说明			符合性检查		
		计时表	一个		架次/状态： 说明文件：	MV1 ☐ MV2 ☐ MV3 ☐ MV6 ☐ MV8 ☐	
		灵敏气压 高度表	一个		架次/状态： 说明文件：	MV1 ☐ MV2 ☐ MV3 ☐ MV6 ☐ MV8 ☐	
		空速表	一个		架次/状态： 说明文件：	MV1 ☐ MV2 ☐ MV3 ☐ MV6 ☐ MV8 ☐	
		防撞灯光系统	涡轮动力固定翼 飞机要求		架次/状态： 说明文件：	MV1 ☐ MV2 ☐ MV3 ☐ MV6 ☐ MV8 ☐	
……	……	……	……	……	……	……	……
结论	(此栏由检查组组长填写，给出检查结论。) 检查组组长签字：　　　　　　年　　月　　日						
备注							

　　为了使飞机通过局方评审,航空器评审提交文件符合性验证主要通过如图 4-10 所示的流程进行，在完成相应项目的符合性验证工作后，制造厂家最终需完成相应的航空器评审符合性验证工作单。航空器评审符合性验证应对局方要求的项目逐个进行验证，避免遗漏，验证结束后需完成相应的报告。在向局方提交航空器评审文件时，制造厂家需同时提交相关的验证工作单、支持资料。

4.4.1.1　内容正确性验证方法

　　为了验证航空器评审提交文件内容的正确性，制造厂家需根据航空器评审提

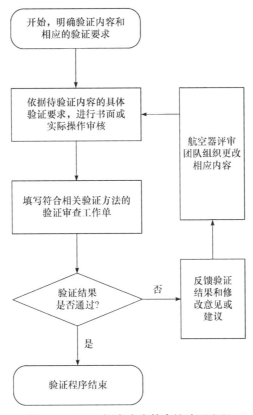

图 4-10　AEG 评审内容符合性验证流程

交文件符合性要求确定相对应的符合性验证方法，对航空器评审提交文件项目内容正确性进行验证，并将最终的验证报告和验证过程中产生的验证工作单进行整理作为航空器评审提交文件局方评审的支持性材料。航空器评审提交文件内容正确性表明，方法的验证方式主要为书面验证和地面操作验证两大类。归纳出适用于航空器评审提交文件的验证方法。具体适用于航空器评审提交文件的验证方法包括 MV1、MV2、MV3、MV4、MV5、MV6、MV7、MV8，其验证方法对应的验证程序分别为 PV1、PV2、PV3、PV4、PV5、PV6、PV7、PV8。其中，书面验证将航空器评审提交文件与设计数据、试飞数据、工艺规范、飞机实际技术状态等进行书面比对，审查文件内容的技术依据和数据来源，确保航空器评审提交文件的正确性。

在选择验证方法时，应考虑航空器评审提交文件内容自身特点和编写要求，并由局方审查人员和飞机制造厂家文件编写人员共同协商确定。对于其中较为复杂的文件也可同时采用几种验证方法来验证其符合性，只要是在实践中可行的、局方审查部门认可的验证方法都可以采用。

基于书面验证和地面操作验证这两种验证方式，结合航空器评审提交文件内容自身的特点，验证方法又可分为以下两种情况。

(1) 纯粹的书面验证(一般涉及 MV1 和 MV2)。

(2) 书面验证与运行操作验证结合(涉及 MV1、MV2、MV3、MV4、MV5、MV6、MV7、MV8)。

根据以上两种情况，确立了下列航空器评审提交文件内容正确性验证方法选用的一般原则。

(1) 航空器评审提交文件内容正确性验证首先应进行书面验证，MV1 和 MV2可以单独使用，或者结合使用，若文件内容只涉及专有内容(如前言和介绍等)，则选用 MV1 对其进行验证；若文件内容既有手册专有内容又有技术说明、工艺规范、材料规范、工程图纸、示意图相关数据源的引用等，则应选用 MV1 和 MV2相结合的方法对文件内容进行书面验证；仅在特殊情况下，航空器评审提交文件内容进行运行操作验证的书面验证时，才会选用书面验证方法 MV3。

(2) 航空器评审提交文件在进行操作验证前，应先进行书面验证，其确定书面验证所用的具体验证方法见第(1)条原则，其次进行运行操作验证。

(3) 进行需要整机或非整机地面操作验证，选用 MV5 或 MV4。

(4) 当进行运行操作验证时，选用 MV6 或 MV7，对于文件内容涉及空中试飞的运行操作程序，则采用操作验证方法 MV6。

(5) 其他需要地面操作的验证，选用 MV8。

4.4.1.2　内容正确性验证流程

航空器评审提交文件要通过局方的评审，不仅要进行规章符合性验证，还需对报告及其支持文件进行内容正确性验证。具体的验证工作按照以下方法进行。

1. 明确验证要求

2. 明确验证方法

针对航空器评审提交文件的内容进行分析梳理，结合验证方法分类的总原则(书面验证和操作验证)，归纳出航空器评审提交文件内容验证适用的书面验证类型的三种验证方法分别为 MV1、MV2 和 MV3，以及操作验证 MV4、MV5、MV6、MV7、MV8。根据航空器评审提交文件内容，结合具体的验证方法，对其不同验证内容依据下面的原则确定具体的验证方法：

(1) 对于航空器评审提交文件中涉及报告专有的内容，如概述中的目录、有效页清单、缩略语、前言和介绍等，采用验证方法 MV1。

(2) 文件中涉及技术说明、工艺规范、材料规范、工程图纸、示意图、数据来源的引用部分、带有标记的图片、计算方法、证明方案、飞机报告、维修文件、合格审定计划和产品构型定义文件等验证内容，其对应的验证方法选用 MV2。

(3) 对于操作类如飞行试验等在取 TC 阶段已经过实际飞行验证的运行操作程序，选用验证方法 MV3。

(4) 进行需要整机或非整机地面操作验证，选用 MV5 或 MV4。

(5) 对于涉及飞机运行操作程序，选用 MV6 或 MV7。对于文件内容涉及空中试飞的运行操作程序，采用操作验证方法 MV6。

(6) 其他需要地面操作的验证，选用 MV8。

3. 验证实施方案

梳理航空器评审提交文件的验证内容，对其内容进行组织归类，结合航空器评审提交文件的分类总原则，确定其不同项目的具体验证方法。对于书面验证，应确定人员安排和完成的时间节点。

4. 验证实施

(1) 报告书面验证。进行 MV1 验证后，填写相应的工作单；进行 MV2 验证后，填写相应的工作单；进行 MV3 验证后，填写相应的工作单。

(2) 报告操作验证。进行 MV4 验证后，填写相应的工作单；进行 MV5 验证后，填写相应的工作单；进行 MV6 验证后，填写相应的工作单；进行 MV7 验证后，填写相应的工作单；进行 MV8 验证后，填写相应的工作单。

5. 验证实施报告

验证实施完成后编写验证实施报告，验证实施报告至少包含如下内容：

(1) 验证内容。

(2) 验证要求。

(3) 验证方法。

(4) 验证计划。

(5) 验证实施情况。

(6) 验证结果统计。

(7) 总结和下一步的工作。

其中验证实施、验证实施报告阶段具体工作流程如图 4-11 所示。

4.4.2 航空器评审符合性验证计划编制方法

航空器评审验证计划的制订是一项复杂而重要的工作，本部分从航空器评审符合性计划内容、验证计划编制方法和验证计划编制流程三个方面给出了航空器评审符合性验证计划编制方法的内容。

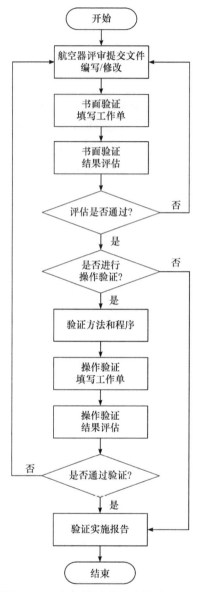

图 4-11　AEG 评审内容正确性验证流程

4.4.2.1　航空器评审符合性计划内容

航空器评审项目主要包括运行符合性清单、主最低设备清单、计划维修要求、电子飞行包、应急撤离程序演示、驾驶舱观察员座椅、飞机平视显示器、型别等级和机组资格、增强(飞行)视景系统和维修人员机型培训规范等评审模块。AEG 评审需要根据每个评审项目的内容和特点，结合验证方法和流程，综合制订其验证计划。

(1) 运行符合性清单的航空器评审，采用的执行标准为 MD-FS-AEG004《运行符合性清单的编制及应用》，参考法规为 CCAR-91 部、CCAR-121 部。

为确认飞机对运行规章相关条款的符合性，飞机制造厂家应提供相应的运行规章符合性声明和支持文件，在经过航空器评审确认后，CAAC 飞行标准司将以航空器评审报告中运行符合性清单的方式予以公布。对于清单的合理性，需要文件书面验证以及相关操作验证。

(2) 主最低设备清单的航空器评审，采用的执行标准为 AC-121/135-49《民用航空器主最低设备清单、最低设备清单的制定和批准》，参考法规为 CCAR-91.443、CCAR-121.647。

PMMEL 在经过 FOEB 评审后形成 MMEL，并由 CAAC 飞行标准司予以公布。MMEL 是航空运营人制定各自 MEL 的基础，不具备获得局方批准的 MMEL，将影响航空器的运行。此部分的验证方式需要书面验证、飞行验证和模拟机验证等其他验证方法。

(3) 计划维修要求的航空器评审，采用的执行标准为 AC-121/135-67《维修审查委员会和维修审查委员会报告》，参考法规为 CCAR-121.367。

为制定和批准 MRBR，CAAC 飞行标准司以建立维修审查委员会的方式开展评审，MRB 将以 AC-121/135-67 作为制定和批准 MRBR 的准则。获得批准的 MRBR 是航空运营人制订初始维修方案的基础，不具备获得批准的 MRBR，将影响航空器的交付或者投入运行。此部分内容需要文件书面验证以及 MV4、MV5 或 MV8 的操作验证。

(4) 电子飞行包的航空器评审，采用的执行标准为 AC-121-FS-2009-31《电子飞行包(EFB)的适航和运行批准指南》，参考法规为 CCAR-91 部和 CCAR-121 部。

为确定通过使用 EFB 的符合性，CAAC 飞行标准司以建立飞行标准化委员会的方式开展评审，FSB 以 AC-121-FS-2009-31 作为评审 EFB 符合性的准则，并建立相应的机组资格要求和管理要求。

经过 FSB 评审后，CAAC 飞行标准司将以发布航空器评审报告中对 EFB 相应评审结论的方式予以公布。航空器评审报告中相应评审结论是运行监察员批准航空运营人使用 EFB 运行的基础，不具备上述报告，将影响飞机 EFB 的使用批准。此部分评审涉及文件验证以及为 FSB 成员提供的地面训练、飞行训练等操作验证。

(5) 应急撤离程序演示的航空器评审，参考法规为 CCAR-121.161、CCAR-121 部附件 C(a)。为确定应急撤离程序演示的符合性，如果型号合格证申请人拟在型号合格审定过程中同时表明对 CCAR-121 部附件 C(a)款的符合性，CAAC 飞行标准司以建立航空器评审组——客舱安全分组，并与型号合格审定审查组共同工作的方式开展评审。

经过项目组评审后，CAAC 飞行标准司将以发布航空器评审报告中对飞机应急撤离程序演示相应评审结论的方式予以公布。航空器评审报告中的相应评审结论是运行监察员确定飞机应急撤离程序演示的符合性，并豁免航空运营人可以不实施实际演示的基础，不具备航空器评审报告的相应评审结论，将在航空器首次交付运行前由航空运营人进行相应的实际演示。

(6) 驾驶舱观察员座椅的航空器评审，采用的执行标准为 AC-121/135-FS-2008-28《驾驶舱观察员座椅和相关设备》，参考法规为 CCAR 121.589。

观察员座椅的符合性工作包括座椅的符合性工作以及提交文件的内容正确性验证。对于座椅的符合性工作，首先是座椅类型的说明；其次是座椅规章的符合性，分为对座椅的安装符合性、座椅舒适度及可见度的符合性、座椅配套设施的符合性、座椅安全的符合性检查；最后是座椅使用及准备情况符合性工作。对于提交文件内容的正确性，从书面验证及操作验证两个方面进行正确性检查。

(7) 平视显示器和增强(飞行)视景系统运行适宜性的航空器评审，采用的执行标准为 AC-91-FS-2010-03R1《使用平视显示器实施 II 类或低于标准 I 类运行的评估和批准程序》、AC-91-FS-2012-15《增强飞行视景系统适航与运行批准指南》，参考法规为 CCAR-91.175。

为确定航空器安装 HUD 和 EFVS 的运行适宜性，CAAC 飞行标准司以建立飞行标准化委员会的方式开展评审，FSB 将以 AC-91-FS-2010-03R1 和 AC-91-FS-2012-15 作为评审航空器 HUD 和 EFVS 运行适宜性的准则，并建立相应的机组资格要求。

经过 FSB 评审后，CAAC 飞行标准司将以发布航空器评审报告中对 HUD 和 EFVS 相应评审结论的方式予以公布。航空器评审报告中相应评审结论是运行监察员批准航空运营人使用 HUD 和 EFVS 并获得降低天气标准运行的基础，不具备上述结论，将影响 HUD 和 EFVS 的使用以及获得降低天气标准运行的批准。

(8) 型别等级的确定和训练的航空器评审，采用的执行标准为 AC-121/135-29《飞行标准化委员会评审流程和评审报告使用的指南》，参考法规为 CCAR-61 部第 61.27 条；CCAR-121 部附录 D、E。

CCAR-61 部第 61.27 条规定，对于最大起飞全重在 5700kg 以上的航空器(轻于空气航空器除外)、涡轮喷气动力的航空器、直升机以及局方通过型号合格审定程序确定需要型别等级的其他航空器，需要驾驶员具备该航空器的型别等级方可担任机长。

为确定飞机的型别等级和机组资格要求，CAAC 飞行标准司以建立飞行标准化委员会的方式开展评审，FSB 将以 AC-121/135-29 作为建立型别等级和机组资格要求的准则。

经过 FSB 评审后，CAAC 飞行标准司将以发布 FSB 报告的方式公布型别等级和机组资格要求。FSB 报告是运行监察员签署驾驶员型别等级、批准航空运营人训练大纲的基础，不具备 FSB 报告，将影响航空器的交付或者投入运行。

(9) 维修人员机型培训规范的航空器评审，采用的执行标准为 AC-147-04R1《民用航空器机型、部件修理项目培训大纲》，参考法规为 CCAR-66.14、CCAR-147.30。

为确定机型培训的内容和学时要求，CAAC 飞行标准司以建立航空器评审组——维修培训分组的方式开展评审，AEG 将以 AC-147-04R1 作为建立机型培训规范的准则。经过 AEG 评审后，CAAC 飞行标准司将以认可建议的机型训练大纲的方式，确定飞机维修人员机型培训的规范。

上述经认可的建议机型训练大纲将作为航空运营人、维修培训机构制定相应教学大纲和培训教材的基础，并同时作为相应主管维修监察员审批教学大纲的参考。

与型号合格审定计划协调一致，航空器评审符合性计划内容应包含以下五个部分：

(1) 概述。包括申请人、型别、申请日期、编写该计划的目的、相关的缩写、参考文件、相关机构的责任内容等。

(2) 项目里程碑验证计划。包含审查组/申请人确定的里程碑节点，即完成分析的节点、制造符合性检查节点、试验大纲提交节点、工程验证试验节点、工程符合性检查节点、飞行试验节点和其他影响项目完成的节点，以及符合性验证资料、清单、报告的提交日期等信息。

(3) 相关规章要求。

(4) 航空器评审符合性验证思路和方法。包括对航空器评审提交文件进行验证的流程和方法。

(5) 航空器评审符合性支持材料、清单等。

4.4.2.2 航空器评审符合性验证计划编制方法

航空器评审符合性验证计划编制方法示意图如图 4-12 所示。在型号研制的详细设计阶段，开展飞机细节设计、试验与试制、工程样机制造与应用、飞行试验、文件和手册编写工作，与此同时，TC 审定开展符合性计划制订与计划实施工作。依据航空器评审的要求与特点，从 TC 工作流程中提取出需关注的里程碑节点，包括编制审定计划、制定项目进度表、制造符合性检查、试验大纲提交、工程验证试验、工程符合性检查、飞行试验、飞行试验报告提交、符合性报告提交等。

结合飞机(模拟器)设计、制造、试验的不同状态，根据不同验证项目的需求选取合适状态下的时间节点进行航空器评审验证。例如，在样机制造的初始阶段，可采用 MV1(MV2)验证方法进行航空器评审提交文件专有内容、产品构型定义文件等方面的验证工作；在操作验证前制定操作验证方案，以操作验证工作单的形式形成结论；对于 TC 审定中已进行过实际操作验证的项目，可采用 MV3 方法直接形成结论性的验证结果。为了使验证内容明朗易读，便于验证计划的执行，在验证前，每个具体待验证项目需有可执行的验证内容清单。验证时，依照验证内容清单进行验证，最终将验证结果、结论反映在验证内容清单上，具体评审项目的检查验证清单可参考表 4-11 运行符合性检查清单示例制定。

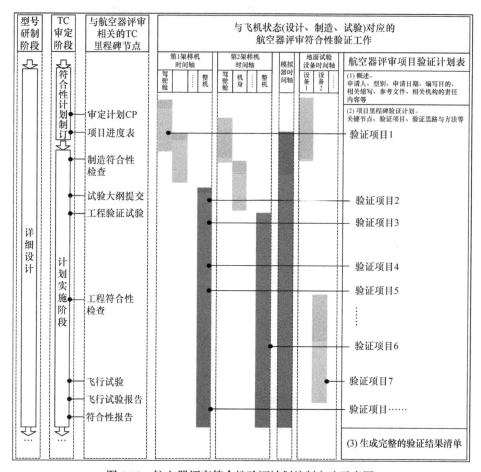

图 4-12　航空器评审符合性验证计划编制方法示意图

在安排验证项目时，需重点考虑以下因素：

(1) 与 TC 审定项目的协同规划。对于 TC 审定中已经充分验证的项目，采用 MV3 方法引用 TC 审定结论；对于 TC 审定中未充分验证的项目，补充书面或操作试验方法进行验证；对于 TC 审定中未涉及的项目，按照航空器验证要求选择合适的方法进行验证。

(2) 对飞机状态的要求。如整机、非整机、地面试验、飞行试验、模拟器试验等。

(3) 验证项目的重要性。对飞行安全性、经济性等方面有重要影响的，可优先安排验证。

(4) 验证方法的复杂性。考虑单个验证项目是否需要采用多种验证方法进行验证，以及方法实施的先后顺序。

(5) 验证项目的相关性。将有操作先后顺序要求或相关程度较大的验证项目安排在同一次验证试验中，整合试验资源。

(6) 验证项目持续时间。根据不同项目验证时间要求统筹规划验证工作，在试验条件允许的情况下，可并行开展多个验证项目。

以下是关于运行符合性检查清单的填写说明。

如涉及对多个运行规章的符合性说明，可先填写要求较高运行规章的符合性说明，并在填写其他运行规章的符合性说明时对重复或已覆盖项目直接引用对应的条款。

(1) 在填写实际安装/说明栏目时，应当按如下规则填写：

① 简明扼要地针对要求安装/要求进行说明。

② 尽可能通过实际的数量、尺寸或其他数值表示符合性。

③ 当填写不适用时，一般仅针对在航空器类别划分上有区分的项目(如飞机与旋翼机、涡轮动力与非涡轮动力、19座以上与19座以下等)，或针对因具体项目已经直接说明未安装而造成项目本身的具体要求不适用的情况(如果未安装救生衣，则定位灯的具体要求不适用)。

需注意的是，针对运行类别、范围等涉及的项目(如延伸跨水运行的设备等)，即使在设计上没有考虑这些要求，也必须填写未安装或不符合等说明。

(2) 在填写飞机架次/状态栏目时，一般应填写进行检查验证的飞机架次、状态等信息，并将符合性说明文件(包括型号合格证数据单)、验证或试验报告等对应支持实际安装/说明的文件，并具体注明文件标识、名称、版次等信息。对于复杂文件，还应注明具体的页码或段落等便于对应查找的说明。

(3) 在填写符合性检查方法栏目时，根据待检查项目的特点和实际需要，从MV1~MV8中选择一种或几种合适的方法开展符合性检查工作。

(4) 在填写检查结论栏目时，检查人员根据实际检查过程给出通过/不通过的结论。检查人员完成每一项符合性检查项目需签字确认，并在完成所有符合性检查项目之后，检查组组长在结论一栏给出对检查工作的总体评述。

(5) 其他需要另外说明的信息可在备注栏目中注明。

4.4.2.3　航空器评审符合性验证计划编制流程

航空器评审符合性验证计划编制流程如图 4-13 所示。

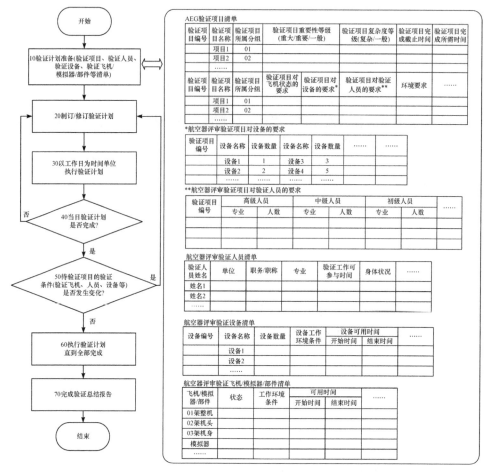

图 4-13　AEG 评审符合性验证流程图

以下是关于航空器评审符合性验证流程的说明：

10 验证计划准备阶段，根据现有条件，制定航空器评审验证项目清单、验证人员清单、验证设备清单以及验证飞机/模拟器/部件清单等。

(1) 验证项目清单的内容包括验证项目编号、验证项目名称、验证项目所属分组、验证项目重要性等级(重大/重要/一般)、验证项目复杂度等级(复杂/一般)、验证项目完成截止时间、验证项目完成所需时间、验证项目对飞机状态的要求、验证项目对设备的要求、验证项目对验证人员的要求、环境要求等。

① 验证项目所属分组，项目分组的原则是将有操作先后顺序要求或相关程度较大的验证项目安排在同一批验证中，有利于节省时间、降低成本、提高效益，整合验证资源。

② 验证项目的重要性和复杂度需要预先分级，重要性等级可以分为重大、重

要和一般三级，复杂度等级可分为复杂、一般两级，等级高的项目优先安排验证。

③ 验证项目对飞机状态的要求是指各项目应在何种飞机状态下验证，如整机、机头、机身、模拟器等。

④ 验证项目对设备的要求是指各项目在验证时需要何种设备以及每种设备所需要的数量等。

⑤ 验证项目对验证人员的要求是指各项目在验证时，需要的各种专业人员及其人数以及性别、身高、视力等，可按专业分为演示、目击、救护人员等。所有人员可按等级分为高级、中级和初级等。

⑥ 环境要求是指各项目验证对环境的特殊要求，如特殊天气下的验证等。

(2) 验证人员清单的内容包括验证人员姓名、单位、职务/职称、专业、验证工作可参与时间、身体状况等。

① 需要确定所有参与验证人员姓名、人员所属单位、人员职务/职称、人员专业。

② 确定所有验证人员的验证工作可参与时间。

③ 身体状况包括性别、身高、视力等，可根据验证要求具体细化。

(3) 验证设备清单的内容包括设备编号、设备名称、设备数量、设备工作环境条件、设备可用时间等。

① 需要确定所有设备的基本信息(设备编号和名称)，并确定该设备的可用数量、存放地点等。

② 设备工作环境条件是指各设备需要在何种环境下工作，如限制温度、压力、噪声等。

③ 确定设备可用时间，包括开始时间和结束时间。

(4) 验证飞机/模拟器/部件清单的内容包括飞机/模拟器/部件状态、工作环境条件、可用时间等。

① 飞机/模拟器/部件状态是指验证所需的飞机/模拟器/部件的架次或编号。

② 工作环境条件是指各设备需要在何种环境下工作，如限制温度、压力、噪声等。

③ 确定飞机/模拟器/部件的可用时间，包括开始时间和结束时间。

20 制订/修订验证计划阶段，第一次开展项目验证需制订验证计划，验证开始后每天迭代修订验证计划。制订/修订验证计划主要依据 10 阶段的清单，为所有项目/剩余项目确定验证计划，包括时间安排、飞机架次安排、人员安排和设备安排等。

30 计划执行阶段，以工作日为时间单位，执行当日计划。可根据具体情况，调整计划修订循环时间长短(如半个工作日、两个工作日等)。

40 每天结束判断当天的计划是否完成，若未完成，则需向上反馈，重新修订验证计划并进行迭代。

50 若当日计划已经完成，判断待验证项目的验证条件(验证飞机、设备、人员等状态)是否发生变化，若有变化，则需向上反馈，重新修订验证计划并进行迭代。

60 若当日计划已经完成，待验证项目的验证条件没有变化，则执行已有的验证计划并根据流程有需要地迭代直至项目全部完成。

70 完成验证总结报告。

参 考 文 献

[1] 段本印. AEG 评审在型号合格审定中的研究与应用[J]. 民用飞机设计与研究, 2015, 1: 83-86.

[2] 张夏, 孙有朝, 张越梅, 等. 运输类飞机运行符合性验证规划方法研究[J]. 电子测量技术, 2021, 44: 76-82.

[3] 曹继军, 张越梅, 赵平安. 民用飞机适航符合性验证方法探讨[J]. 民用飞机设计与研究, 2008, (4): 37-41.

[4] 杨林. 浅析飞机合格审定计划(CP)的编写[J]. 军民两用技术与产品, 2015, (20): 22.

[5] 《飞机设计手册》总编委会. 民用飞机总体设计[M]. 北京: 航空工业出版社, 2005.

[6] 李勇, 郑朔昉. 民用飞机研制阶段划分若干问题探析[J]. 航空标准化与质量, 2008, (3): 8-13.

[7] 梁刚. 航空器评审与商业成功[J]. 航空维修与工程, 2014, (1): 65-67.

[8] 项勇. 23 部通用飞机型号审定阶段 AEG 要求研究[J]. 航空标准化与质量, 2011, (6): 16-19.

[9] 韩丽. AC-91-10R1《国产航空器的运行评审》浅析[J]. 科技视界, 2016, (23): 270.

[10] 沙江, 刘珍彤. 国产新型民用运输类飞机型号合格证颁发前 AEG 评审工作研究[J]. 科技信息, 2013, (20): 429.

[11] 王维翰. 民用飞机型号合格审定计划[J]. 国际航空, 1994, (4): 29-30.

[12] 许海峰. 论持续适航文件[C]. 第四届中国航空学会青年科技论坛, 北京, 2010.

[13] 朱杰霞, 陈朋. 浅析民用飞机运行文件和持续适航文件的验证实施[J]. 科技创新导报, 2016, (27): 15-18.

附　　录

FAA

FAR 共 9 部:

FAR-21 Certification Procedures for Products, Articles, and Parts

FAR-23 Airworthiness Standards: Normal, Utility, Acrobatic, and Commuter Category Airplanes

FAR-25 Airworthiness Standards: Transport Category Airplanes

FAR-27 Airworthiness Standards: Normal Category Rotorcraft

FAR-29 Airworthiness Standards: Transport Category Rotorcraft

FAR-33 Airworthiness Standards: Aircraft Engines

FAR-91 General Operating and Flight Rules

FAR-121 Operating Requirements: Domestic, Flag, and Supplemental Operations

FAR-135 Operating Requirements: Commuter and On-Demand Operations and Rules Governing Persons an Board Such Aircraft

AC 共 21 部:

AC-20-100 General Guidelines for Measuring Fire-Extinguishing Agent Concentrations in Powerplant Compartments

AC-20-146 Methodology for Dynamic Seat Certification by Analysis for Use in Part 23, 25, 27, and 29 Airplanes and Rotorcraft

AC-21-23B Airworthiness Certification of Civil Aircraft, Engine, Propellers, and Related Products Imported to the United States

AC-21-37 Primary Category Aircraft

AC-23-22 Guidance for Approved Model List (AML) Supplemental Type Certificated (STC) Approval of Part 23 Airplane Avionics Installations

AC-33.4-1 Instructions for Continued Airworthiness

AC-33.4-2 Instructions for Continued Airworthiness: In-Service Inspection of Safety Critical Turbine Engine Parts at Piece-Part Opportunity

AC-33.28-1 Compliance Criteria for 14 CFR §33.28, Aircraft Engines, Electrical and Electronic Engine Control Systems

AC-35.4-1 Propeller Instructions for Continued Airworthiness

AC-43-18 Fabrication of Aircraft parts by Maintenance Personnel

AC-91.21-1C Use of Portable Electronic Devices Aboard Aircraft

AC-91-67 Minimum Equipment Requirements for General Aviation Operations Under FAR Part 91

AC-117-1 Flightcrew Member Rest Facilities

AC-120-28D Criteria for Approval of Category III Weather Minima for Takeoff, Landing, and Rollout

AC-120-53B Guidance for Conducting and Use of Flight Standardization Board Evaluations - With Change 1

AC-120-64 Operational Use & Modification of Electronic Checklists

AC-120-83 Flight Deck Observer Seat and Associated Equipment

AC-120-97A Incorporation of Fuel Tank System Instructions for Continued Airworthiness into Operator Maintenance or Inspection Programs

AC-121-22C Maintenance Review Boards, Maintenance Type Boards, and OEM/TCH Recommended Maintenance Procedures

AC-121-31 Flight Crew Sleeping Quarters and Rest Facilities

AC-150/5320-12C Measurement, Construction, and Maintenance of Skid Resistant Airport Pavement Surfaces

Order 共 10 部：

Order 1100.5C FAA Organization-Field

Order 8000.51B Aircraft Certification Directorates' Delegation of Authority

Order 8000.75B Aviation Safety Inspector En Route Inspection Procedures

Order 8000.79 Use of Electronic Technology and Storage of Data

Order 8000.82 Designation of Aviation Safety Action Program (ASAP) Information as Protected from Public Disclosure Under 14 CFR Part 193

Order 8100.5B Aircraft Certification Service-Mission, Vision, Organizational Structure and Functions

Order 8110.54A Instructions for Continued Airworthiness Responsibilities, Requirements, and Contents

Order 8110.115 Certification Project Initiation and Certification Project Notification

Order 8430.21A Flight standards div., aircraft certification div., & AEG responsibilities

Order 8900.1 Flight Standards Information Management System

EASA

EU 规章共 6 部：

Commission Regulation (EU) NO 69/2014 运行适用性数据

Regulation (EC) NO 216/2008 对于航空器适航、飞行员执照、运行规章、第三国运营人规章的基本要求

Commission Regulation (EU) NO 748/2012 初始适航

Part-21 飞机及相关产品、零部件的合格审定

Commission Regulation (EU) NO 1321/2014 飞机及航空产品、零部件的持续适航，以及对相关组织和人员的要求

Part-M 持续适航要求

Part-145 维修机构审批

Part-66 维修人员资格认证

Part-147 维修培训机构要求

Commission Regulation (EU) NO 1178/2011 飞行机组的执照(FCL)和医疗(MED)要求

Part-FCL 飞行员执照、相关评级证书的发放要求、有效性和使用条件

Part-ARA 机组人员的权限要求

Part-CC 客舱人员要求

Part-ORA 机组人员的组织要求

Commission Regulation (EU) NO 965/2012 与空中运行有关的技术要求和行政程序

Part-ARO 空中运行的权限要求

Part-ORO 空中运行的组织要求

Part-CAT 商用航空运输的运行要求

Part-SPA 需要特殊批准的运行要求

Part-SPO 特殊的运行要求

指南说明等共 7 部：

CS-FCD, Initial issue 飞行机组数据评审指南

CS-SIMD, Initial issue 模拟机数据评审指南

CS-FSTD(A), Initial issue 飞机飞行模拟训练设备评审指南

CS-FSTD(H), Initial issue 直升机飞行模拟训练设备评审指南

CS-CCD, Initial issue 客舱成员数据评审指南

CM-MCSD-001, Issue 01 维修人员资质数据评审备忘录

CS-MMEL, Initial issue MMEL 评审指南

CAAC

CCAR 共 9 部：

CCAR-21 部《民用航空产品和零部件合格审定规定》

CCAR-23 部《正常类、实用类、特技类和通勤类飞机适航规定》

CCAR-25 部《运输类飞机适航标准》

CCAR-27 部《正常类旋翼航空器适航规定》

CCAR-29 部《运输类旋翼航空器适航规定》

CCAR-33 部《航空发动机适航标准》

CCAR-91 部《一般运行和飞行规则》

CCAR-121 部《大型飞机公共航空运输承运人运行合格审定规则》

CCAR-135 部《小型航空器商业运输运营人运行合格审定规则》

AC 共 7 部：

AC-91-10 R1《国产航空器的运行评审》

AC-91-11 R1《航空器的持续适航文件》

AC-91-13《进口航空器的运行评审要求》

AC-91-26《航空器计划维修要求的编制》

AC-121/135-28《驾驶舱观察员座椅和相关设备》

AC-121/135-49《民用航空器主最低设备清单、最低设备清单的制定和批准》

AC-121/135-67《维修审查委员会和维修审查委员会报告》

MD 共 7 部:

MD-FS-AEG001《驾驶员资格计划编制指南》

MD-FS-AEG002《MMEL 建议项目政策指南》

MD-FS-AEG003《MSG-3 应用指南》

MD-FS-AEG004《运行符合性清单的编制及应用》

MD-FS-AEG005《航空器制造厂家建议的维修人员执照机型签署及培训规范》

MD-FS-AEG006《航空器制造厂家运行支持体系建设规范》

MD-FS-AEG007《基于培训需求分析的机型飞行训练规范》

缩　略　语

AC	advisory circular	咨询通告
ACAS	airborne collision avoidance system	机载防撞系统
ACO	Aircraft Certification Office	航空器审定办公室
AD	airworthiness directive	适航指令
AEG	Aircraft Evaluation Group	航空器评审组
AFCS	automatic flight control system	自动飞行控制系统
AFM	airplane flight manual	飞机飞行手册
AFMS	airplane flight manual supplement	航空器补充飞行手册
AFS	Flight Standards Service	飞行标准处
AIR	Aircraft Certification Service	航空器审定司
AIS	aeronautical information service	航空情报服务
AL	airworthiness limitation	适航限制
ALI	airworthiness limitation item	适航限制项目
ALPA	Air Line Pilot Association	航空公司驾驶员协会
AMM	airplane/aircraft maintenance manual	飞机维护手册
AMOC	alternate methods of compliance	符合性替代方法
ANAC	National Civil Aviation Agency of Brazil	巴西国家民用航空局
APU	auxiliary power unit	辅助动力装置
AQP	advanced qualification program	高级训练大纲
ARAC	Aviation Rulemaking Advisory Committee	航空立法咨询委员会
ASAS	aviation safety analysis system	航空安全分析系统
ASE	aviation safety engineer	航空安全工程师
ASI	aviation safety inspector	航空安全监察员
ATA	Air Transport Association of America	美国航空运输协会
ATSRAC	Aging Transport Systems Rulemaking Advisory Committee	老龄运输系统立法咨询委员会
A4A	Airlines for America	美国航空公司协会
BAA	bilateral airworthiness agreement	双边适航协议
BASA	bilateral aviation safety agreement	双边航空安全协议
CAAC	Civil Aviation Administration of China	中国民用航空局

CBT	computer-based training	基于计算机的训练
CCAR	China civil aviation regulations	中国民用航空规章
CCD	cabin crew data	客舱机组成员数据
CCQ	cross crew qualification	交叉机组资格
CDL	configuration deviation list	构形缺损清单/构型偏离清单
CHDO	Certificate Holding District Office	FAA 合格证持有人地区办公室
CMM	component maintenance manual	部件维修手册
CMO	Certificate Management Office	合格证管理办公室
CMP	configuration, maintenance, and procedures	构型维修程序
CMR	certification maintenance requirement	审定维修要求
CP	certification plan	符合性计划
CPP	certification program plan	审定项目计划
CRM	crew resource management	机组资源管理
CTLC	common takeoff and landing credit	共用起飞和着陆经历
DAH	design approval holder	设计批准持有人
DPE	designated pilot examiners	委任飞行员考试员
EASA	European Aviation Safety Agency	欧洲航空安全局
EBM	engine buildup manual	发动机组装手册
EDFCS	enhanced digital flight control system	增强型数字飞行控制系统
EFB	electronic flight bag	电子飞行包
EFIS	electronic flight instrument system	电子飞行仪表系统
EIS	entry into service	进入服役
ELT	emergency locator transmitter	应急定位发射机
EMC	electro-magnetic capability	电磁兼容性
ELT	emergency locator transmitter	应急定位发射机
ETOPS	extended twin-engine operations	双发飞机延伸航程运行
ETSO	european technical standard order	欧洲技术标准规定
EVS	enhanced vision system	增强视景系统
FAA	Federal Aviation Administration	美国联邦航空管理局
FAR	federal aviation regulations	美国联邦航空条例
FCD	flight crew data	飞行机组数据
FCL	flight crew licensing	飞行机组执照颁发
FDR	flight data recorder	飞行数据记录器
FEC	failure effect categories	故障影响类别
FFS	full flight simulator	全动飞行模拟机

FGCS	flight guidance control system	飞行引导控制系统
FHA	functional hazard assessment	功能危害性评估
FIM	fault isolation manual	故障隔离手册
FMS	flight management system	飞行管理系统
FOEB	Flight Operations Evaluation Board	飞行运行评审委员会
FOEBR	Flight Operations Evaluation Board report	飞行运行评审委员会报告
FSB	Flight Standardization Board	飞行标准化委员会
FSBR	Flight Standardization Board report	飞行标准化委员会报告
FSDO	Flight Standards District Office	飞行标准地区办公室
FSIMS	flight standards information management system	飞行标准信息管理系统
FSTD	flight simulation training device	飞行模拟训练设备
GDR	general differences requirements	通用差异要求
GNSS	global navigation satellite system	全球导航卫星系统
GPS	global positioning system	全球定位系统
HNVGO	helicopter night vision goggle operation	直升机夜视镜操作
HUD	head-up display	平视显示器
IAP	instrument approach procedure	仪表进近程序
ICA	instructions for continued airworthiness	持续适航文件
ICAO	International Civil Aviation Organization	国际民航组织
IEC	International Electrotechnical Commission	国际电工委员会
IEEE	Institute of Electrical and Electronic Engineers	电气电子工程协会
IFR	instrument flight rules	仪表飞行规则
IMPS	international MRB/MTB process standard	国际 MRB/MTB 流程规范
IMRBPB	International Maintenance Review Board Policy Board	国际维修审查委员会政策委员会
INS	Inertial navigation system	惯性导航系统
IP	issue paper	问题纪要
IPA	implementation procedures of airworthiness	适航实施程序
IPC	illustrated parts catalog	图解零件目录手册
IRT	Independent Review Team	独立审查小组
ISC	Industry Steering Committee	工业指导委员会
JAA	Joint Aviation Authorities	联合航空管理局
JAR	joint aviation requirements	联合航空条例
JOEB	Joint Operational Evaluation Board	联合运行评审委员会
L/HIRF	lightning/high intensity radiated field	闪电/高能辐射场
LHSI	lightning/HIRF significant item	重要闪电和高能辐射防护项目

LIFUS	line flying under supervision	监管下的航线飞行
LOF	line-oriented flying	面向航线飞行
MCAI	mandatory continuing airworthiness information	强制性持续适航信息
MCSD	maintenance certifying staff data	维修人员资质数据
MCR	master common requirements	掌握通用要求
MDR	master differences requirements	掌握差异要求
MPD	maintenance planning document	维修计划文件
MEL	minimum equipment list	最低设备清单
MET	meteorological information	气象信息
MFF	mixed fleet flying	混合机队飞行
MMEL	master minimum equipment list	主最低设备清单
MRB	Maintenance Review Board	维修审查委员会
MRBR	Maintenance Review Board report	维修审查委员会报告
MSG	Maintenance Steering Group	维修指导组
MSI	maintenance significant items	重要维修项目
MTB	Maintenance Type Board	维修型别委员会
MTBF	mean time between failure	故障平均间隔时间
MTBUR	mean time between unscheduled removal	非计划拆换平均间隔时间
MTC	Maintenance Technical Committee	维修技术委员会
MWG	Maintenance Working Group	维修工作组
ND	navigation display	导航显示器
NDT	non-destructive testing	无损检测手册
NFP	National Focal Point	国家联络中心
NST	National Simulator Team	国家模拟机鉴定组
NTSB	National Transportation Safety Board	国家交通运输安全委员会
ODA	organization designation authority	机构委任权限
ODR	operators differences tables	运营人差异表
OEB	Operations Evaluation Board	运行评审委员会
OEM	original equipment manufacturer	原始设备制造商
ORI	operational review items	运行审查项目
OS	operational suitability	运行适合性
OSD	operational suitability data	运行适合性数据
OSR	operational suitability report	运行适合性报告
OPS	operation specification	操作规范
PAI	principal avionic inspector	主任航空电子监察员

PCM	project certification manager	合格审定项目主管
PDCS	performance data computer system	性能数据计算机系统
PED	portable electronic device	便携式电子设备
PFD	primary flight display	主飞行显示器
PFSBR	proposed flight standardization board report	飞行标准化委员会报告建议稿
PIN	personal identification number	个人身份识别码
PMI	principal maintenance inspector	主任维修监察员
PMMEL	proposal master minimum equipment list	主最低设备清单建议稿
PMRBR	proposal maintenance review board report	维修评审委员会报告建议稿
PMS	performance management system	性能管理系统
POI	principal operations inspector	主管运营监察员
POH	pilot's operating handbook	飞行员操作手册
PPH	policy and procedures handbook	政策和程序手册
PQP	pilot qualification plan	驾驶员资格计划
PSCP	project specific certification plan	专项合格审定计划
PSMR	proposal scheduled maintenance requirement	建议计划维修要求
RAA	Regional Airline Association	支线航空公司协会
RM	risk management	风险管理
RTCA	Radio Technical Commission for Aeronautics	航空无线电技术委员会
SAFO	safety alerts for operators	运营人安全警报
SARPs	standards and recommended practices	标准和建议措施
SB	service bulletin	服务通告
SCR	special certification review	特别证书审查
SDR	service difficulty reports	使用困难报告
SDS	system description section	系统描述分部
SET	simulator evaluation team	模拟机评审小组
SIMD	simulator data	模拟机数据
SL	service letters	服务信函
SMR	scheduled maintenance requirement	计划维修要求
SRM	structural repair manual	结构修理手册
SSA	system safety analysis	系统安全分析
SSI	structural significant items	重要结构项目
STC	supplemental type certificate	补充型号合格证
TAD	transport airplane directorate	运输飞机处
TAWS	terrain awareness and warning system	地形提示和警告系统

TBO	time between overhaul	大修间隔时间
TC	type certification	型号合格证
TCAS	traffic alert and collision avoidance system	空中交通警戒与防撞系统
TCB	Type Certification Board	型号合格审定委员会
TCCA	Transport Canada Civil Aviation	加拿大运输部民用航空局
TCH	type certificate holder	型号合格证持有人
TCT	Type Certification Team	型号合格审查组
TGL	temporary guidance leaflet	临时指南说明书
TIA	type inspection authorization	型号检验授权书
TIR	type inspection report	型号检查报告
TNA	training needs analysis	培训需求分析
TSOA	technical standard order authorization	技术标准规定项目授权
TVP/PTVP	type validation principles/post type validation principles	型号认可原则/型号认可后原则
UL	Underwriters Laboratory	保险商实验室
UNECE	United Nations Economic Commission for Europe	联合国欧洲经济委员会
VFR	visual flight rules	目视飞行规则
VMC	visual meteorological conditions	目视气象条件
VPN	virtual private network	虚拟专用网络
WG	Working Group	工作组